高等院校“十三五”规划教材

After Effects基础教程

AFTER EFFECTS BASED TUTORIAL

主编◎陈 龙

AFTER
EFFECTS
BASED
TUTORIAL

北京工艺美术出版社

图书在版编目（CIP）数据

After Effects基础教程/陈龙主编. — 北京：北京工艺美术出版社，2019.2（2024.12重印）
高等院校“十三五”规划教材
ISBN 978-7-5140-1677-2

Ⅰ.①A… Ⅱ.①陈… Ⅲ.①图象处理软件－高等学校－教材 Ⅳ.①TP391.413

中国版本图书馆CIP数据核字（2018）第295430号

总 策 划：肖新建

出 版 人：夏中南
责任编辑：赵 微
版式设计：北京纬图博文文化传媒有限公司
责任印制：范志勇

高等院校“十三五“规划教材
After Effects基础教程
AFTER EFFECTS JICHU JIAOCHENG
陈 龙 主编

出 版 北京工艺美术出版社
发 行 北京美联京工图书有限公司
地 址 北京市西城区北三环中路6号
京版大厦B座702室
邮 编 100120
电 话 （010）58572470（总编室）
（010）58572878（编辑室）
（010）64280045（发 行）
传 真 （010）64280045/58572763
经 销 全国新华书店
印 刷 河北文盛印刷有限公司
开 本 787毫米×1092毫米 1/16
印 张 14.5
版 次 2019年2月第1版
印 次 2024年12月第2次印刷
定 价 69.90元

前　言

习近平总书记在党的二十大报告中指出，全面建设社会主义现代化国家，必须坚持中国特色社会主义文化发展道路，增强文化自信，围绕举旗帜、聚民心、育新人、兴文化、展形象建设社会主义文化强国，发展面向现代化、面向世界、面向未来的，民族的科学的大众的社会主义文化，激发全民族文化创新创造活力，增强实现中华民族伟大复兴的精神力量。

随着数字艺术和数字技术的发展，影视制作全面进入数字化。目前，在影视后期制作方面，Adobe 公司旗下的 After Effects(影视后期合成特效制作软件)以其便捷的操作和强大的功能优势占据了软件市场的主要地位，并在世界范围内得到了广泛的应用。

After Effects CC 2018 版本推出后，用户不但可以高效、精确地创建无数种引人注目的动态图形和视觉效果，还可以集成使用 Adobe 公司的其他软件，做到项目工程无障碍相互导入。例如，可以在 Premiere 中通过 Adobe Dynamic Link 将工程文件导入 After Effects 中进行编辑创作，也可以通过 Adobe Dynamic Link 选择其他 Adobe 旗下的软件进行工程文件转入再创作。受益于软件的集成使用与在线服务，用户可以方便而轻松地为电影、视频等创建数百种效果。

After Effects CC 作为一款优秀的跨平台后期动画软件，对 Windows 和 Mac OS 两种不同的操作系统都有很好的兼容性，对硬件的要求也很低。无论是 PC 还是 MAC 都可以交换项目文件和大部分的设置。

本书根据高等院校数字媒体艺术和数字媒体技术专业的教学要求，着眼于满足零基础学生的学习需求，安排了 6 章内容，分别是：入门基础、菜单详解与工作流程、文字效果处理案例、镜头跟踪稳定与三维空间合成、抠像技术与色彩调整、综合应用案例。这样的内容安排，有助于零基础的读者循序渐进地掌握软件特性，熟悉基本操作，应用软件进行常规影视后期制作。

本书所有案例均为编者及 MOL 摩尔时尚团队实际操作的截图和截屏，在此特别向 MOL 摩尔时尚团队致谢，其职业精神和专业素养让人敬佩！

本书中案例所提到的素材，均收存于本书单独的网盘中，读者可扫描本书最后一面的二维码获取下载链接。若不方便下载，读者也可以与出版社联系获取素材。

因为编写时间较为仓促，书中难免存在错误和疏漏，请读者批评指正。

——编　者

编委会

目　录

第 1 章　After Effects 入门基础

1.1　After Effects 入门简介

After Effects CC 2018 对于 Adobe 公司的软件可以做到完美的集成使用，比如剪辑软件 Premiere 的剪辑文件就可以轻松转入 After Effects 中，进行二次编辑创作。After Effects 的运动跟踪捕捉是当下影视后期软件市场中的佼佼者，效果处理完美，跟踪比较精准。After Effects 初始化界面如图 1-1 所示。

图 1-1

After Effects CC 2018 的操作界面更加精细化，符合当下的设计潮流。在打开工程文件时，如果字体缺失，软件会自动获取相关字体，这也是 After Effects CC 2018 非常便捷、非常人性化的设计。

特别值得一提的是，Adobe After Effects 加入了非常实用的 Adobe Dynamic Link，全新的 3D 渲染引擎和强大的 CINEMA 4D，满足很多机器对深度三维效果的制作处理。软件在实时的视频预览方面也进行了提速，不需要等待很久的刷新，就可以进行视频处理效果的预览。

1.2 After Effects 界面与设置

1.2.1 After Effects 界面分类与常用功能

After Effects 操作界面是由模块化面板拼凑而成的，如图 1-2 所示。鼠标放在任意两个相邻面板之间的交汇处，都可以进行自由拖动，自主调整每个项目工作区的使用大小。调整 After Effects 的界面分布，有助于用户按照自己的使用需求与使用习惯进行操作，可以提高个人创作在软件操作上的效率。

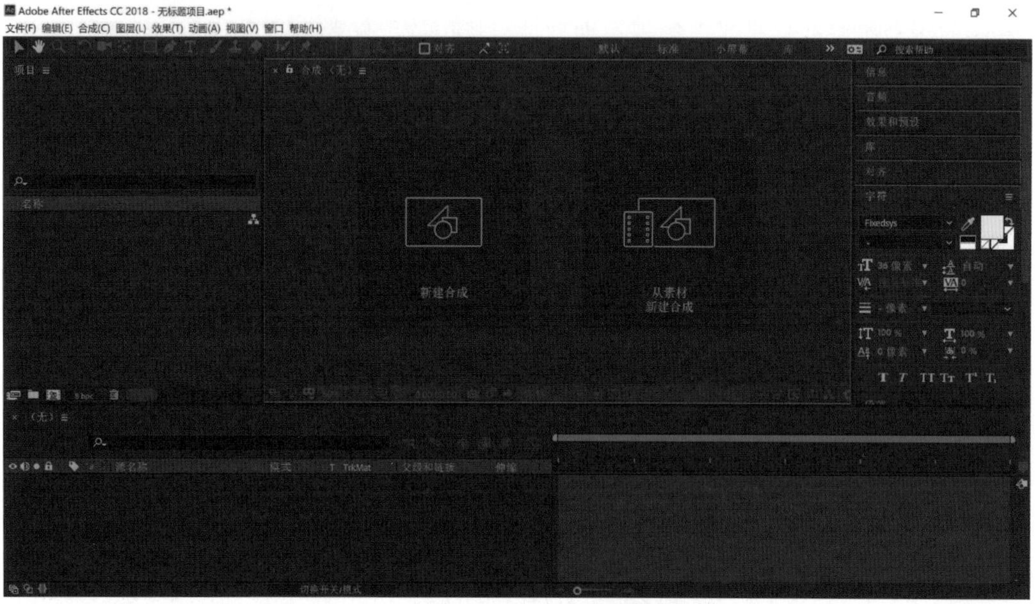

图 1-2

After Effects 的标准工作区由 3 个主要面板组成，分别为左侧的“项目”面板、中间的“合成”面板、下方的“时间线”面板。右侧的一系列面板为辅助面板，可以根据具体的工作需要，保留常用面板并调整面板的大小位置。最上面的长条形状是工具栏的位置，有各种可选的常用工具。

1. 面板的关闭和添加

选中一个工作区的面板，然后选择面板菜单栏右侧 3 条横线的标志≡，单击后出现下拉菜单。在下拉菜单中，点击【关闭面板】就可以把不需要的面板关闭。如果想要恢复这个面板，可以在菜单栏中选择【窗口】，单击后会出现下拉菜单，如图 1-3 所示。点击想要使用的面板，在工作面板区域中就会出现。

2. 面板的移动与固定

在面板位置不理想需要调整时，可以点击工作面板菜单栏右侧的 3 条横线标志≡，在下拉菜单中选择【浮动面板】，此时面板会脱离原有区域，并可以自由拖拽到任意位置。将鼠标放置在面板边缘，还可以自由调整该工作面板的大小。如果希望该面板固定在某个区域，可以点击面板的菜单栏，按住鼠标左键拖拽到想要放置的区域，短暂停留在该区域内，此时会出现工作面板的分区提示背景，放置位置确定后松开鼠标，就会自动放置到所选择的区域内。

3. 面板最大化预览调整

选中任意一个面板，并敲击键盘的【～】键就可以使当前选中的面板最大化，再次敲击【～】键即退出最大化。在合成面板使用中，这是非常重要的一个功能。如果不使用快捷键，也可以用鼠标点选，在面板的菜单栏右侧有一个 3 条横线的标志☰，鼠标单击会出现下拉菜单，选择【面板组合设置】下的【最大化面板】也可以完成这个操作。想要退出的时候，可以再次点击标志下的【面板组设置】，选择【恢复面板组大小】即退回到原有面板的布局中，如图 1-4 所示。还有一种简便的办法，就是双击工作面板的菜单栏区域，可以最大化工作面板；最大化工作面板后，再次双击工作面板菜单栏区域，则还原该面板原始大小。

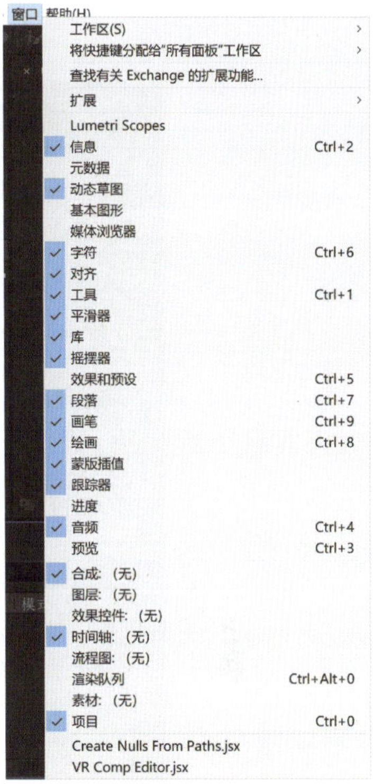

图 1-3

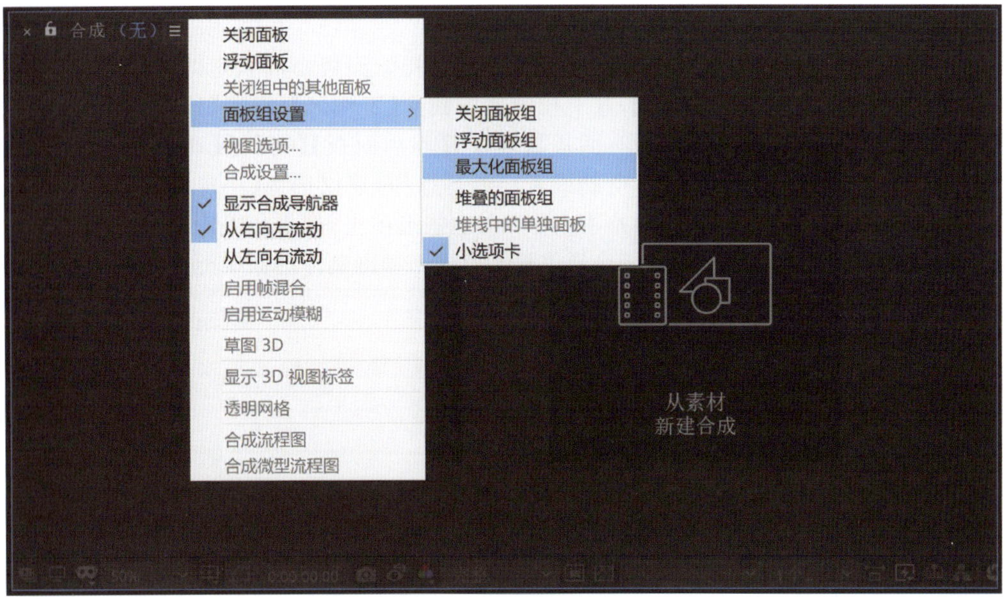

图 1-4

4. 界面主题快捷转化

在菜单栏右侧有一个"》"符号，点击后会出现下拉菜单，这个下拉菜单内有【所有面板】【动画】【基本图形】【颜色】【效果】【简约】【绘画】【文本】【运动跟踪】【编辑工作区】等，这些功能选项都是常用的便捷预设。打开【编辑工作区】后，会出现菜单，可以自定义工作区，如图

1-5 所示。

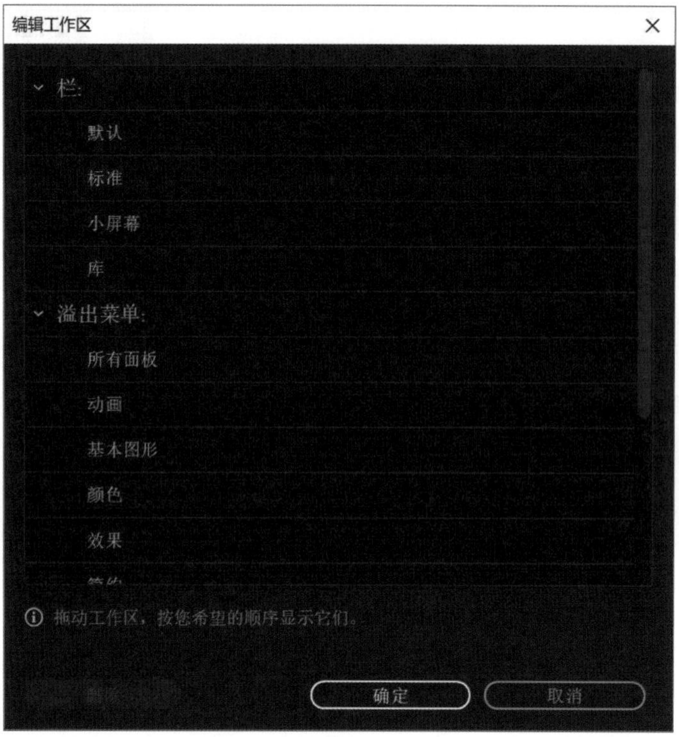

图 1-5

5. 面板初始化设置

若工作面板调整混乱，或前一个使用者没有恢复初始面板布局状态时，可以自行调整回初始状态。在菜单栏中单击【窗口】，在下拉菜单中找到【工作区】，点击【工作区】后会出现新的下拉菜单，有【标准】【小屏幕】【所有面板】【效果】【浮动面板】【简约】【动画】【基本图形】等选择项目。如果所使用的是笔记本电脑或者小屏幕操作，建议选择【小屏幕】选项；如果是工作站、一体机、台式电脑，可选择【标准】模式。在这些选项里，如果只是对动画效果进行艺术创作，可以选择【动画】面板布局，系统会提供更多有关于动画制作的面板配置，如图 1-6 所示。

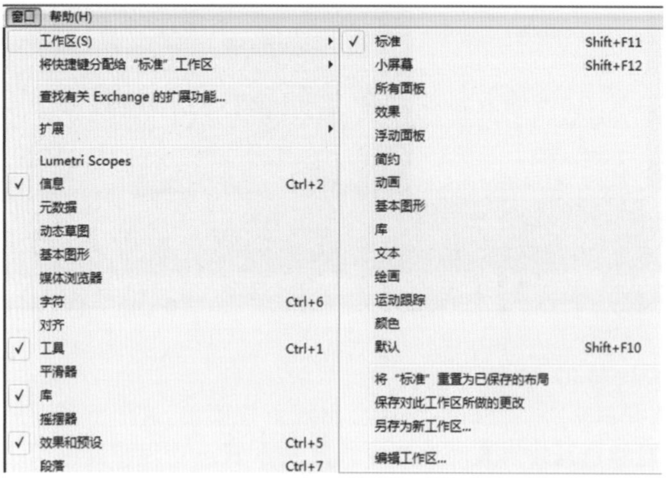

图 1-6

1.2.2　After Effects 工具栏

在标准工作区面板分布中，工具栏为最上方的长条形状，它所涵盖的工具是最常用的。为了便于讲解，本书把工具栏单独列出。如图 1-7 所示。

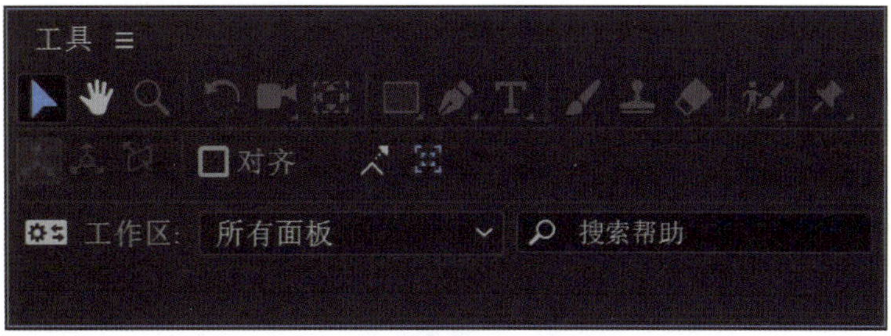

图 1-7

【选取工具】可以选择、移动或调整各个图层与不同素材。

【手形工具】点击后可以抓取拖动画面；放大画面后调整位置时，可以通过手形工具来完成。

【缩放工具】调整预览窗口中画面的显示大小。

【旋转工具】可以在合成项目的预览窗口中对所选定的素材进行调整。

【统一摄像机工具】快速建立一个摄像机到项目中。

【向后平移(锚点)工具】通过鼠标拉动中心点移动到相应位置，改变图层中心点，影响部分动画的运动轨迹。

【矩形工具】鼠标左键单击矩形工具不放开，会出现与其相关的下拉菜单，如图 1-8 所示，可选择多种不同形状的工具进行操作。

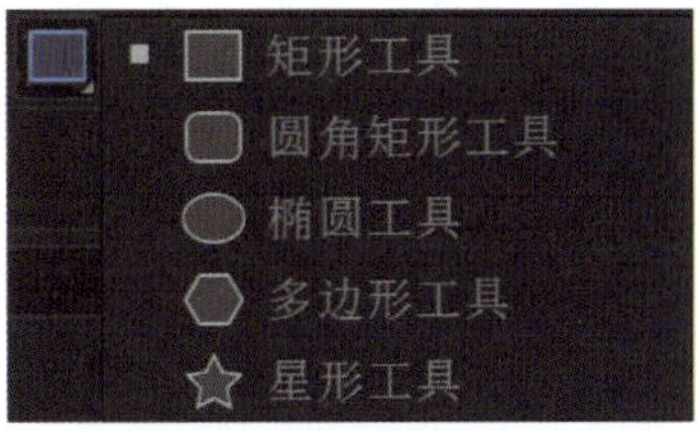

图 1-8

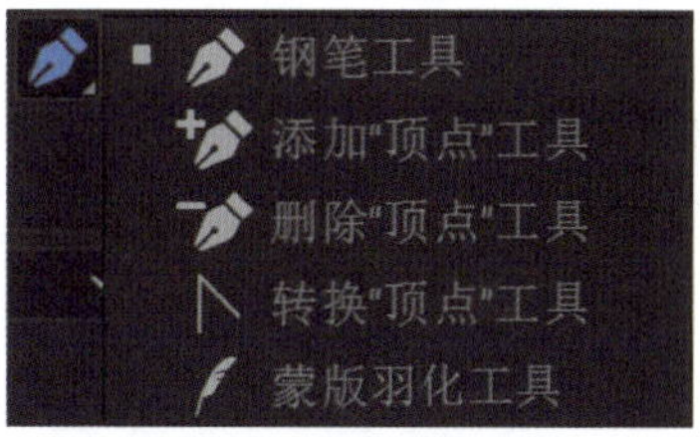

图 1-9

【钢笔工具】鼠标左键点击钢笔工具不放开，会有下拉菜单，如图 1-9 所示。

【文字工具】横、竖排版书写的版式选择，如图 1-10。后面的章节中关于文字动画部分会详细介绍。

图 1-10

【仿制图章工具】复制图像到需要填充的部分，也可以快速调整素材的效果。

【橡皮擦工具】根据实际案例需求，可擦除图像或是画面部分区域以实现透明效果。

【笔刷工具】相当于 Adobe Photoshop 里的抠图工具，只不过这里的笔刷是针对视频的抠图处理。

在工具栏面板的第二排图标从左至右依次为：【本地轴模式】【世界轴模式】【视图轴模

式】【对齐】【沿扩展到图层边界以外的边缘对齐】【对齐并显示折叠合成和文本图层内的特性】，其中本地轴、世界轴、视图轴这 3 个模式，可以通过直接点击来完成快速切换。

1.2.3 After Effects 首选项设置

首选项设置是安装 After Effects 后第一件要做的工作，因为首选项设置直接关系到软件使用。在每一项具体参数设置中，绝大部分是不需要特殊调整的，如图 1-11 所示。本书择要介绍一些设置。

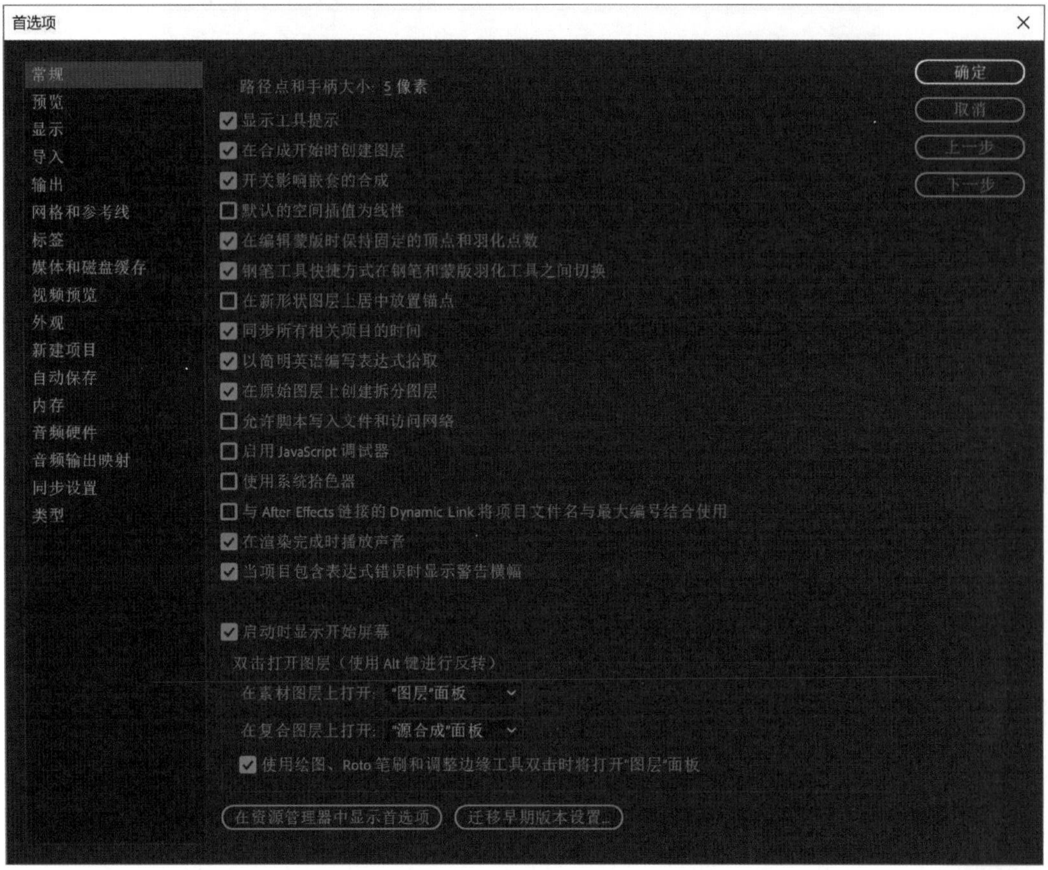

图 1-11

1. 常规参数

常规参数中，最重要的一点是【允许脚本写入文件或访问网络】，一定要勾选，因为在安装第三方插件或脚本的时候，必须开启这个选项才能够成功安装并使用。

【显示工具提示】可以根据自己的使用情况选择是否勾选，对零基础的读者而言，建议勾选此参数项目。勾选之后，鼠标停放在某一个工具栏的图标上，并继续停留时，会提示此工具图标的名称，并会在后面的括号内提示该图标工具的快捷键。

常规参数中的【在合成开始时创建图层】【开关影响嵌套的合成】【在渲染完成时播放声音】【当项目包含表达式错误时显示警告横幅】等细节的参数选项一般不需要调整，全部默认勾选开启即可。

2. 预览

在参数【快速预览】区域点选【GPU 信息】，打开新界面后，在【光线追踪】选项的下拉菜单中会出现【CPU】和【GPU】两个选项。如果电脑所配置的显卡支持 CUDA，就可以在下拉菜单中点选更改为【GPU】选项。

【自适应分辨率限制】选项中默认的是 1/8 设置，在合成窗口的底部也可以调整。这个参数的设置主要是为了让预览视频播放时更顺畅，减少不必要的卡顿。合成面板中监视器的预览并非是最终的输出效果。如果在操作中希望拖动预览进度时更快速，可以将此设置调整得更低一些，比如 1/16。快速预览对视频压缩也严重，会损失更多画质。

3. 显示

在【显示】选项的参数设置中有【运动路径】工作区，其中有 4 个选项，默认的是不超过 15 秒的关键帧显示。关键帧的显示范围要根据具体的需要进行调整。在我们的动画路径非常复杂、烦琐的时候，需要关闭不必要的或者不需要修改的关键帧动画，也可以选择点击【没有运动路径】，避免工作时造成错误操作。

4. 导入参数

在【静止素材】的工作区内，默认的为【合成的长度】，也就是新建的长度 20 秒或者 30 秒，也可以点击下面的时间设置，设定为 5 秒或者其他。

5. 输出参数

在输出参数设置里有两个不常用但较为方便的设置，一个是【序列拆分为 700 个文件】，此处的 700 是可以调节的数字；另一个是【仅拆分视频影片为 1024MB】，此处的数字 1024 也是可以调节的数字。可以根据输出需要调节数字，调节完并点选【开启】后，输出的序列超过 700 个会进行拆分；同理，输出的影片超过 1024MB 也会拆分影片。拆分后的影片便于视频的传输与分批保存。

6. 网格与参考线

可以随意尝试并更改颜色，网格和参考线仅仅起辅助作用，不会对操作造成任何影响，更不会被连带输出成影片。

7. 标签参数

标签参数设置可以更改每个图层前面的标签颜色和命名。

8. 媒体和磁盘缓存

在【磁盘缓存】工作区内，在【启用磁盘缓存】前面的方格内点击勾选，可以加快视频制作时的预览速度。

磁盘缓存的空间大小也可以调整，可点击该数字，然后左右拉动来调整缓存空间大小。

【磁盘缓存】工作区内的【选择文件夹】，推荐放置在 C 盘内，便于优化电脑使用性能，而【符合的媒体缓存】工作区内的【数据库】【缓存】选项，不建议放置在 C 盘空间内，放置在空闲磁盘即可。

9. 视频预览

视频预览参数主要是针对多个显示器的应用而设置的。如果希望双屏或者多屏工作，可以点击【启用 Mercury Transmit】，然后在视频设备的工作区内点选需要使用的显示器。

10. 外观

在外观参数设置中，可以对 After Effects 的整体颜色和亮度进行调节，也可以对内部图标文字与外边框进行亮度调整，通常使用默认选项即可。在进行长时间的视频操作后会出现视疲劳,如果调整的颜色过亮,会影响眼睛对颜色的准确判断,所以推荐默认设置。

11. 新建项目

在新建项目参数中,只有【新建项目加载模板】一个选项,点击开启后,可以选择项目模板。比如一个几十集的网络纪录片,点击开启这个选项后就不需要每次都手动添加片头。

12. 自动保存

在自动保存的参数设置里,一定要勾选【保存间隔】与【启动渲染队列时保存】。因为在工作中,一旦遇到断电、系统崩溃等不可控因素,可以最大化保存工作进度。在【保存间隔】后有时间设置,默认为 20 分钟,也可以点击数字不放开,然后左右拉动鼠标调整保存间隔时间。

在【自动保存位置】工作区内可以选择【项目旁边】或【自定义位置】,如果选择【项目旁边】就会自动保存在开始工作前新建项目的旁边,很容易查找。

13. 内存

在内存选项的参数设置中,唯一可以调整的就是【为其他应用程序保留的 RAM】,可根据硬件的情况和 After Effects 的使用情况进行适当调整。

14. 音频硬件

很多时候,在导入视频素材后会听不到声音,这是音频硬件的参数设置问题。在音频硬件工作区内【设备类型】与【默认输出】的下拉菜单中,选择匹配硬件就可以完成设置。

如果选择后依然没有声音,则需检查硬件故障,或者检查原视频文件的音频轨道参数,看一下是不是音响线路问题或者视频音效缺失。

15. 音频输出映射

音频输出映射的参数设置与视频预览参数设置较为类似,选择需要的音响输出即可。

16. 同步设置

创建一个 Adobe 账号并登录 After Effects,同步设置会同步到这个 Adobe 账号的云端;使用其他电脑的 After Effects 软件登录这个 Adobe 账号时,也会自动默认之前调整好的项目参数设置。

17. 类型

类型的参数设置主要是【预览大小】与【显示近期字体数量】,要根据使用需要进行调整,通常情况下选择默认。

1.2.4 After Effects 快捷键设置与应用

After Effects 软件的使用离不开快捷键操作,使用快捷键可以提高软件的操作效率。调出快捷键界面后,按 Shift、Ctrl、Alt 等键,会有相应的颜色变化,非常直观易懂,如图 1-12 所示。

打开快捷键设置界面有两种方法:(1)在菜单栏点击【编辑】,在下拉菜单里选择【键盘快捷键】,调出快捷键设置的界面。(2)使用快捷键【Ctrl+Alt+'】也可以快速调出快捷键设置的界面。

点击快捷键界面中【命令】右侧的下拉菜单,可根据需求选择不同面板中的快捷键设置,如图 1-13 所示。

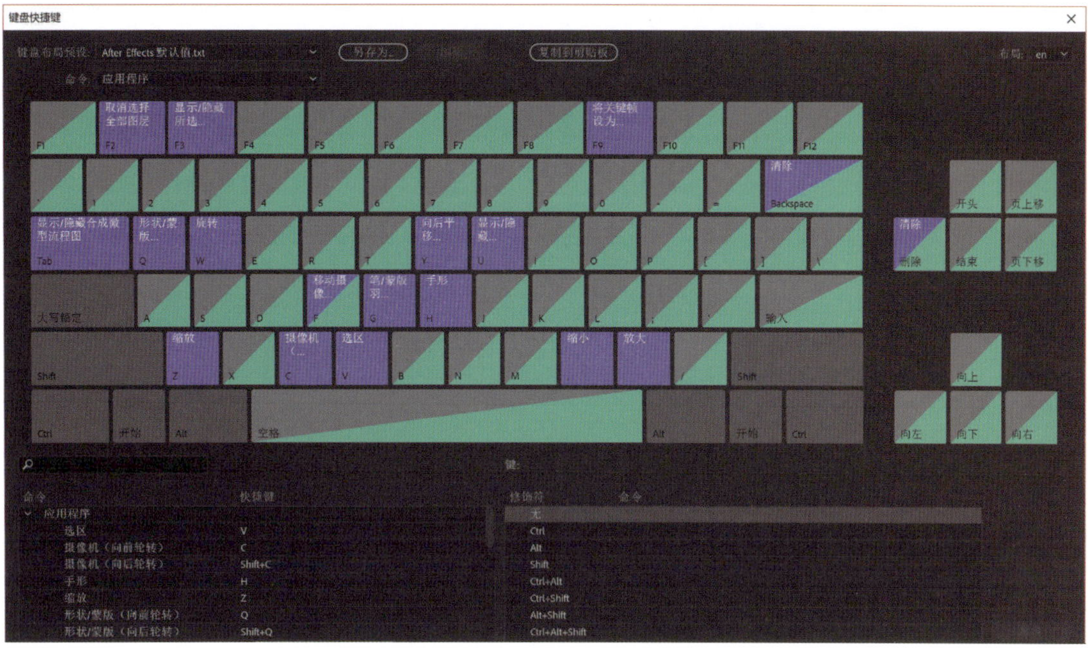

图 1-12

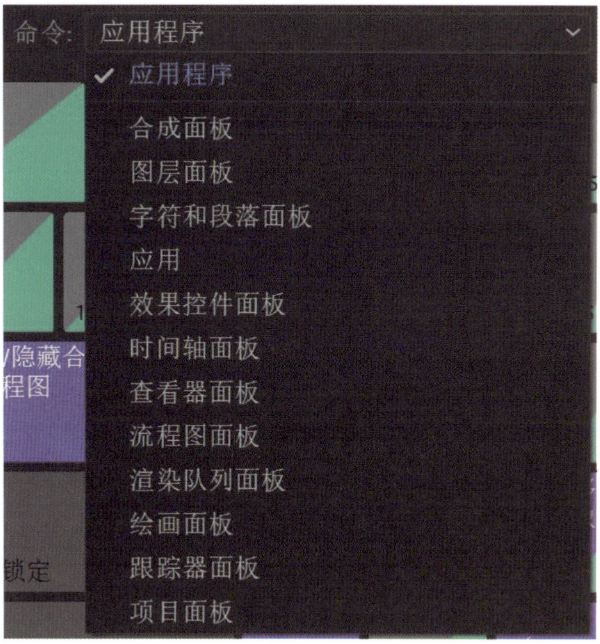

图 1-13

After Effects 有许多默认的快捷键，读者也可以根据个人操作习惯进行自定义更改。本书在附录里列出了 After Effects CC 2018 的一些默认快捷键。

第 2 章　After Effects 菜单详解与工作流程

2.1　After Effects 菜单详解

Adobe After Effects CC 2018 的菜单栏包括文件菜单、编辑菜单、合成菜单、图层菜单、效果菜单、动画菜单、视图菜单、窗口菜单和帮助菜单。

2.1.1　文件菜单

文件菜单如图 2-1 所示。

图 2-1

【新建】新建一个项目、团队项目、PS 文件、MAXON CINEMA 4D 文件。

【打开项目】打开已有的项目。

【打开团队项目】打开团队制作的项目。在团队项目中,可多人共享 AE 工程文件,非常方便。

【在 Bridge 中浏览】Bridge 是 Adobe 公司开发的一个组织工具程序,从 Bridge 中可以查看、搜索、排序、管理和处理图像文件,还可以使用它创建文件夹,执行移动和删除等命令。

【关闭】关闭当前的窗口和面板等。

【关闭项目】关闭当前的项目。如果现有的项目未保存,将出现对话框提示保存当前项目。

【保存】保存当前项目。

【另存为】将当前项目另外保存一份。

【增量保存】在上次保存项目的基础上,递增名称的序号另外保存一份。

【恢复】将所作的修改恢复到上次保存项目的状态。

【导入】导入项目需要的素材或者合成。

【导入最近的素材】导入最近访问过的素材。

【导出】将项目导出 Adobe Premiere Pro Project、C4D exporter 等格式文件。

【Adobe Dynamic Link】可以新建 Premiere Pro 序列和导入 Premiere Pro 序列。

【查找】查找素材。

【将素材添加到合成】将选中的素材加入一个新建的合成中。

【基于所选项新建合成】将选中的素材加入一个新建的合成中。

【整理工程(文件)】整理项目中导入的所有素材。

【监视文件夹】利用网络计算机来分担渲染任务,监控。

【脚本】在 AE 中使用脚本语言编程。

【创建代理】将高精度分辨率素材或者合成输出为代理素材,方便以后作为大尺寸、高精度素材的代理,提高制作效率。

【设置代理】使用低分辨率的素材或静止图片代替高分辨率的素材,可以减少渲染时间,提高效率。

【解释素材】导入素材时可能包含 Alpha 通道,对素材的通道等进行设置。

【替换素材】用其他文件、占位符等来替换项目中已经导入的素材。

【重新加载素材】重新载入项目中已经导入的素材。当素材源文件有变动时,可以在 AE 中同步更新。

【在资源管理器中显示】打开操作系统的浏览器窗口,定位到指定的素材源文件。

【在 Bridge 中显示】打开 Adobe Bridge 窗口,定位到指定的素材源文件。

【项目设置】对项目进行显示风格、颜色等设置。

【退出】退出 After Effects 软件,如果当前项目未保存,会弹出对话框提示保存。

2.1.2　编辑菜单

编辑菜单如图 2-2 所示。

【撤销】撤销最近一次的操作。

【重做】重做最近一次撤销过的操作。

【历史记录】历史操作记录列表,可撤销或者重做。方便快捷回到历史状态。

【剪切】剪切选中的对象。

【复制】复制选中的对象到剪贴板。

【仅复制表达式】复制选中对象的表达式到剪贴板。

【粘贴】粘贴剪贴板的对象到当前位置。

【清除】将选中的对象删除。

【重复】将选中的对象克隆一份,相当于复制+粘贴。

【拆分图层】可以将图层进行拆分。

【提升工作区域】将素材处于工作区范围内的部分删除,并且保留部分素材的时间位置无变化。

【提取工作区域】将素材处于工作区范围内的部分删除掉,并且保留部分素材的时间位置相应前移,使素材之间没有空隙。

【全选】选中所有的对象。

【全部取消选择】取消所有选中的对象。

【标签】将选中的对象(素材)打上分类的颜色标签。

【清理】释放软件运行时占用的系统内存,清理生成

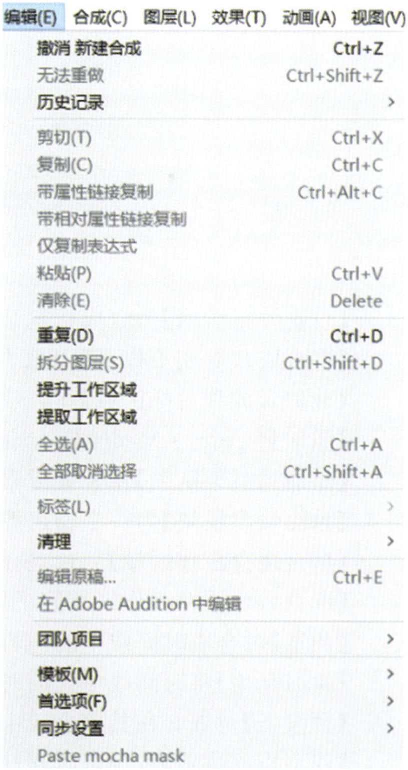

图 2-2

的临时文件,包括磁盘缓存、图像缓存及快照。

【编辑原稿】打开系统中与素材关联的软件对素材进行编辑。

【在 Adobe Audition 中编辑】可以在 Adobe Audition 中编辑音频文件。

【模板】设置渲染模板和输出模板。

【首选项】对软件的运行环境、外观、输入输出等进行设置,提高工作效率。

2.1.3 合成菜单

合成菜单如图 2-3 所示。

【新建合成】为项目新建一个合成。

【合成设置】设置合成参数。

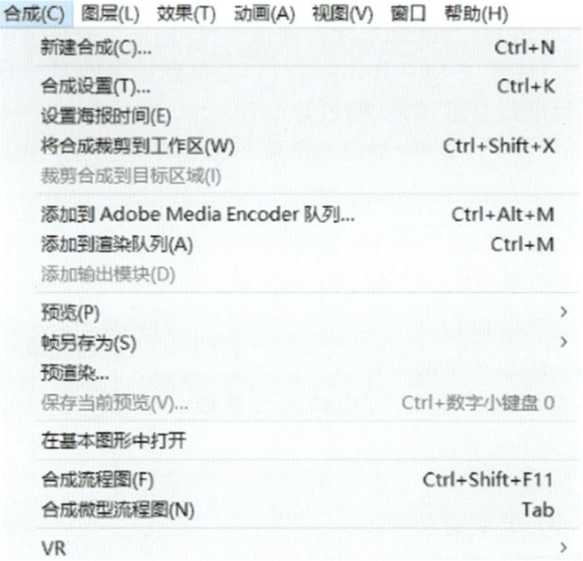

图 2-3

【设置海报时间】为合成指定某一个时间点的画面作为其在项目窗口的缩略图。

【将合成裁剪到工作区】以工作区域的长度来裁剪合成的长度。

【裁剪合成到目标区域】在合成窗口中绘制一个自定义大小的矩形区域。

【添加到 Adobe Media Encoder 队列】将合成或素材添加到渲染序列窗口中等待渲染。

【添加到渲染队列】将合成或素材添加到渲染序列窗口中等待渲染。

【添加输出模块】为一个输出源设置不同的输出目标模块。

【后台缓存工作区域】后台缓存的工作区域。

【取消后台缓存工作区域】取消后台缓存的工作区域。

【预览】对合成时间线中的内容进行渲染以保证能流畅地预览。

【帧另存为】将时间线中当前时间指示处的画面存储为单帧的图像文件。

【预渲染】对嵌套在其他合成中的合成进行预先渲染。

【保存当前预览】将预览时存储在内存中的临时文件存储下来。

【合成流程图】执行该选项,可以出现合成的流程图,并自动用箭头标注合成步骤。

【合成微型流程图】执行该选项,可以出现合成的小型流程图。

2.1.4　图层菜单

图层菜单如图 2-4 所示。

图 2-4

【新建】在合成的时间线窗口中新建多种类型的图层。

【图层设置】对所选择的图层进行设置修改。

【打开图层】打开所选择的图层。

【打开图层源】打开所选择的源素材窗口。

【在资源管理器中显示】打开所选择素材的窗口。

【蒙版】对图层建立新的遮罩或对图层的遮罩进行操作。

【蒙版和形状路径】对遮罩和图形的路径进行调整设置。

【品质】对图层使用不同的显示质量，包含最佳、草图和线框 3 种。

【开关】对时间线中图层的各项属性进行转换开关。

【变换】对图层的位置、旋转、透明度、中心点等参数进行设置。

【时间】对图层素材的时间进行相关设置。

【帧混合】图像的帧融合在合成软件中应用比较广泛，可以提高运动图像的质量。

【3D 图层】将图层转换为三维图层的开关。

【参考线图层】将图层转换为向导层的开关。

【环境图层】该选项可以控制环境层的效果。

【添加标记】为所选图层添加时间位置标记点。

【保持透明度】切换使图层保持透明属性的开关。

【混合模式】图层与其下方图层之间的混合显示模式。

【下一混合模式】在选择不同的混合模式时，可以用这个命令的快捷键来快速选择使用下一个混合模式。

【上一混合模式】在选择不同的混合模式时，可以用这个命令的快捷键来快速选择使用前一个混合模式。

【跟踪遮罩】在时间线中可以将上一图层作为当前层的轨道蒙版。

【图层样式】在 After Effects 中为层设置诸如阴影、外发光、内发光、轮廓等图层样式。

【组合形状】将同一图形层中的形状组合在一起。

【取消组合形状】将合并成组的图形取消组合状态。

【排列】将图层进行排列，包括置于顶层、上移一层、下移一层、置于底层。

【转换为可编辑文本】对于 Photoshop 中分层格式的 PSD 中保存的文字层，在没有合并或转换为图层的情况下，可以将其转换为可编辑的文字状态，进行修改文字或其他文字属性操作。

【从文本创建形状】将文字转换为文字的形状图层。

【从文本创建蒙版】将文字转换为文字形状的遮罩图层。

【从矢量图层创建形状】在矢量图层上创建形状。

【摄像机】在其子菜单中选择【创建立体 3D 设备】,可以直接为当前画面创建 3D 效果摄像机。

【自动追踪】按图层画面信息自动跟踪并创建遮罩关键帧。

【预合成】在一个合成时间线中直接创建一个新的合成,嵌套在其中。

2.1.5 效果菜单

效果菜单如图 2-5 所示。

【效果控件】打开效果控件面板。

【上一个效果】该选项可以显示近期添加使用过的滤镜。

【全部移除】将所选择层中添加的特效全部移除。

【3D 通道特效】主要用于对图像进行三维方面的修改,包括 3D 通道提取、EXtractoR、ID 遮罩、IDentifier、场深度、深度遮罩、雾 3D。

【3D 通道提取】3D 通道提取特效可以含有多项项附加信息的 3D 素材图像,以多通道的彩色图像或灰度图来显示,方便进一步在二维图像中进行三维效果合成。

【模糊和锐化】用于对图像进行各种模糊和锐化处理,包括定向模糊、钝化蒙版、方框模糊、双向模糊、摄像机镜头模糊等,如图 2-6 所示。

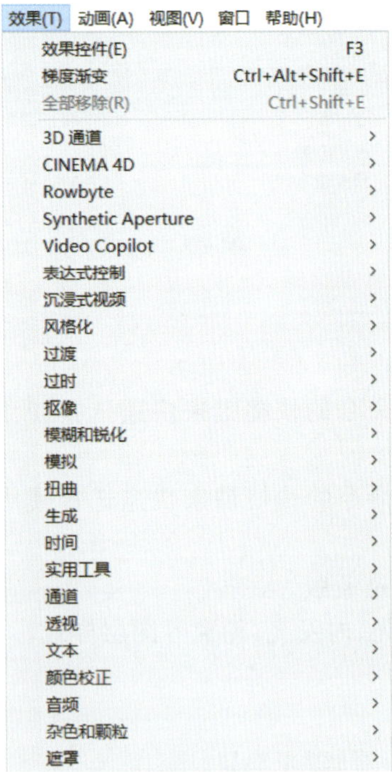

图 2-5

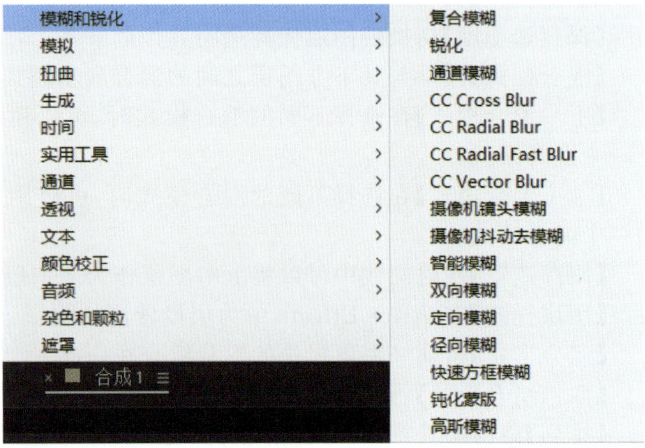

图 2-6

【双向模糊】对画面细节部分进行模糊处理。

【方框模糊】模拟盒状的模糊效果。

【摄像机镜头模糊】模拟摄像机镜头模糊的效果。

【扭曲】用来对图像进行扭曲变形，是很重要的一类画面特技，可以对画面的形状进行校正，更可以使平常的画面变形产生特殊的效果。例如，贝塞尔曲线变形特效可以多点控制；凸出特效模拟图像透过气泡或放大镜所产生的放大效果；边角定位特效可通过改变 4 个角的位置来对图像进行变形(图 2-8)。

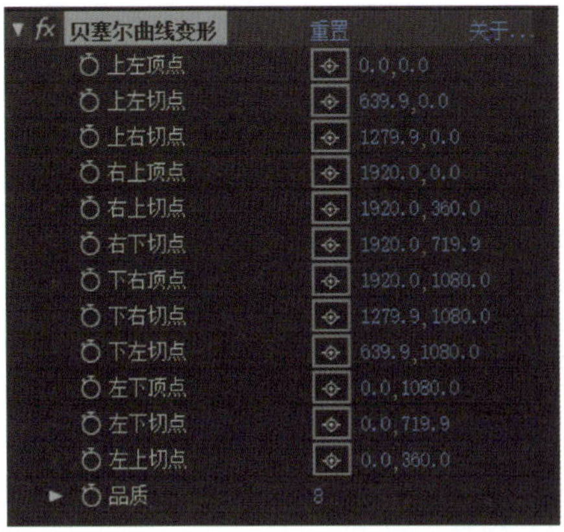

图 2-7

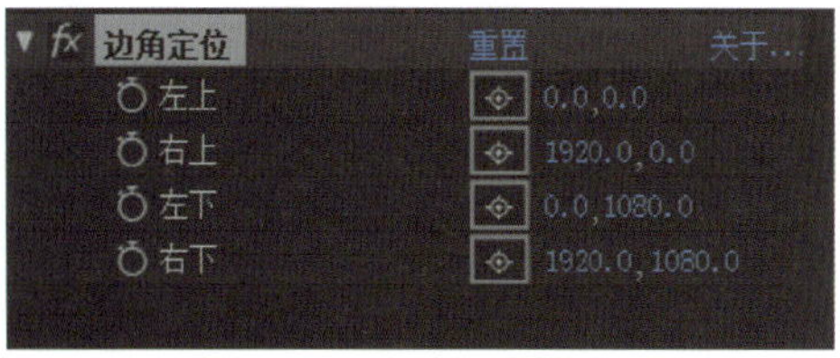

图 2-8

【表达式控制】使用表达式来实现特效和动画的一种方式。例如，3D 点控制特效给表达式图层添加 3D 点控制(图 2-9)；角度控制特效给表达式图层添加角度控制；复选框控制特效给表达式图层添加复选框控制。

图 2-9

【生成】在图像上创造各种常见的特效，如闪电、镜头光晕等，还可以对图像进行颜色填充，如四色渐变、滴管填充等。四色渐变特效可以模拟 4 种颜色的渐变效果；高级闪电特效可以制作不同效果的闪电光效；油漆桶特效可以模拟油漆效果，如图 2-10 所示。

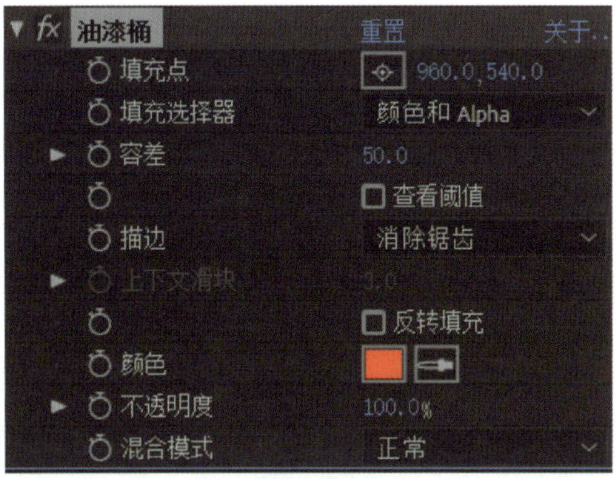

图 2-10

【遮罩】创建遮罩，用来配合键控效果进行抠像处理。例如遮罩阻塞工具可以用来扩展和填充 Alpha 通道中的透明区域，抑制通道中缝隙或者剩余的像素。简单阻塞工具可以减少或扩大蒙版边缘。

【杂色与颗粒】使素材产生杂色或颗粒的效果，共包括 11 种特效：添加颗粒、蒙尘与划痕、分形杂色、匹配颗粒、中间值、杂色、杂色 Alpha、杂色 HLS、杂色 HLS 自动、移除颗粒、湍流杂色，如图 2-11 所示。

添加颗粒特效可以在画面上添加颗粒，并为颗粒设置动画。蒙尘与划痕特效通过模糊来弥补图像中的斑点和乱划痕迹，如图 2-12 所示。分形杂色特效可以模拟云、火、蒸汽、流水等效果，如图 2-13 所示。

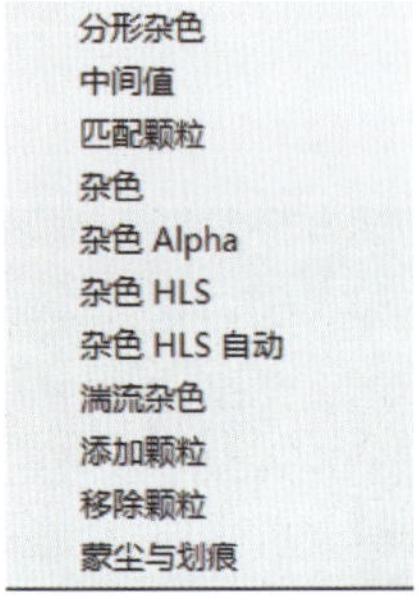

图 2-11

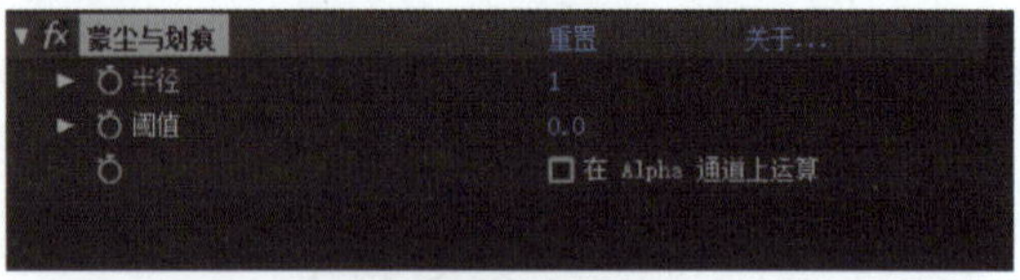

图 2-12

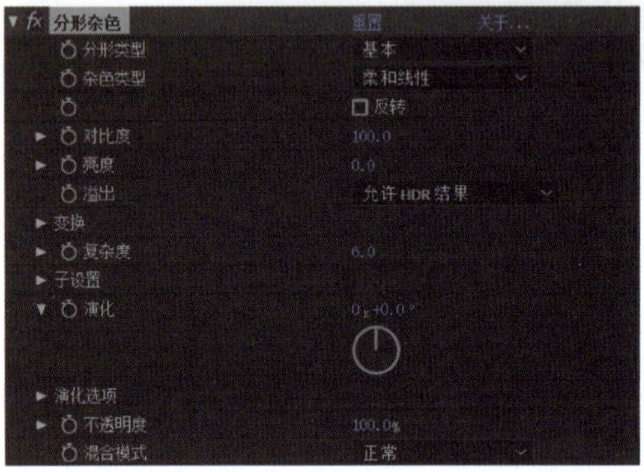

图 2-13

【过时】过时组特效包括基本 3D、基本文字、闪光、路径文本等效果，如图 2-14 所示。

图 2-14

基本 3D 特效可以用来使画面在三维空间中水平或垂直移动，如图 2-15 所示。

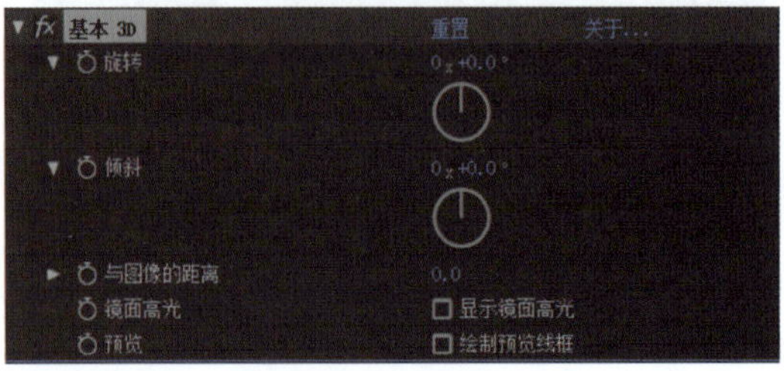

图 2-15

基本文字特效可以在图层上生成基本文字，图层可以为纯色层及视频、图像素材层，如图 2-16、图 2-17 所示。闪光特效可以模拟闪电和放电效果，如图 2-18 所示。

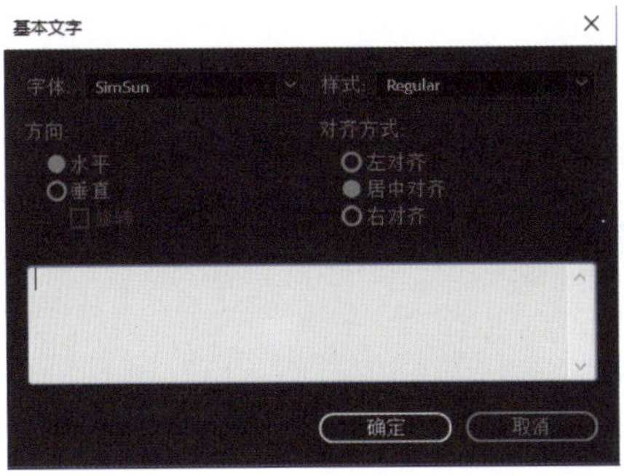

图 2-16

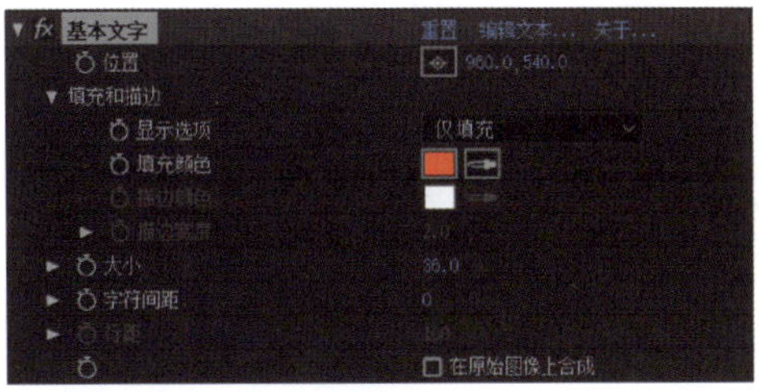

图 2-17

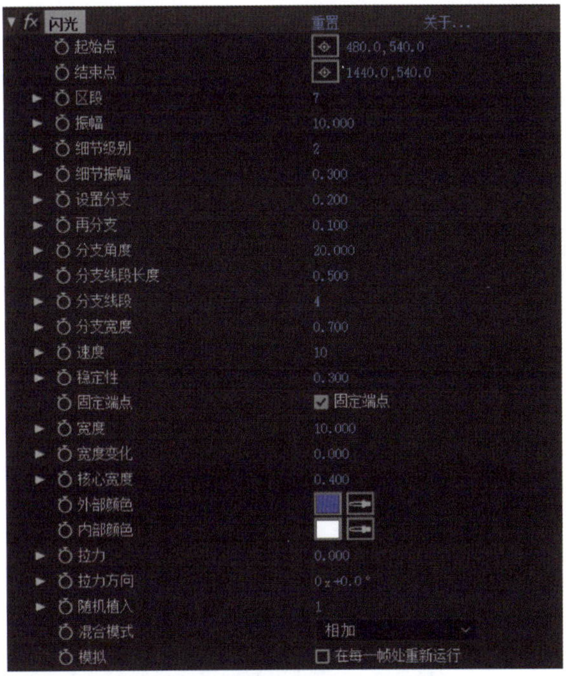

图 2-18

【透视】用于制作各种透视效果，该特效包括 3D 眼镜、斜面 Alpha、CC Cylinder(CC 圆柱体)、CC Sphere(CC 球体)、CC Spotlight(CC 聚光灯)、径向阴影等。

图 2-19

边缘斜面特效用于对图像的边缘产生一个立体的效果，看上去是三维外观，如图 2-20 所示。

斜面 Alpha 特效可以使图像出现分界，是通过二维的 Alpha 通道效果形成三维外观，如图 2-21 所示。

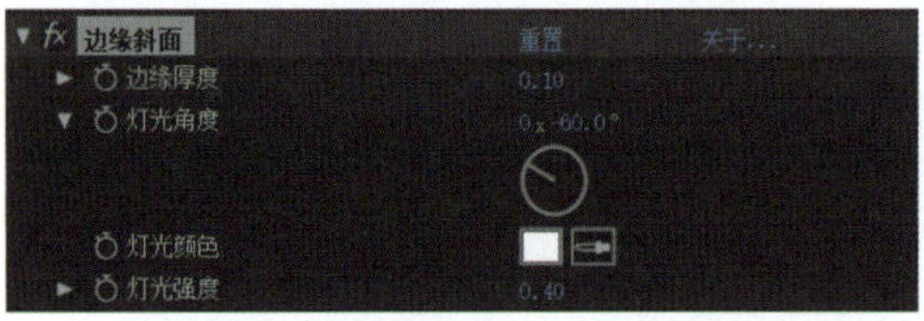

图 2-20

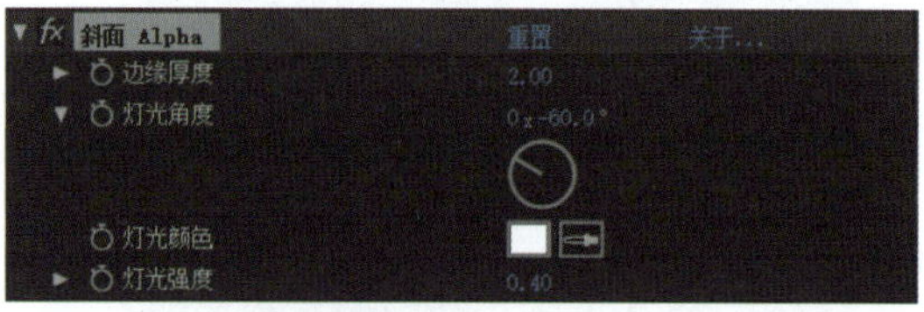

图 2-21

CC 聚光灯特效可以为图像添加聚光灯效果，使其产生逼真的被聚光灯照射的效果，如图 2-22 所示。

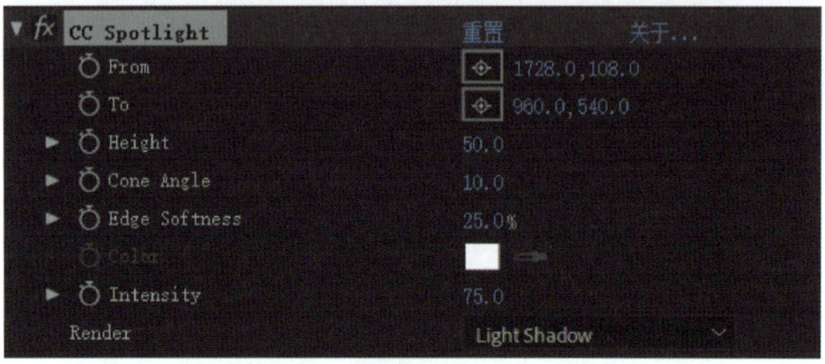

图 2-22

【模拟】效果包括 CC Rainfall(CC 雨量)、CC Hair(CC 毛发)、波形环境、卡片动画、粒子运动场和碎片等，如图 2-23 所示。

碎片特效(图 2-24)可以将对象进行破碎处理，非常震撼。

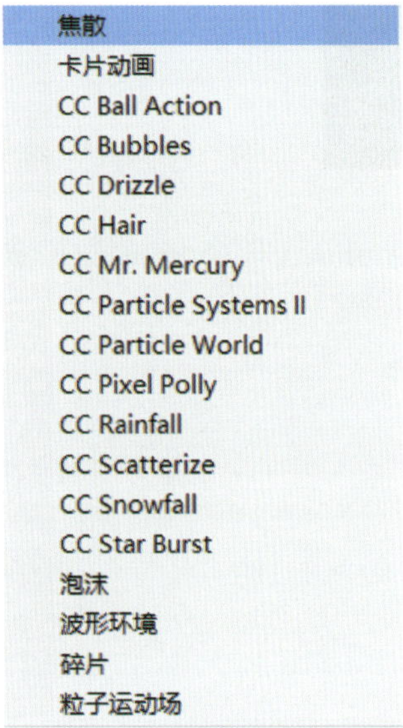

图 2-23

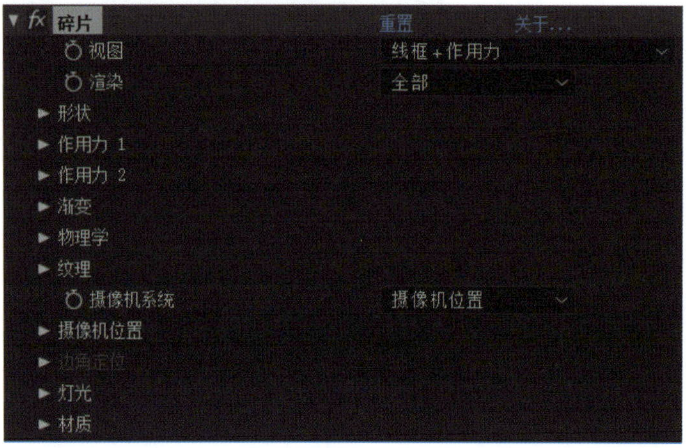

图 2-24

波形环境效果可以非常逼真地模拟出水纹的效果，如图 2-25 所示。

CC 雨量效果可以非常真实地模拟下雨的效果，并且调整数据后可以制作出不同的下雨效果，如图 2-26 所示。

图 2-25

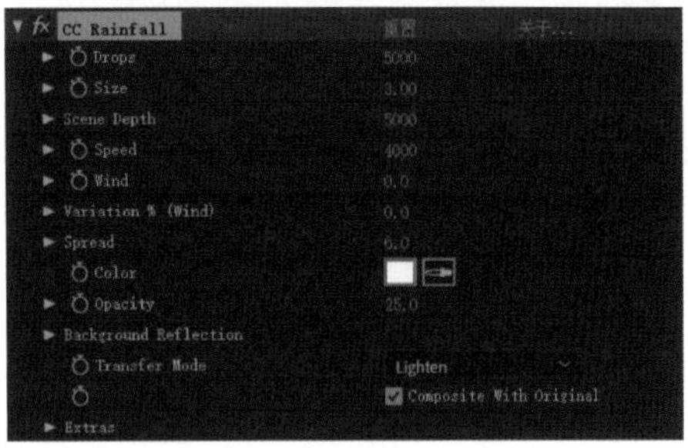

图 2-26

【风格化】主要模仿各种绘画技巧，使图像产生丰富的视觉效果。包括画笔描边、卡通、彩色浮雕、浮雕、查找边缘、发光、马赛克、色调分离、闪光灯、纹理化、阈值等，如图 2-27 所示。

画笔描边特效可以使图像产生类似水彩画的效果，如图 2-28 所示。

图 2-27

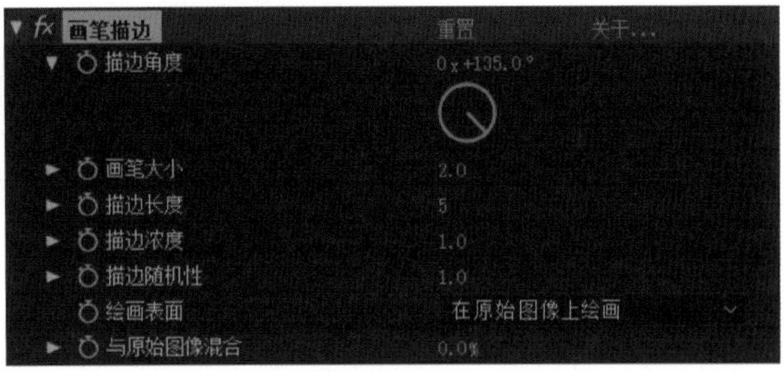

图 2-28

卡通可以使图像产生类似卡通画的效果，如图 2-29 所示。

彩色浮雕特效可以模拟彩色的浮雕效果，如图 2-30 所示。

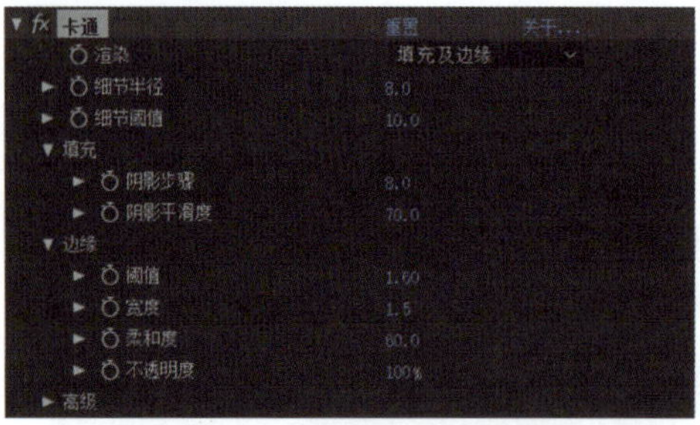

图 2-29

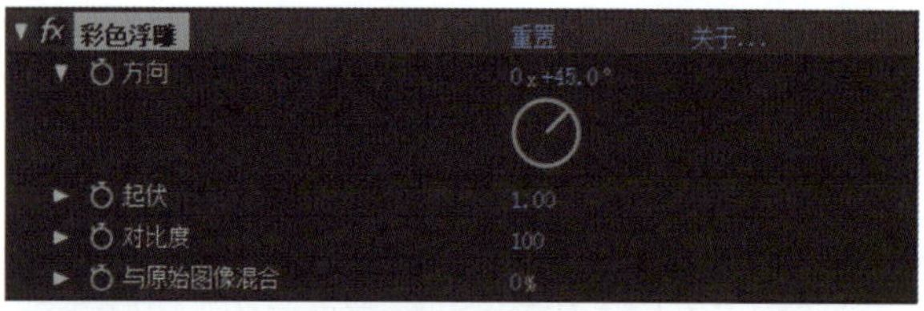

图 2-30

【文本】文本特效组主要用于辅助文字工具添加更多、更精彩的文字特效，包括编号和时间码两种特效。

编号特效可以产生数字，可以编辑时间码、十六进制数字、当前日期等，如图 2-31 所示。

时间码特效可以显示相应的时间，以方便使用，如图 2-32 所示。

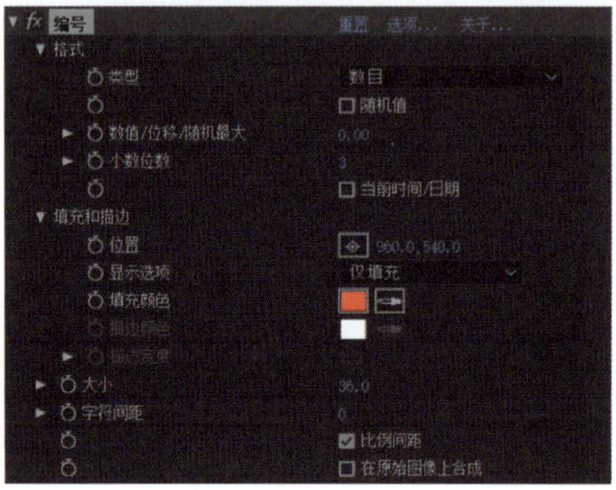

图 2-31

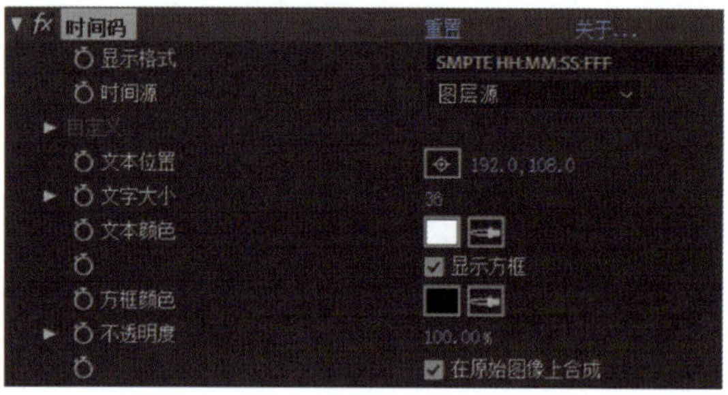

图 2-32

【时间】时间特效组主要用来控制素材的时间特性，并以素材的时间作为基准。该特效组包括残影、像素运动模糊、时差、时间置换、时间扭曲等，如图 2-33 所示。

残影特效可以制作出重影的画面效果，如图 2-34 所示。

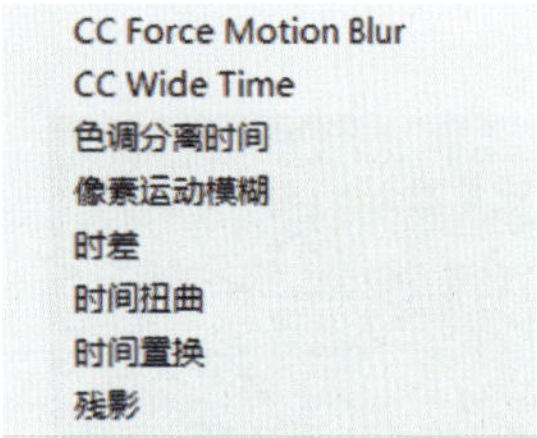

图 2-33

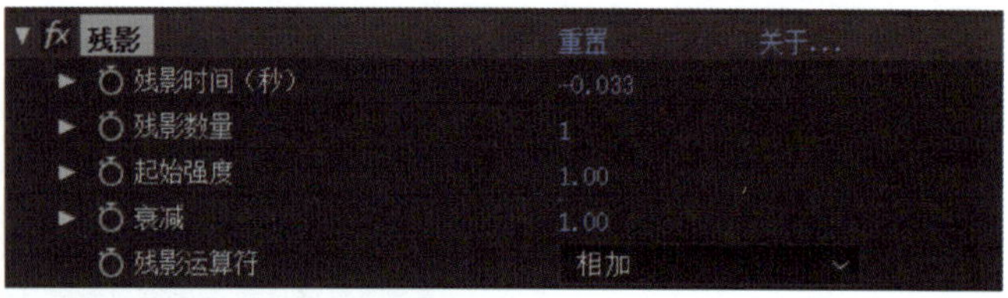

图 2-34

时差特效可以设置目标层延迟或提前播放，如图 2-35 所示。

时间扭曲特效能够基于像素运动、帧融合和所有帧进行时间画面扭曲，把前几秒的图像或后几秒的图像显示在当前窗口，如图 2-36 所示。

图 2-35

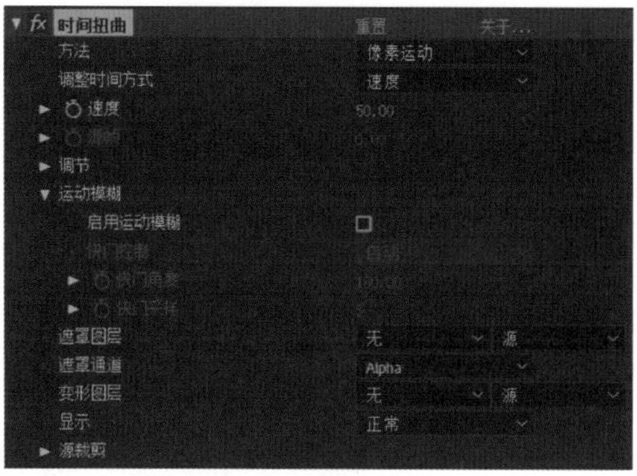

图 2-36

【过渡】可以制作出多种切换的画面效果。

块状溶解效果可以随机产生板块溶解图像，如图 2-37 所示。

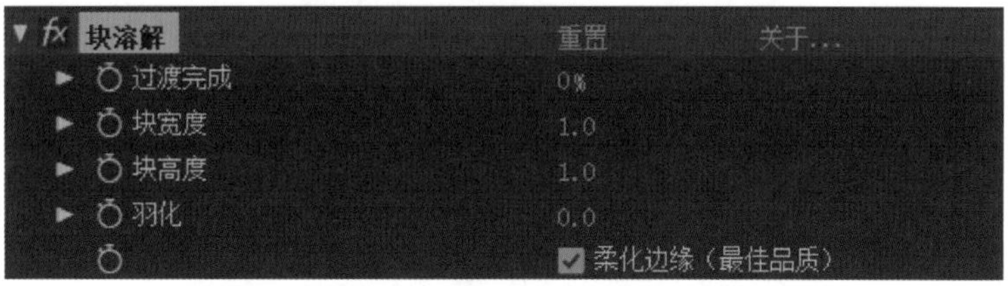

图 2-37

渐变擦除特效可以模拟渐变擦除的画面效果，如图 2-38 所示。

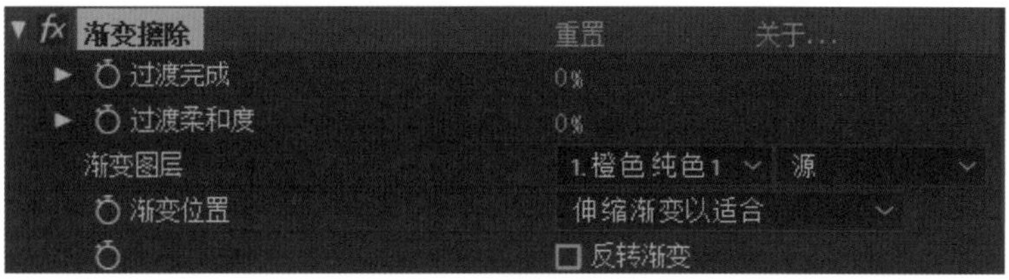

图 2-38

百叶窗特效可以模拟百叶窗开关过渡的动画，如图 2-39 所示。

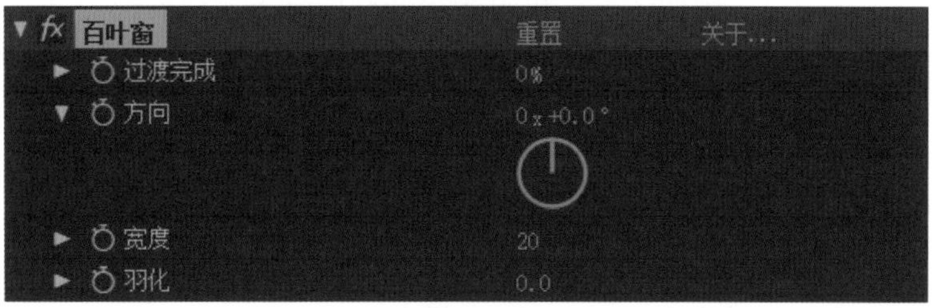

图 2-39

【实用工具】主要用于调整素材颜色的输出和输入设置。包括应用颜色 LUT、Cineon 转换器、范围扩散、HDR 高光压缩扩展器、HDR 压缩扩展器等。

执行【效果>实用工具>应用颜色 LUT】命令查找表命令，如图 2-40 所示。

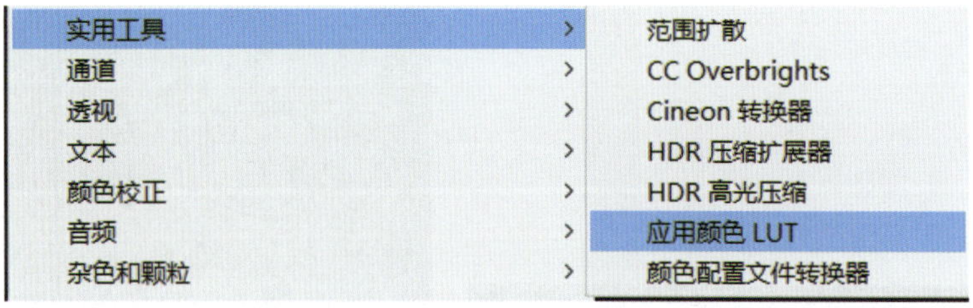

图 2-40

Cineon 转换器特效主要应用于标准线性到曲线对数的转换，如图 2-41 所示。

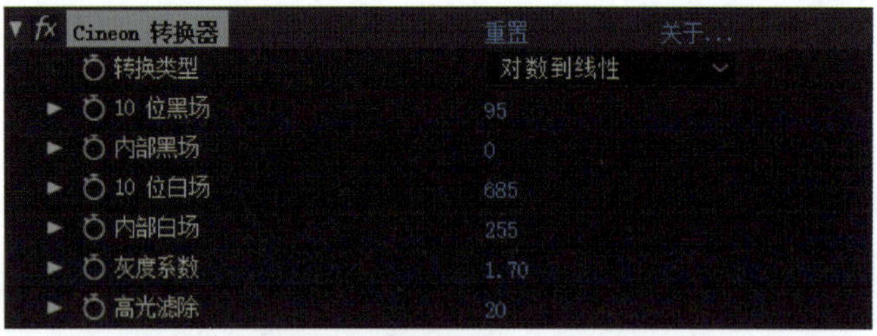

图 2-41

范围扩散特效用于增加图层中画面周边像素的折回边缘，如图 2-42 所示。

图 2-42

2.1.6　动画菜单

动画菜单如图 2-43 所示。

【保存动画预设】将设置好的动画关键帧保存在预设中，供下次设置同类动画时调用。

【在 mocha AE 中跟踪】选择该选项，可以打开 mocha AE CC 软件，并进行跟踪等操作。

【将动画预设应用于】在制作动画时调用已经存在的预设动画。

【最近动画预设】在制作动画时调用最近预设动画的记录。

【浏览预设】打开预设动画的文件夹浏览预设动画的效果。

【添加关键帧】为图层所选择项的参数添加关键帧。

【切换定格关键帧】将所选择的关键帧冻结。

【关键帧插值】对选择的关键帧进行插值调节，有临时插值和空间插值，如图 2-44 所示。

【关键帧速度】对选择的关键帧进行速率调节。

【关键帧辅助】对选择的关键帧快速应用相关功能。

【动画文本】为文字层添加多种动画参数设置。

【添加文本选择器】为文字层添加文本选择器。

【移除所有的文本动画器】将文字层上所有的文本类动画清除。

【添加表达式】为图层的参数项添加表达式。

【单独尺寸】该选项可以控制分离的尺寸。

【跟踪摄像机】对摄像机进行跟踪。

【变形稳定器 VFX】对弯曲的画面进行稳定。
【跟踪运动】对视频画面中的某一部分进行动态跟踪。
【跟踪此属性】按当前所选参数的属性进行跟踪操作。
【显示动画的属性】显示所选图层所设置的动画属性。
【显示所有修改的属性】显示所选图层被修改过的参数项。

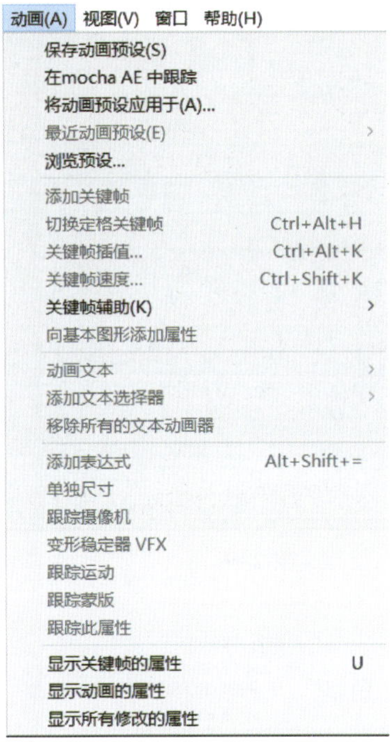

图 2-43

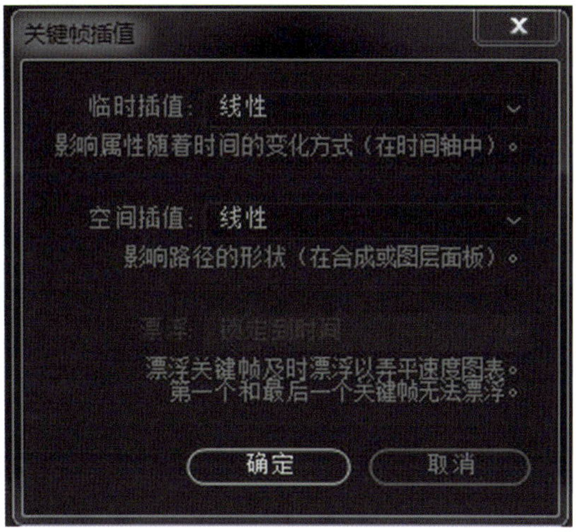

图 2-44

2.1.7　视图菜单

视图菜单如图 2-45 所示。
【新建查看器】在合成视图窗口中新建一个视图窗口。
【放大】将合成视图窗口中显示的图像放大显示。
【缩小】将合成视图窗口中显示的图像缩小显示。
【分辨率】在合成视图窗口中使用不同尺寸的分辨率来显示图像。
【使用显示色彩管理】在窗口中显示色彩管理。
【模拟输出】模拟输出效果。
【显示标尺】选择菜单显示标尺命令，显示或隐藏合成窗口的标尺显示。
【显示参考线】显示合成窗口中的参考线。
【对齐到参考线】将合成窗口中的参考线设置为吸附参考线。
【锁定参考线】将合成窗口的参考线锁定，使其不被更改。
【清除参考线】将合成窗口中的参考线清除。
【显示网格】在窗口中显示参考网格线。
【对齐到网格】将合成对话框中的参考网格设置为吸附网格。

【视图选项】进行相应的视图选项设置，如图 2-46 所示。

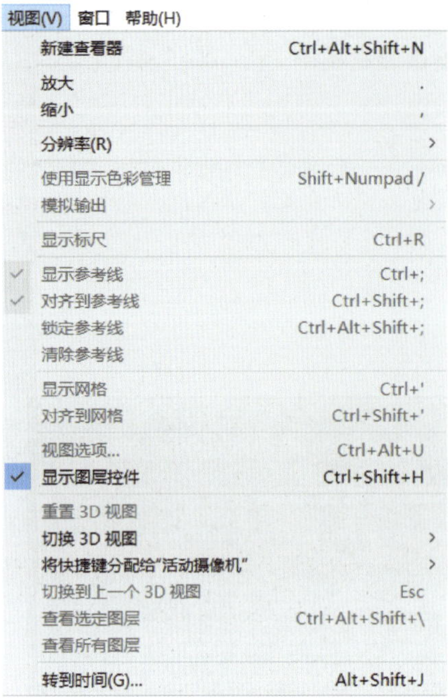

图 2-45

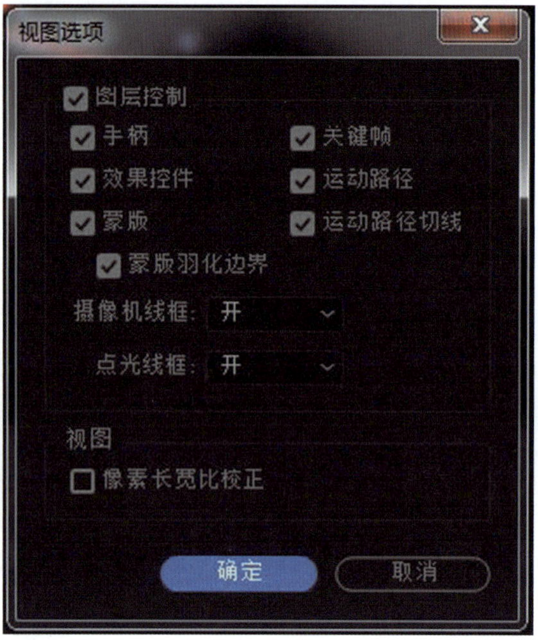

图 2-46

【显示图层控件】显示控制图层的参考控件。

【重置 3D 视图】将 3D 视图进行复位操作。

【切换 3D 视图】对 3D 视图进行不同方位摄像机视角的切换。

【将快捷键分配给“活动摄像机”】分配快捷键到 Active Camera，其下级菜单为 3 个可分配的快捷键。

【切换到上一个 3D 视图】将当前的摄像机视图切换到最近一次使用的 3D 视图方位。

【查看选定图层】用当前的摄像机以最大化的方式观察所选图层的全貌。

【查看所有图层】用当前的摄像机以最大化的方式观察全部图层的全貌。

【转到时间】将时间指示线的位置精确地移动到指定的时间。

2.1.8 窗口菜单

窗口菜单如图 2-47 所示。

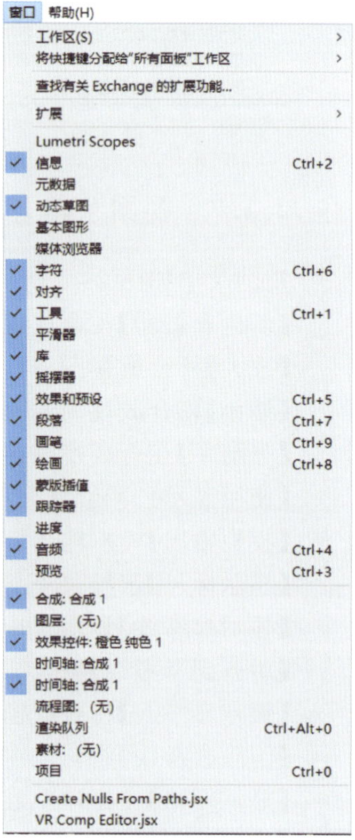

图 2-47

【工作区】选择已预设好的工作界面模式，也可以新建、删除或重置工作界面模式。

【将快捷键分配给“所有面板”工作区】为当前工作界面模式指定快捷键。

【信息】显示或隐藏信息面板。

【元数据】用于描述要素、数据集或数据集系列的内容、覆盖范围、质量、管理方式、数据的所有者、数据的提供方式等有关信息。

【动态草图】显示或隐藏动态草图面板。

【字符】显示或隐藏字符面板。

【对齐】显示或隐藏对齐面板。

【工具】显示或隐藏工具面板。

【平滑器】显示或隐藏平滑面板。

【摇摆器】显示或隐藏摆动面板。

【效果和预设】显示或隐藏效果和预设面板。

【段落】显示或隐藏段落面板。

【画笔】显示或隐藏画笔面板。

【绘画】显示或隐藏绘画面板。

【蒙版插值】显示或隐藏蒙版插值。

【跟踪器】显示或隐藏跟踪器面板。

【音频】显示或隐藏音频面板。

【预览】显示或隐藏预览面板。

【合成】显示或隐藏合成面板。

【图层】显示或隐藏图层面板。

【效果控件】显示或隐藏效果控件面板。

【时间轴】显示或隐藏时间轴面板。

【流程图】显示或隐藏流程图面板。

【渲染队列】显示或隐藏渲染队列面板。

【素材】显示或隐藏素材面板。

【项目】显示或隐藏项目面板。

2.1.9　帮助菜单

帮助菜单如图 2-48 所示。

【关于 After Effects】显示 After Effects 软件的相关信息。

【After Effects 帮助】显示 After Effects 软件的帮助窗口。

【脚本帮助】提供 After Effects 中的脚本编辑参考手册和帮助。

【表达式引用】可以打开有关表达式的参考文档。

【效果参考】可以打开 After Effects 内置滤镜的参考文档。

【动画预设】提供 After Effects 中的预设动画的例程、展示等。

【键盘快捷键】管理 After Effects 中的键盘快捷键。

【提供反馈】向 Adobe 公司发送产品反馈。

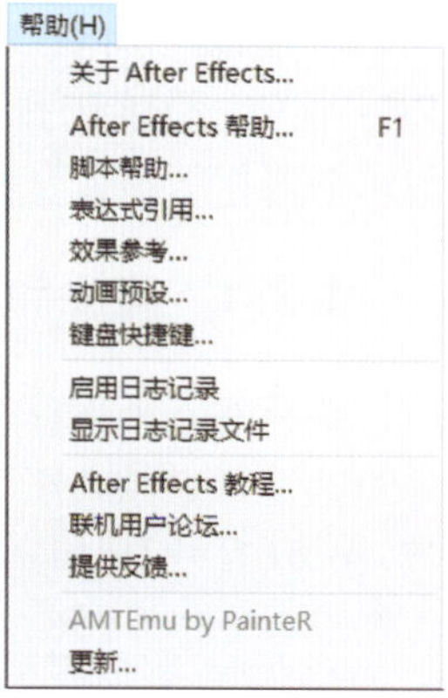

图 2-48

2.2 创建项目及导入素材

启动 After Effects CC 2018 以后，可以选择【新建合成】或者【从素材新建合成】，如图 2-49所示。

图 2-49

如图 2-50 所示，【项目】工作区有几个快捷按钮。

：解释素材(按住 Alt 键并单击解释代理)。

：新建文件夹。

：在项目面板中新建合成。

：打开项目设置对话框，可调整项目颜色深度。按住 Alt 键并单击，可循环查看项目颜色深度。

：删除所选定的项目。

项目面板是用户导入、存放、查找、管理各种素材的地方，是 After Effects CC 2018 工作流程中的仓库。高效、合理地使用项目文件，对后续的制作工作会有很大的帮助。

图 2-50

2.2.1 建立和打开项目

要新建一个项目文件，执行【文件＞新建＞新建项目】命令，如图 2-51 所示；要打开一个项目文件，执行【文件＞打开项目】命令，在弹出的对话框中找到要打开的后缀名为.aep 的文件，单击【打开】按钮即可。

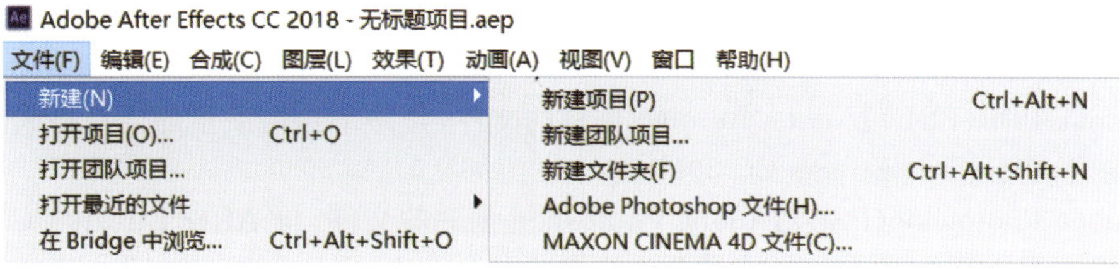

图 2-51

2.2.2　将素材导入项目面板

开始影视合成工作时，首先要做的工作就是将素材导入项目面板。执行【文件>导入】命令，或者按下 Ctrl+I 键，也可以在项目面板中单击右键，在弹出菜单中选择“导入”，如图 2-52 所示。

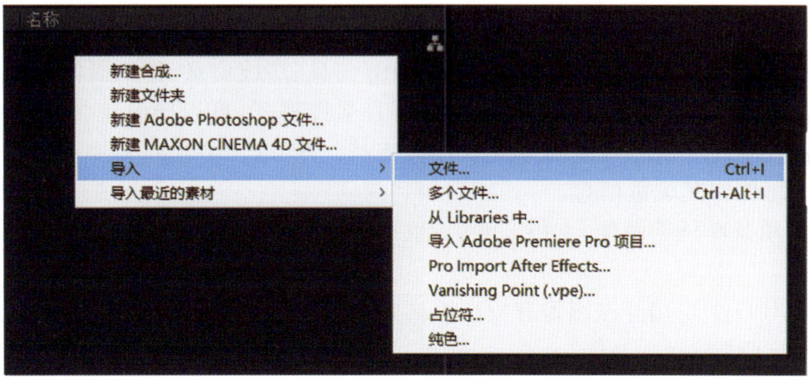

图 2-52

素材项是 After Effects CC 2018 项目的基本单位。可以导入许多类型的素材项，一个素材可以多次编辑到时间线上，可以为多个层提供源素材。

素材的导入和组织是在项目面板中进行的，After Effects CC 2018 支持导入多种格式的素材，包括大部分视频素材、静帧图片、帧序列和音频素材等。用户可以使用 After Effects CC 2018 来创建新素材，比如建立预合成，在任何需要的时候都能将项目面板中的素材编辑到时间线上。可导入的素材有如下几种格式。

1. 音频格式

【Adobe Sound Document】Adobe 音频文档，可以直接作为音频文件导入 After Effects CC 2018 中。

【Advanced Audio Coding(AAC,M4A)】高级音频编码，苹果平台的标准音频格式，在压缩的同时提供较高的音频质量。

【Audio Interchange File Format(AIF,AFF)】苹果平台的标准音频格式。

【MP3(MPE,MPEG,MPG,MPA,MPE)】一种有损音频压缩编码，在高压缩的同时可以保证较高的质量。

【Waveform (WAV)】PC 平台的标准音频格式，高质量，基本无损，是音频编辑的高质量保存格式。

2. 图片格式

【Adobe Illustrator(AI)】Adobe Illustrator 创建的文件，支持分层与透明。可以直接导

入 After Effects CC 2018 中并可包含矢量信息，可实现无损放大，是 After Effects CC 2018 最重要的矢量图片格式。

【Adobe PDF(PDF)】Adobe Acrobat 创建的文件，是跨平台高质量的文档格式，可以支持导入指定页到 After Effects CC 2018 中。

【Adobe Photoshop(PSD)】Adobe Photoshop 创建的文件，与 After Effects CC 2018 高度兼容，是 After Effects CC 2018 最重要的像素图像格式，支持分层与透明。并可在 After Effects CC 2018 中直接编辑图层样式等信息。

【Bitmap(BMP,RLE,DIB)】Windows 位图格式，高质量，基本无损。

【Camera Raw (TIF CRW, NEF, RAF, ORF MRW, DCR, MOS, RAW, PEF、SRF DNG、X3F、CR2、ERF)】数码相机源数据文件，可以记录曝光、白平衡等信息，可在数码软件中进行无损调节。

【Cineon(CIN,DPX)】可将电影转化为数字格式的一种文件格式，支持 32bpc。

【RLA/RPF(RLA. RPF)】由 3D 软件产生，一般用于三维软件和后期合成软件之间的数据交换，可以包含三维软件的 ID 信息、Z Depth 信息、法线信息，甚至摄像机信息。

【EPS】是一种封装的 PostScript 描述性语言文件格式，可以同时包含矢量图形或位图图像，基本被所有的图形、图像或排版软件所支持。After Effects CC 2018 可以直接导入 EPS 文件，并可保留其矢量信息。

【GIF】低质量高压缩图像，支持 256 色，也持动画和透明，由于质量比较差，很少用于视频编辑。

【JPEG (JPG,JPE)】静态图像有损压缩格式，可提供很高的压缩比，画面质量有一定损失，应用非常广泛。

【Maya Camera Data(MA)】Maya 软件创建的文件格式，包含 Maya 摄像机信息。

【Maya IFF(IFF,TDL:16 bpc)】Maya 渲染的图像格式，支持 16bpc。

【OpenEXR(EXR;32bpc)】高动态范围图像，支持 32bpc。

【PCX】画笔交换，一种被广泛接受的 DOS 图像标准，现已被其他图像格式取代。

【PICT(PCT)】苹果电脑上常用的图像文件格式之一，也可以在 Windows 平台上编辑。

【Pixar(PXR)】工作站图像格式，支持灰度图像和 RGB 图像。

【Portable Network Graphics(PNG:16bpc)】跨平台格式，支持高压缩和透明信息。

【Radiance(HDR,RGBE,XYZE;32bpc)】一种高动态范围图像，支持 32bpc。

【SGI(SGI,BW,RGB;16bpc)】SGI 平台的图像文件格式。

【Softimage(PIC)】三维软件 Softimage 中输出的可以包含 3D 信息的文件格式。

【Tagged Graphics(TGA,VDA,ICB,VST)】视频图像存储的标准图像序列格式，高质量、高兼容，支持透明信息。

3.视频文件格式

【Animated GIF(GIF)】GIF 动画图像格式。

【DV(in MOV or AVI container, or as containerless DV stream)】标准电视制式文件，提供标准的画幅大小、场、像素比等设置，直接输出电视制式匹配画面。

【Electric Image(IMG,EI)】能生成动画序列的软件所产生的动画文件。

【Filmstrip(IFLM)】Adobe 公司推出的一种胶片格式，该格式以图像序列方式存储。文件较大且质量高。

【FLV,F4V】FLV 文件包含视频和音频数据，一般视频使用 On2 VP6 或 Sorenson Spark 编码，音频使用 MP3 编码；F4V 格式的视频使用 H.264 编码，音频使用 AAC 编码。

【Media Exchange Format(MXF1)】一种视频格式容器。

【MPEG－1，MPEG－2 和 MPEG－4 Formats（MPEG，MPE，MPG，M2V，MPA MP2，M2A，MPV，M2P，M2T，AC3，MP4，M4V，M4A)】MPEG 压缩标准是针对动态影像设计的，基本算法是在单位时间内分模块采集某一帧的信息，然后只记录其余帧相对前面记录的帧信息中变化的部分，从而提供高压缩比。

【Open Media Framework(OMF)】AVID 数字平台下的标准视频文件格式。

【QuickTime(MOV)】苹果平台下的标准视频格式，具有多个支持平台，是主流视频编辑输出格式，需要安装 Quick Time 才能识别该格式。

【SWF(Shock Wave Flash)】Macromedia 公司（现已被 ADOBE 公司收购）创建的动画设计软件 Flash 专用格式，导入 After Effects CC 2018 中会包含 Alpha 通道透明信息，但不能将脚本产生的交互动画导入 After Effects CC 2018 中。

【Video for Windows(AVI，WAV)】Windows 平台下的视频与音频格式，提供不同压缩比，通过选择不同编码可以实现视频的高质量或高压缩。

【Windows Media File (WMV，WMA，ASF)】Windows 平台下的视频与音频格式，支持高压缩，一般用于网络传播。

【XDCAM HD，XDCAM TX】SONY 高清格式。

After Effects CC 2018 支持导入以 MXF 格式存储压缩的文件，包括活动图像文件、静态图像文件、静态图像序列、音频文件、Adobe Photoshop 和 Adobe Illustrator 产生的图层文件、其他 AE 项目，以及在 Adobe Premiere Pro 中创建的项目。

2.2.3　基本素材导入方式

After Effects CC 2018 提供了多种导入素材的方法，素材导入后会显示在项目面板中。

执行菜单【文件>导入>文件】命令，弹出【导入】对话框，每次操作可以导入单个素材，如图 2-53 所示。

图 2-53

执行菜单【文件>导入>多个文件】命令，弹出【导入多个文件】对话框，导入素材后对话框不消失可以继续导入多个素材。

1. 导入 PSD

PSD 素材是最重要的图片素材之一，由 Photoshop 软件创建。使用 PSD 文件进行编辑有高兼容、支持分层和支持透明等非常重要的优势。

导入 PSD 素材的方法与导入普通素材的方法相同。如果该 PSD 文件包含多个图层，则会弹出【解释 PSD 素材】的对话框。导入类型参数下有 3 种导入方式可选，分别为素材、合成、合成-保持图层大小，如图 2-54 所示。

【素材】作为素材方式导入 PSD 文件，主要设置合并 PSD 文件或选择导入 PSD 文件中的某一层，选择该选项可将所有层合并，仅仅作为一个素材导入。

“合并的图层”：选择该选项可将所有图层合并，仅仅作为一个素材导入。

“选择图层”：选择该选项可将指定图层导入，每次仅可导入一个图层。

“合并图层样式到素材中”：将 PSD 文件图层的图层样式应用到层，在 After Effects CC 2018 中不可进行更改。

勾选“忽略图层样式”，则忽略图层的自定义样式。

“素材尺寸”可选文档大小（即 PSD 中图层大小与文档大小相同），或图层大小（即每个图层都以本图层有像素区域的边缘作为导入素材的大小）。

【合成】将分层 PSD 文件作为合成导入 After Effects CC 2018 中，合成中的图层遮罩顺序与 PSD 文件在 Photoshop 中相同，如图 2-55 所示。

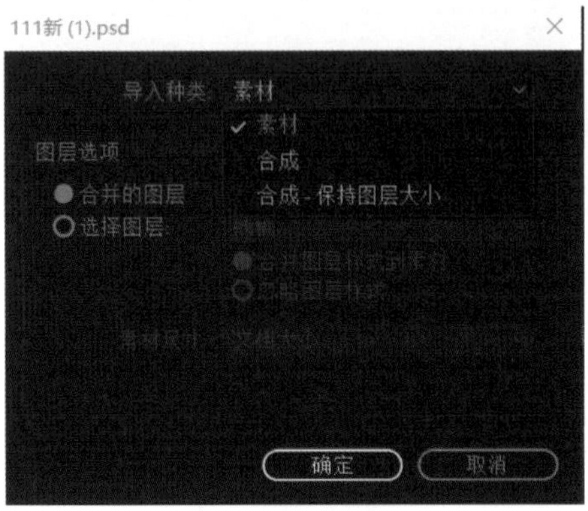

图 2-54

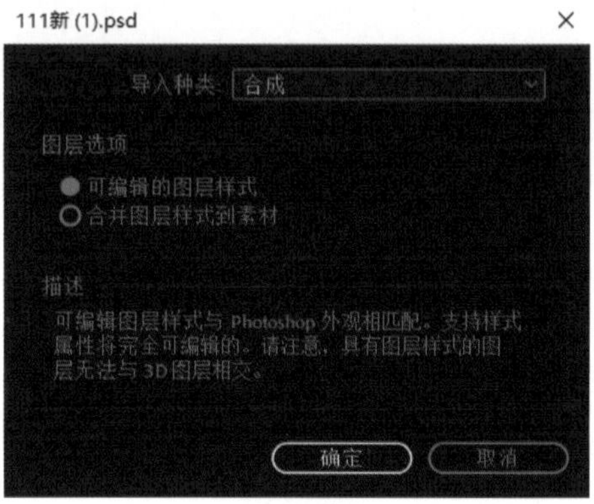

图 2-55

“可编辑图层样式”：Photoshop 中的图层样式在 After Effects CC 2018 中可直接进行编辑，即保留样式的原始属性。

“合并图层样式到素材中”：即图层样式不可以在 After Effects CC 2018 中编辑，但可加快图层的渲染速度。

【合成-保持图层大小】与合成方式基本相同，只是在使用合成方式导入时，PSD 文件中所有图层大小都与文档大小相同，而在使用合成-保持图层大小方式导入时，每个图层都以本图层所有像素的边缘为导入素材的大小，无论用哪一种方式导入 PSD 文件，都会在项目面板中出现一个以 PSD 文件名称命名的合成与一个同名文件夹，展开该文件夹即可看到 PSD 文件的所有图层。

2. 导入带通道 TGA 序列

运动的画面是由快速播放一些静帧来模拟的，利用眼睛的视觉残留特性，从而被感知为视频。比如，电影是每秒 24 帧，就是每秒播放 24 张画面。电视的 PAL 制式为 25FPS（Frame Per Second，帧每秒），NTSC 制式为 29.97FPS。

（1）序列是一种视频存储方式。在存储视频时，经常将音频和视频分别存储为单独文件，以方便再次组织和编辑。视频文件经常会将每一帧存储为单独的图片文件，需要再次编辑时再将其用视频方式导入，这些图片称为图像序列。

很多文件格式都可以作为序列存储，比如 JPEG、BMP 等。相比其他格式来说，TGA 是最重要的序列格式，有以下优点：

高质量：基本可以做到无损输出。

高兼容：被大部分软件支持，是跨软件编辑影片最重要的输出格式。

支持透明：支持 Alpha 通道信息，可以输出并保存透明区域。

(2)在 Photoshop 中，Alpha 通道是用户建立的一种通道，可用于存储选区，而在视频软件中(不仅限于 After Effects)，Alpha 通道代表图像的透明信息，仅有特定的格式可支持图像透明信息，因此仅有这些格式才可支持存储 Alpha 通道。

Alpha 通道在视频存储中与 R、G、B 色彩通道一起构成了视频的 4 个通道，在 32 位图像中(每通道 8 位)以 0—255 共 256 级灰阶代表 Alpha 通道的亮度，即对应图片或视频的透明度。0 代表纯黑，也就是完全透明，255 代表纯白，也就是完全不透明，其余灰阶则代表各个等级的透明度。

(3)Alpha 通道主要有两种：直通—无蒙版型与预乘—无蒙版型。直通—无蒙版型可以将透明信息存储于独立的 Alpha 通道中，即无蒙版通道，这种模式可以得到干净的去背景效果；预乘—无蒙版型除了将图像的透明信息存储于 Alpha 通道之外，还存储于 R、G、B 色彩通道中，因此该模式被称为带背景蒙版通道。直通—无蒙版型通道可用于高精度合成，而预乘—无蒙版型通道更有利于与其他应用程序兼容。拍摄的视频是不带通道的，通道都是在软件中抠像的结果。

(4)在导入 TGA 序列时，如需要将图像序列作为视频格式导入 After Effects CC 2018 中，需要选择任意一帧素材，将【导入文件】对话框下方的【Targa 序列】复选框勾选即可。如该 TGA 序列包含通道信息，则会弹出解释素材对话框，对通道类型进行解释，一般将其解释为该素材在输出时设置的通道。如不了解该通道类型，可单击【猜测】按钮对通道进行猜测处理。

3. 导入 Adobe Premiere Pro 项目

After Effects CC 2018 可以直接导入 Premiere Pro 的项目文件，导入的文件会在项目面板中以合成的方式显示，After Effects CC 2018 项目面板中的影片组织结构与 Premiere Pro 相同。Premiere Pro 中所有的剪辑素材会作为层显示在 After Effects CC 2018 的时间线上，这样编辑有高质量和高效率两个明显的优点。

高质量：不需要在 Premiere Pro 中先将影片输出再进行编辑，可直接编辑源文件，质量最高。

高效率：节省了输出的时间。

使用如下方式可以进行导入：

(1)执行【文件>导入>文件】或【文件>导入>Adobe Premiere Pro 项目】命令，选择一个项目，单击【打开】按钮完成导入。

(2)如果仅仅需要从 Premiere Pro 中导入一个单一元素到 After Effects CC 2018 的项目中，直接在 Premiere Pro 中将该元素复制，然后执行【编辑>粘贴】命令就可以完成。

4. 导入 3D 对象层里的 PSD 文件

Photoshop 可以从三维软件中导入 3D 模型或建立一些比较基本的 3D 模型。这些模型如果需要设置动画，都可导入 After Effects CC 2018 中进行编辑。导入方法如下：

(1)在 Photoshop 中将带有 3D 信息的文件存储为 PSD 格式。

(2)在 After Effects CC 2018 中导入 PSD 文件，在弹出的“导入 PSD 素材”对话框中将

Photoshop复选框勾选，该3D物体可直接在合成面板中进行合成，并具备真实的3D空间属性。

5. 导入并使用其他软件生成的3D文件

After Effects CC 2018可以导入3D图像文件，这些文件可能以Softimage PIC，RLA，RPF，OpenEXR或Electric Image(EI)文件格式存储。这些3D图像文件包含R、G、B等3个色彩通道与Alpha透明通道，还包含一些辅助的通道(比如Z)、物体ID、贴图坐标等信息，这些信息可以被After Effects CC 2018识别并正确导入。

这些元素的功能效果都在After Effects CC 2018的【效果＞3D通道】选项中。

6. 导入RLA或RPF数据

After Effects CC 2018经常与三维软件结合使用。可以用三维软件创建真实的立体空间与穿梭运动，然后在After Effects CC 2018中合成视频或平面贴图，摄像机需要严格匹配。

After Effects CC 2018可以导入存储为RLA或RPF序列的摄像机信息文件。导入的数据会合并到摄像机层中。这些摄像机可在时间线面板中创建。

执行【动画＞关键帧辅助＞RPF摄像机导入】命令，可以导入RLA或RPF文件。

7. 导入摄像机Raw格式

用户可以在After Effects CC 2018中导入摄像机Raw图像序列。

摄像机Raw是一种无损的图像格式，它包含无损的曝光信息。摄像机Raw文件与压缩的JPEG等图片格式不同，它包含了图片在拍摄时的一些基本信息，比如曝光值或白平衡等。用户可以直接调整这些基本拍摄信息数据，这对画面来说是无损的操作。执行【文件＞导入＞文件】命令，选择需要编辑的摄像机Raw文件。如果文件正确，会弹出【摄像机Raw】对话框，用户可以在该对话框中对图像进行快速校准和编辑操作，这些操作对影片也是无损的。

2.2.4 项目文件的保存及导入

1. 完成素材导入后，就可以保存项目了。执行【文件＞保存】命令或者直接按下快捷键【Ctrl＋S】即可。文件菜单中有【另存为】命令，它与【保存】命令不同，执行【另存为】命令可以将文件以其他名称保存在别的地方，而当前打开的是新保存的项目文件；如果执行【文件＞增量保存】命令，则原文件不会被修改，而是进行递增保存文件名为【原文件名＋序号＋.aep】，如图2-56所示。

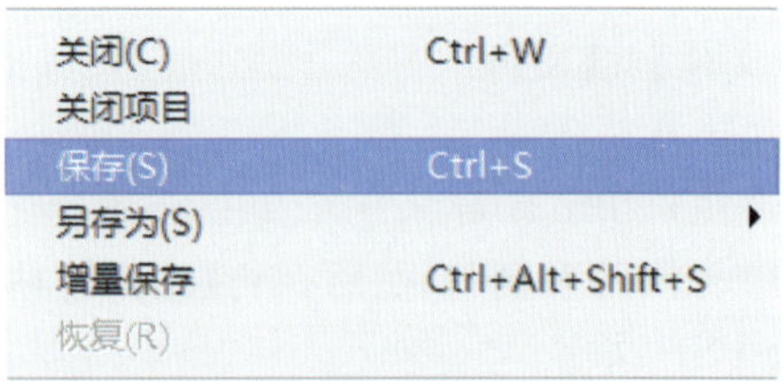

图 2-56

2. 精简项目文件就是将素材文件导入项目面板后，在合成编辑过程中有些文件并未使用而成为垃圾文件，应当将其删除。此时应选择项目面板，然后执行【文件＞整理工程(文件)＞删除未用过的素材】命令即可，如图2-57所示。

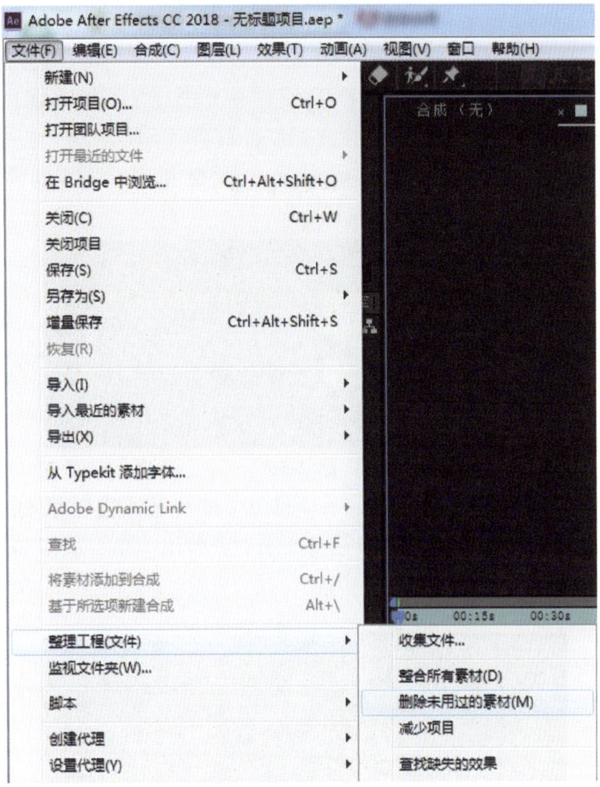

图 2-57

3. 在 After Effects CC 2018 中，不但可以导入文件，还可以导入文件夹。执行【文件>导入>文件】命令，打开【导入文件】对话框，然后选择要导入的文件夹，单击【导入文件夹】按钮，文件夹中的文件将分别被作为单帧图片导入，放在项目面板的文件夹中，也可以直接选择要导入的文件夹。将其拖入项目面板中，文件夹中所有文件将作为一个图像序列被导入，如图 2-58 所示。

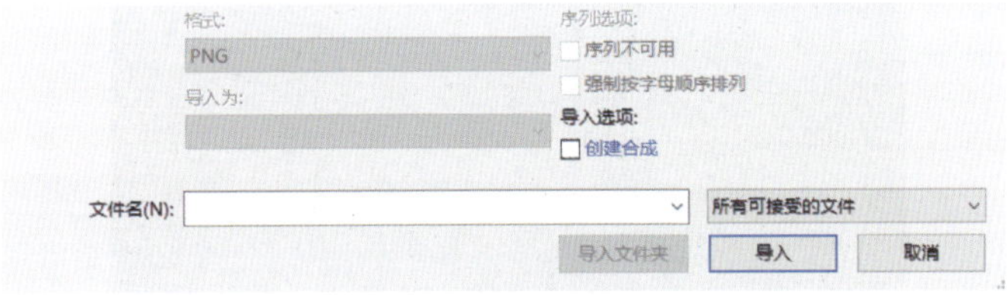

图 2-58

2.2.5　解释素材

由于视频素材有很多种规格参数，如帧速、场、像素比等，如果设置不当，在播放预览时就会出现问题，这就需要对这些视频参数进行重新解释处理。

【帧速】动态画面每秒钟展现的帧数，用于衡量视频信号传输的速度，单位为帧/秒(FPS)。

【场】每个电视帧都是通过扫描屏幕两次而产生的，第二次扫描的线条刚好填满第一次扫描所留下的缝隙。每次扫描即称为一个场。因此 25 帧/秒的电视画面实际上为 50 场/秒。DV 采集来的信号是下场优先，AV 采集来的是上场优先。

【像素比】像素比是指图像中的一个像素的宽度与高度之比，而帧纵横比则是指图像一帧的宽度与高度之比(画面的宽高比例)。如某些 D1/DV NTSC 图像的帧纵横比是 4∶3，但使用方形像素(1.0 像素比)的是 640×480，使用矩形像素(0.9 像素比)的是 720×480。

在导入素材时一般可进行常规参数指定，比如解释 PSD 素材；也可以在素材导入后重新进行解释处理。单击项目面板的素材，可以显示素材基本信息，如图 2-59 所示。用户可根据这些信息直接判断素材是否被正确解释。

图 2-59

执行【文件>解释素材>主要】菜单命令，打开【解释素材】对话框，可以对素材重新解释。该对话框可对素材的 Alpha 通道、帧速率、场、像素比、循环及摄像机 Raw 等进行重新解释，如图 2-60 所示。

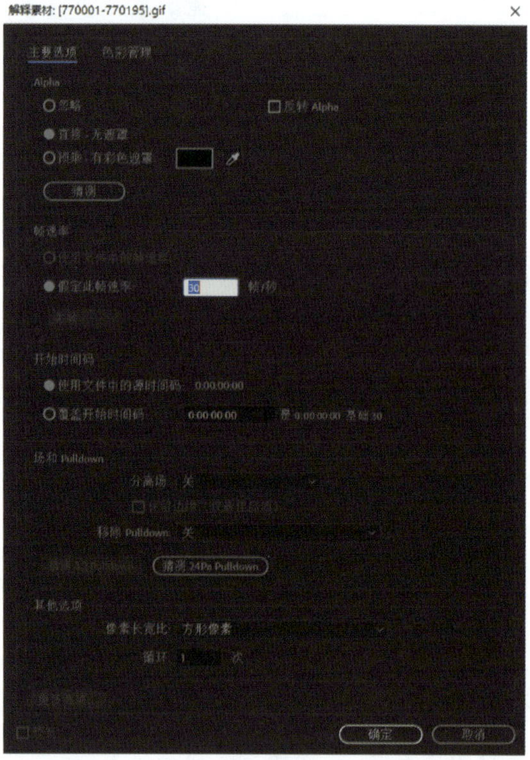

图 2-60

【Alpha】如素材带 Alpha 通道，则该区域激活。

“忽略”选项：忽略 Alpha 通道的透明信息，透明部分以黑色填充代替。

“直接－无遮罩”选项：将通道解释为直通型。

“预乘－有彩色遮罩”选项：将通道解释为自定义型，并可指定通道色彩。

“猜测”按钮：让软件自动猜测素材所带通道类型。

【帧速率】该区域仅在素材为序列图像时激活，指定该序列图像的帧速，即每秒播放多少帧，如该参数解释错误，素材播放速率则会发生改变。

【场和 Pulldown】包括 3 个选项：

"分离场"解释场处理，可选"关"(即逐行扫描素材)、"高场优先"(隔行扫描素材)、"低场优先"(隔行扫描素材)。

"保留边缘"选项：仅在设置素材隔行扫描时有效，可保留边缘像素整齐，得到更高的渲染结果。

"移除 Pulldown"选项：用于设置在不同规格的视频格式间进行转换。

【其他选项】有像素长宽比和循环两个设置。

"像素长宽比"可指定组成视频每一图像的像素长宽之比，不同的视频有不同规格的像素比。

"循环"用于视频循环次数，默认素材仅在 After Effects CC 2018 中播放一次，在循环属性中可设置素材循环次数，比如在三维软件中创建飞鸟动画，由于渲染比较慢，一般只渲染一个循环，然后在后期软件中设置多次循环。

【更多选项】更多设置，仅在素材为摄像机 Raw 格式时激活，单击可重新对摄像机 Raw 的信息进行设置。

2.2.6 替换素材

在 After Effects CC 2018 中可以用一个素材替换另一个素材，被替换素材上的所有操作都将继承在新素材上。替换素材可通过执行【文件>替换素材>文件】菜单命令来实现。用于替换的素材，可以是硬盘文件，也可以是代分辨率和输出文件，还可以是后位符。

1. 直接指定的硬盘文件。该文件可以是一张图片(代表编辑的视频)，也可以是低质量的视频片段。

2. 素材降低分辨率后的输出文件。这是最好的一种方式，既提高渲染速度，同时预览的画面还是原始影片。

3. 占位符。占位符是一张静帧图片，以彩条方式显示，原本的意义是标注丢失的素材文件，如果编辑的过程中不清楚应该选用哪个素材进行最终合成，可以使用占位符来代替，在最后输出影片时再替换为需要的素材，以提高渲染速度。合成时不小心删除了硬盘的素材文件后，项目面板中的素材也会自动替换为占位符。

选中素材，执行【文件>替换素材>占位符】菜单命令，将素材替换为占位符即可，如图 2-61 所示。

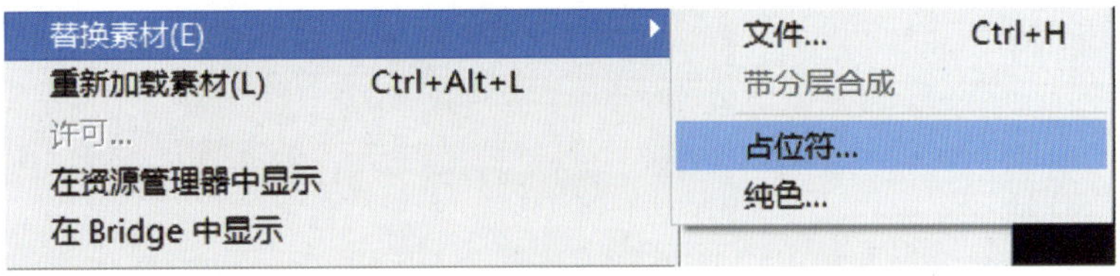

图 2-61

2.2.7 代理素材

代理是视频编辑中的重要概念与组成元素。在编辑影片的过程中，由于 CPU 与显卡等硬件资源有限，或编辑比较大的项目合成时，渲染速度会非常慢。如需要加快渲染显示，提高编辑速度,可使用一个低质量素材代替编辑,这个低质量素材即为代理。

After Effects CC 2018 提供了多种代理的创建方式。在影片最终输出时,代理会自动替换为原素材,添加在代理上的所有蒙版、属性、特效或关键帧动画都会原封不动地保留。设置代理的方法如下:

1. 选择需要设置代理的素材,执行【文件>创建代理>静止图像】命令或【文件>创建代理>影片】命令,将素材输出为一张静帧图片或一个压缩的低质量视频。如选择“静止图像”,则输出为静帧图像;如选择“影片”,则输出 1/4 分辨率的影像。无论选择何种方式输出,在弹出的输出对话框中直接单击【渲染】按钮对代理进行渲染,输出完毕后代理会自动替换素材,如图 2-62 所示。

图 2-62

2. 选择需要设置代理的素材,执行【文件>设置代理>文件】菜单命令,指定一个现有的素材作为当前素材的代理文件。

可以使用如下方式删除代理:选择需要删除代理的素材,执行【文件>设置代理>无】菜单命令,可以将代理清除,素材还原。

图 2-63

2.2.8 项目设置

可在 After Effects CC 2018 中执行菜单【文件>项目设置】命令,进行项目设置,在弹出的【项目设置】对话框中,可以设置视频渲染和效果、时间显示样式、颜色设置以及音频设置。【颜色设置】选项卡下的【深度】可以设置为每通道 8 位、每通道 16 位或每通道 32 位,如图 2-64 所示。

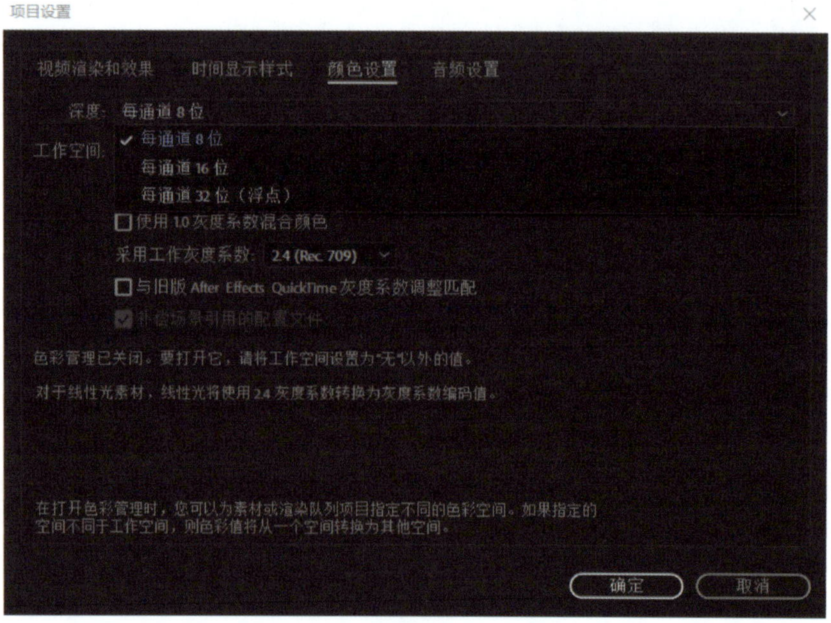

图 2-64

2.3　图层的操作

2.3.1　层的基本操作

层的基本操作包括复制、粘贴、合并、分割、删除，与 Photoshop 的相应功能非常类似。

1. 创建层

创建图层有两种方法。

方法一：将项目窗口中的素材文件直接拖到时间线窗口中，即可创建一个素材层。如图 2-65 所示。

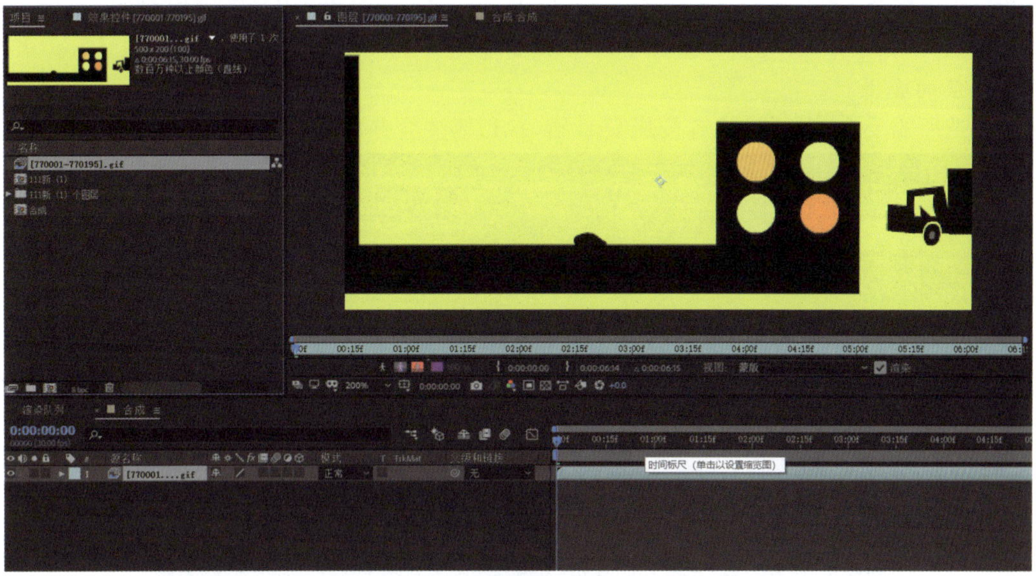

图 2-65

方法二：在时间线窗口中单击鼠标右键，在弹出的菜单中选择【新建】命令，并在子菜单中选择所需图层类型，如图 2-66 所示。

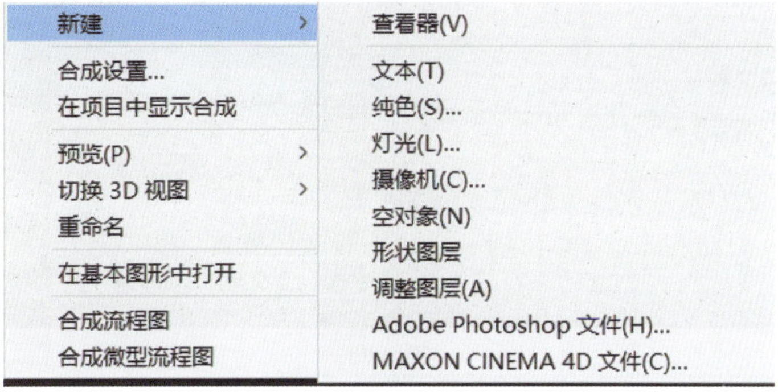

图 2-66

2. 层的复制与粘贴

层的复制和粘贴，有两种方法。

方法一：选择需要复制和粘贴的层，然后按快捷键【Ctrl+D】，即复制+粘贴，如图 2-67 所示。

图 2-67

方法二：选择需要复制和粘贴的层，然后按快捷键【Ctrl+C】，接着选择要粘贴的层的位置，按快捷键【Ctrl+V】，如图 2-68 所示。

图 2-68

3. 层的合并

框选所需要合并的层，或者按住 Ctrl 键，执行需要合并的层，如图 2-69 所示。

图 2-69

然后按快捷键【Ctrl+Shift+C】，在弹出的对话框中设置【新合成名称】，接着单击【确定】按钮，如图 2-70 所示。

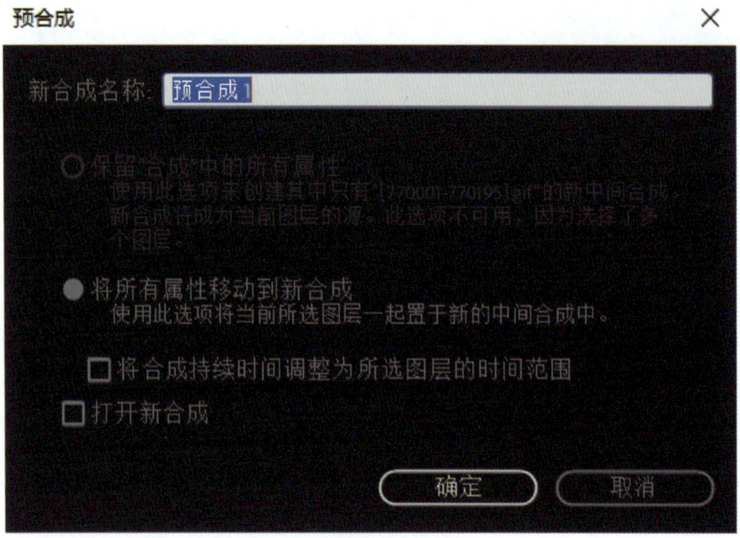

图 2-70

合并选择层后的效果，如图 2-71 所示。

图 2-71

4. 层的切割

在 After Effects CC 2018 中可以在首尾之间的任何时间点分开。将时间线拖到需要切割的位置，然后执行【编辑>拆分图层】菜单命令，或按快捷键【Ctrl+ Shift+D】，将层切割为两个，如图 2-72 所示。

图 2-72

5. 层的顺序调整与删除

(1)层的顺序调整。层的顺序决定了最终画面的显示次序。层顺序的调整有两种方法。

方法一：在时间线窗口中选择图层，向上或向下拖动调整层的顺序。

方法二：使用快捷键调整图层顺序，图层置顶的快捷键为【Ctrl+ Shift+]】，图层置底的快捷键【Ctrl+Shift+[】，图层向上的快捷键为【Ctrl+]】，图层向下的快捷键为【Ctrl+[】，如图 2-73、图 2-74 所示。

图 2-73

图 2-74

(2)层的删除。选中一个层或按住 Ctrl 键选择多个层，如图 2-75 所示。然后按键盘上的 Delete 键，即可删除所选择的层，如图 2-76 所示。

图 2-75

图 2-76

2.3.2 层的混合类型

当有很多层时，层之间可以通过层的模式效果来控制上层与下层之间的融合效果。层混合模式就是一个层与其下层的色彩叠加方式，各种混合模式都可以产生迥异的合成效果。层的混合模式是 After Effects 的一项非常重要的功能，可以用来创建各种特效，并且不会损坏原始图像。

单击层后面的【混合模式】按钮，在弹出的菜单中选择相应的模式，如图 2-77 所示。

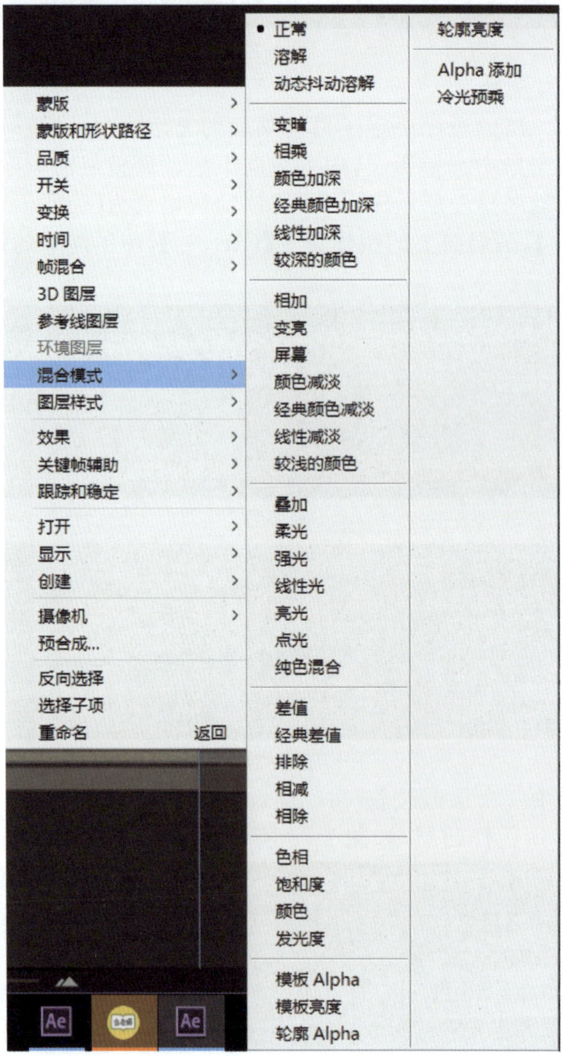

图 2-77

或者在菜单栏中执行【图层>混合模式】，在子菜单中选择相应的模式，如图 2-78 所示。

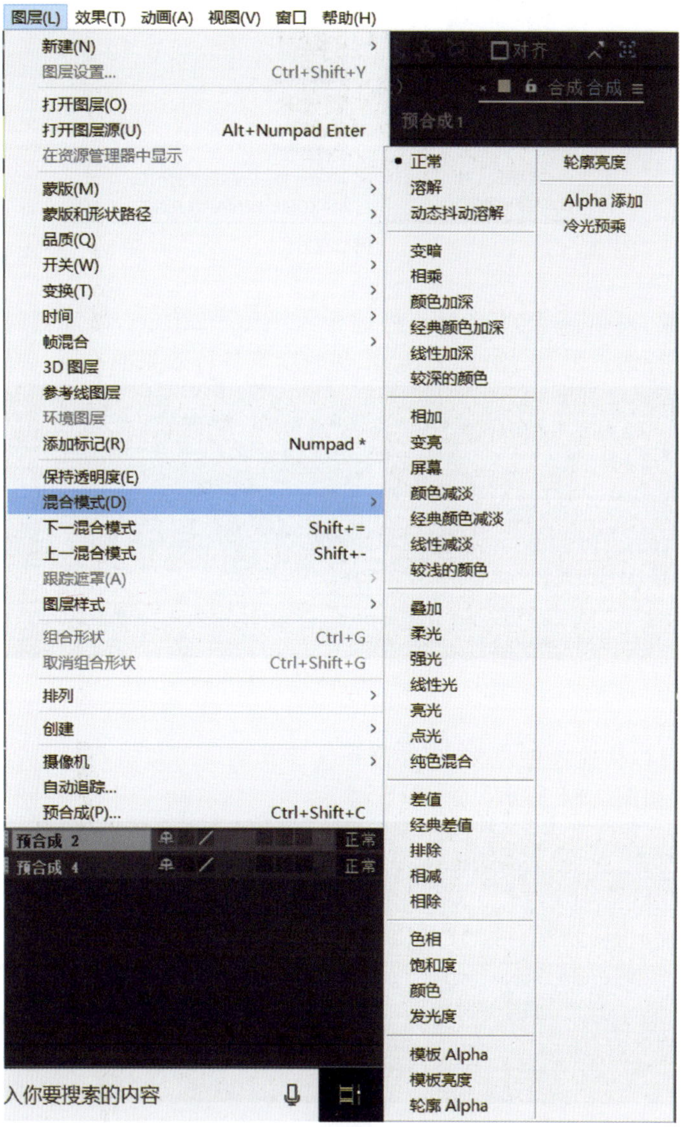

图 2-78

混合模式共有 38 种，与 Photoshop 中的混合模式非常类似。

2.3.3　层的类型

After Effects CC 2018 中除了可以导入视频、音频、图像、序列等素材，还可以创建不同类型的层，这些层主要包括文本、纯色、灯光、摄像机、空对象、形状图层、调整图层、Adobe Photoshop 文件、Maxon Cinema 4D 文件。执行菜单栏中的【图层>新建】命令，或在时间线窗口空白处单击鼠标右键，在【新建】子菜单中选择相应类型即可进行创建，如图 2-79 所示。

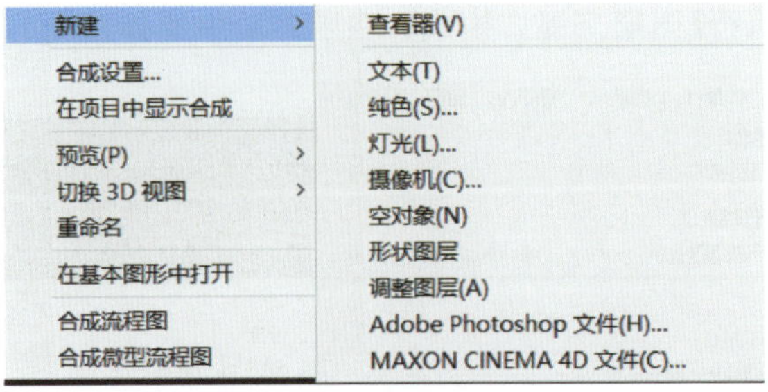

图 2-79

1. 素材层

素材层是图像、视频、音频等素材从外部导入 After Effects，添加到时间线面板中形成的层，可以对其进行锚点位置、缩放、旋转、不透明度等各种效果的设置，如图 2-80 所示。

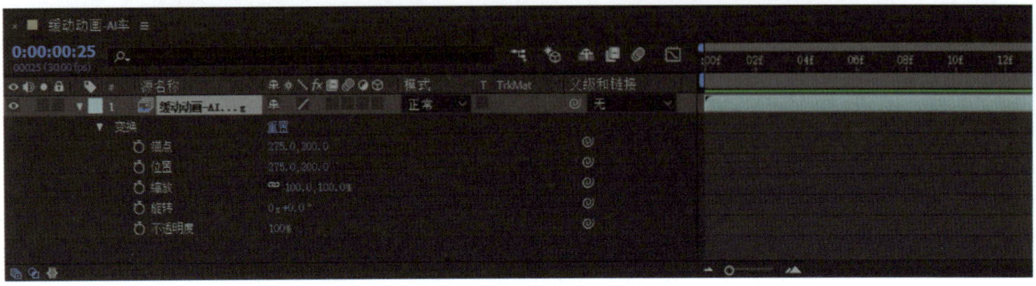

图 2-80

2. 文字层

使用文字层可以快速地创建文字，并制作文字动画。可以进行锚点、位置、缩放、旋转、不透明度的调整，如图 2-81 所示。

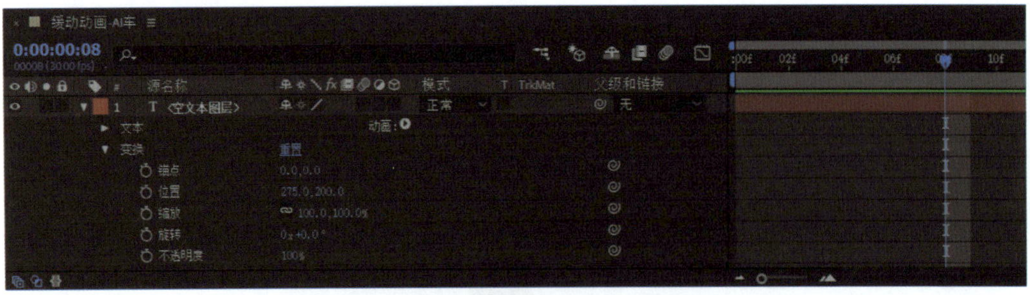

图 2-81

3. 纯色层

纯色层主要用来制作影片中的蒙版效果，也可以作为承载编辑的图层，如图 2-82 所示。

图 2-82

4. 灯光层

灯光层用来模拟不同种类的真实光源，而且可以模拟出真实的阴影效果。灯光图层的效果需要开启【三维图层】按钮，才会起作用，如图 2-83 所示。

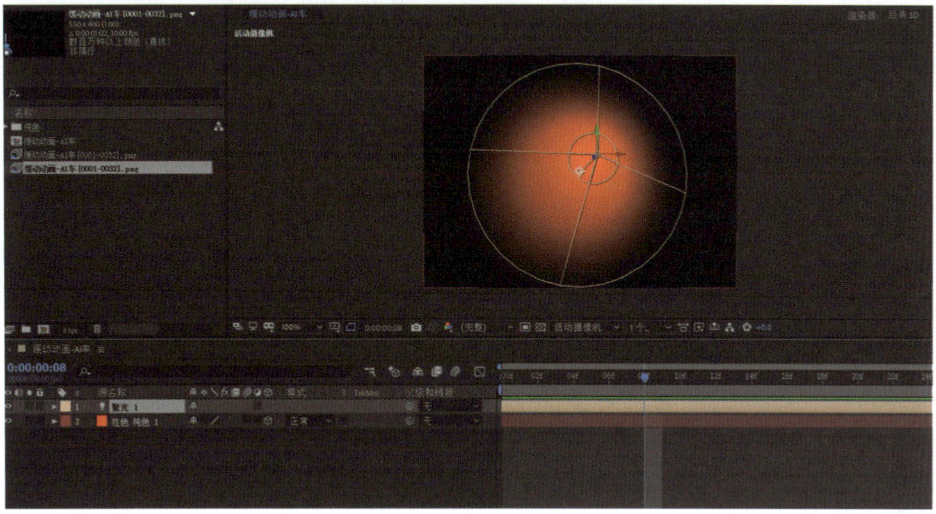

图 2-83

5. 摄像机层

摄像机层常用来起固定角度的作用，并且可以制作摄像机动画，模拟真实的摄像机效果，如图 2-84 所示。

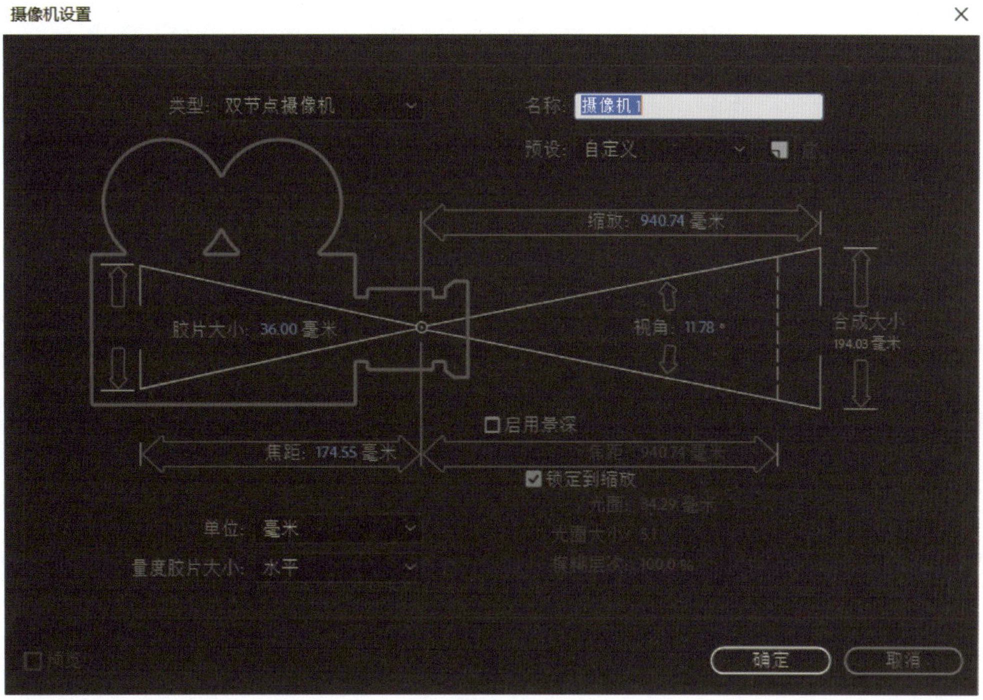

图 2-84

摄像机图层的效果需要单击【3D 图层】按钮才会起作用，如图 2-85 所示。

图 2-85

6. 空对象层

空对象层可以在素材上进行效果和动画设置，辅助动画制作。在时间线上建立的空对象层是一个线框物体，它的左上角位于视图的中心处，如图 2-86 所示。

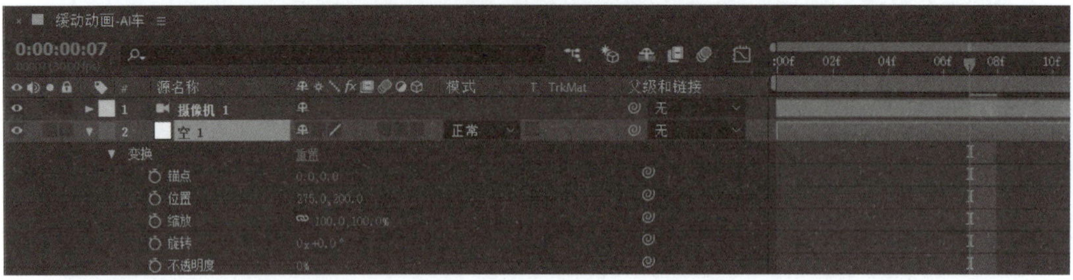

图 2-86

空对象层可以进行辅助制作，执行图层后面的父子链接图标，选择空对象 1，将多个图层链接到空对象层上。空对象层移动，其所链接的图层也会随之移动，如图 2-87 所示。

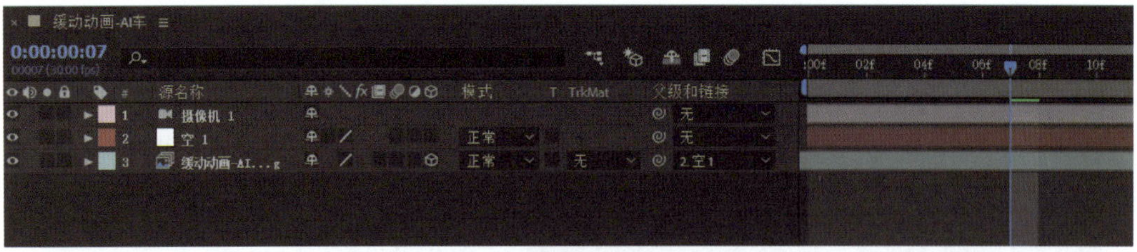

图 2-87

7. 形状图层

形状图层可以制作多种矢量图形效果，如图 2-88 所示。

图 2-88

8. 调整图层

调整图层来辅助场景影片进行色彩和效果调整。该层可以对所有图层起作用，如图 2-89 所示。

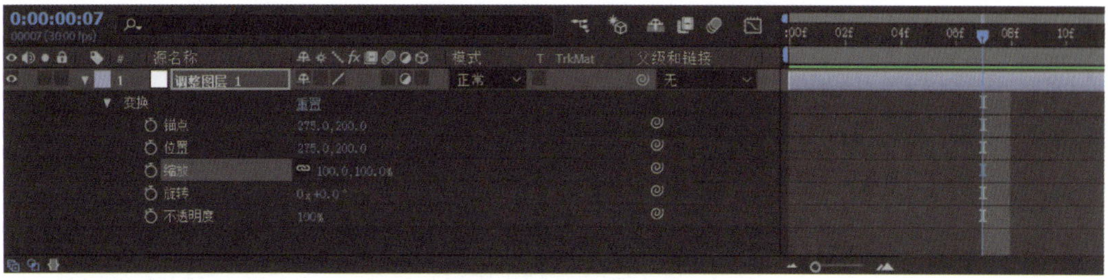

图 2-89

2.3.4　层的栏目属性

层的栏目属性主要包括控制隐藏/显示视频图标、音频、单独、锁定、图层标签、图层的顺序等功能。其面板如图 2-90 所示。

图 2-90

2.4　时间轴面板

时间轴面板的功能主要是控制合成中各种素材之间的时间关系，素材与素材间是按照层的顺序排列的，每个层的时间条长度代表了这个素材的持续时间。用户可以对每层的素材设置关键帧和动画属性。

2.4.1　时间轴窗口菜单

After Effects CC 2018 的时间轴窗口如图 2-91 所示。

图 2-91

单击右上方的≡按钮可以选择菜单，如图 2-92 所示。

【关闭面板】将当前的一个面板关闭显示。

【浮动面板】将面板的一体状态解除，变成浮动面板。

【关闭其他时间轴面板】在开启多个时间轴面板时，使用该命令可以关闭除了当前使用的时间轴面板外的其他时间轴面板。

【合成设置】打开【合成设置】对话框，如图 2-93 所示。

【列数】其中包括 A/V 功能、标签、#、源名称、注释、开关、模式、父级和链接、键、入、出、持续时间、伸缩，如图 2-94 所示。

图 2-92

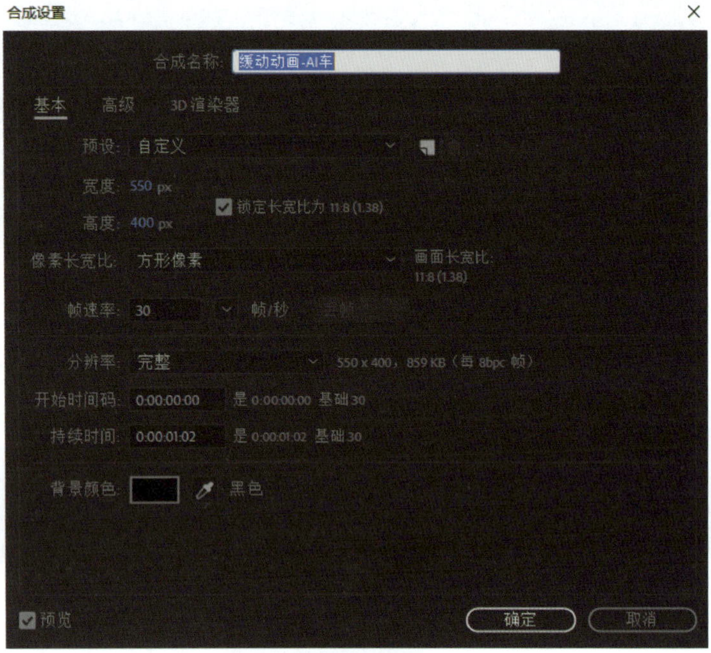

图 2-93

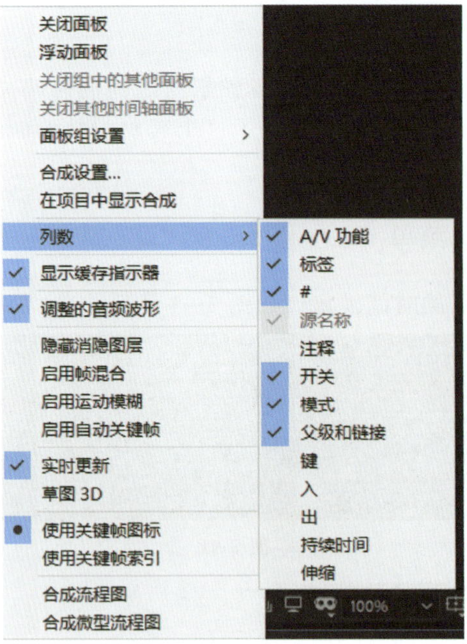

图 2-94

2.4.2 时间轴面板按钮

在时间轴面板中，有一些按钮，介绍如下：

：当前时间（执行编辑）。

：合成微型流程图（标签转换）。

:草图 3D 场景画面的显示。

:用隐藏设置开关隐藏全部对应图层。

:用帧混合设置开关打开或关闭全部对应图层中的帧混合。

:用运动模糊开关打开或关闭全部对应图层中的运动模糊。

:修改属性数值时自动生成关键帧。

:可以打开或关闭对关键帧进行图表编辑的窗口。

:矢量编译功能开关,它可以控制【合成】中的使用方式和嵌套质量,并且可以将 Adobe Illustrator 矢量图像转化为像素图像。

:控制素材的现实质量,为草图,为质量最好。特别是对大量素材同时缩放和旋转时,调整质量开关能有效提高效率。

:关闭或打开层中的滤镜效果。如果对素材滤镜效果进行计算,将占用大量的 CPU 资源。为提高效率,减少处理时间,有时候需要关掉一些层的滤镜效果。

:打开或关闭调整层,将原素材转化为调整层。

:可以转化为 3D 图层。转化为 3D 图层以后,可以在三维空间中移动和修改。

:TrrMat 打开或关闭按钮,通过上一层的亮度或者透明通道来影响下一层的亮度或透明通道。

:指定一个层为另一个层的父层。在对父层进行操作时,子层也会发生相应的变化。

2.5　关键帧动画

2.5.1　创建及查看关键帧

所谓关键帧动画,就是给需要动画效果的属性准备一组与时间相关的值,这些值都是在动画序列中比较关键的帧中提取出来的,而其他时间帧中的值,可以用这些关键值以特定的插值方法计算得到,从而使动画效果流畅。

1. 自动添加关键帧

选择要添加关键帧的层,并单击要建立关键帧的属性按钮,如图 2-95 所示。

图 2-95

将时间线拖到某一时刻,修改其参数,我们会看到该时刻自动添加了关键点,如图 2-96 所示。

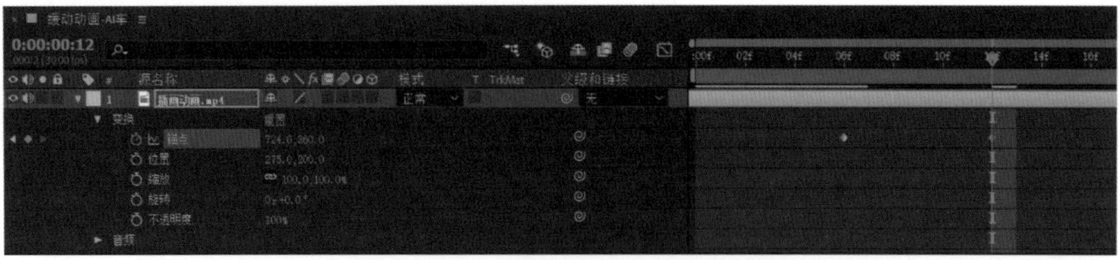

图 2-96

2. 手动添加关键帧

选择要添加关键帧的层，并单击要建立关键帧的属性按钮，如图 2-97 所示。

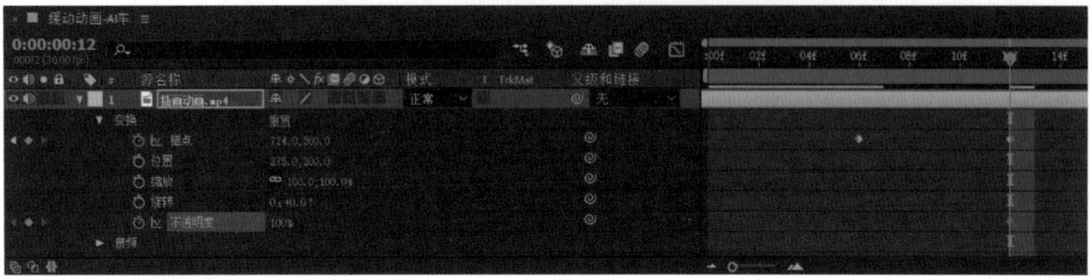

图 2-97

将时间指示线调整到需要的位置后，单击该属性左侧的（在当前时间添加或移除关键帧）按钮，此时就可以在所需要的位置添加一个关键帧，如图 2-98 所示。此时可以设置该关键帧的参数。

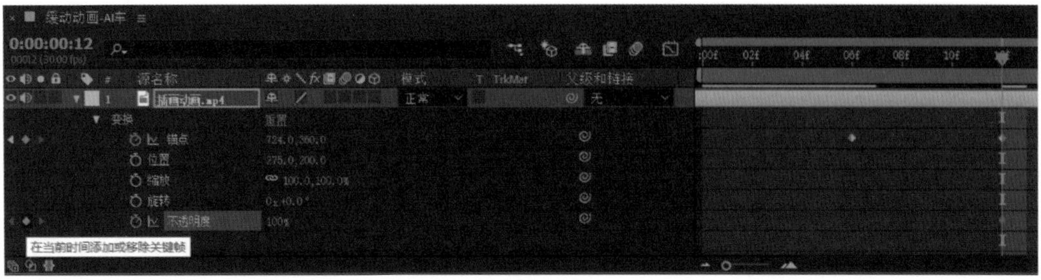

图 2-98

2.5.2 编辑关键帧

在素材上创建关键帧后，需要对所创建的关键帧进行相应的编辑操作，才能使素材出现不同的动画效果。关键帧的编辑主要包括选择、移动、复制和删除等几项基本操作。

1. 选择关键帧

用鼠标直接点击选中要选择的关键帧，如图 2-99 所示。

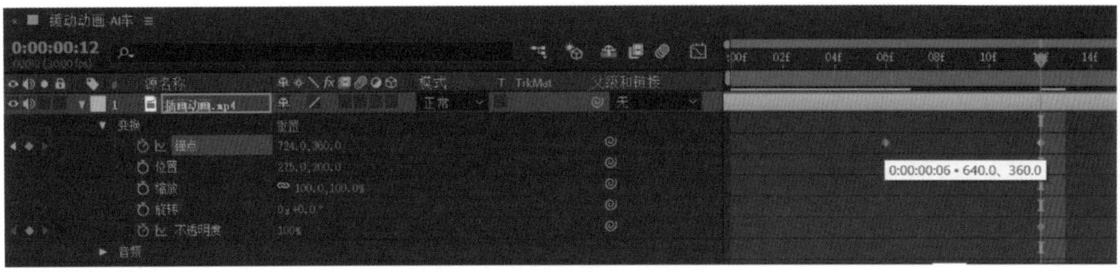

图 2-99

2. 移动关键帧

选中需要移动的关键帧，并按住鼠标左键进行移动，如图 2-100、图 2-101 所示。

图 2-100

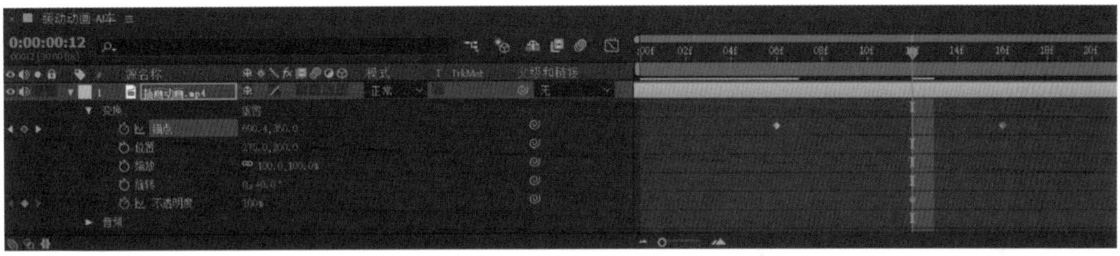

图 2-101

3. 复制关键帧

可以在同一层或者不同层的相同属性上进行帧的复制，也可以在同类数据的不同属性间进行关键帧的复制。首先选中需要复制的关键帧，如图 2-102 所示。然后执行菜单栏中的【编辑>复制】命令，接着将时间轴拖至需要粘贴关键帧的位置，并在时间轴窗口中执行选中素材，如图 2-103 所示。

图 2-102

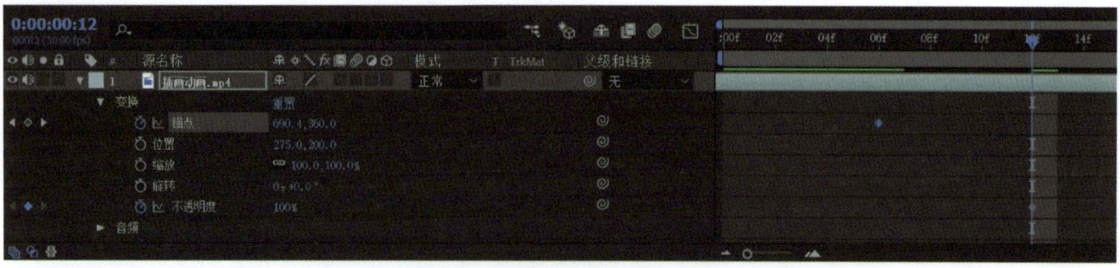

图 2-103

最后执行菜单栏中的【编辑>粘贴】命令。复制和粘贴完成后的效果如图 2-104 所示。

图 2-104

4. 删除关键帧

(1)键盘删除:选择不需要的关键帧,按键盘上 Delete 键删除。

(2)菜单删除:选择不需要的关键帧,执行菜单栏中的【编辑>清除】命令,如图 2-105 所示。

(3)利用按钮删除:将时间轴拖到需要删除的关键帧位置,然后单击该属性左侧的按钮,如图 2-106、图 2-107 所示。

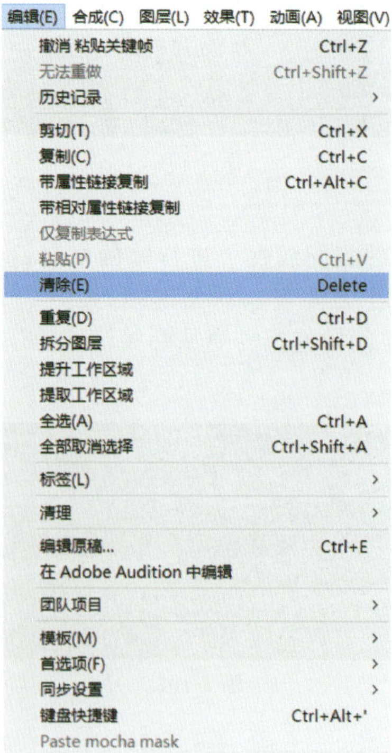

图 2-105

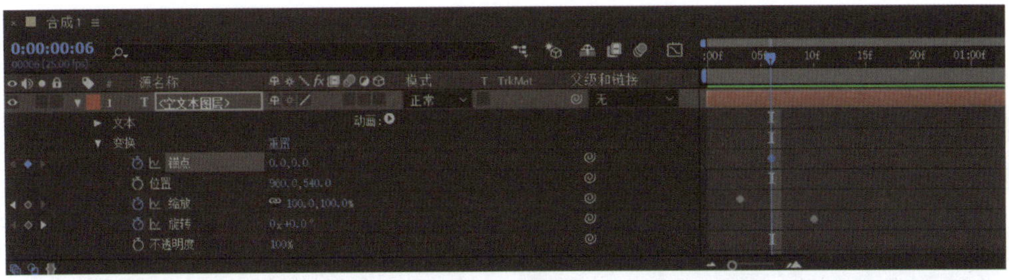

图 2-106

图 2-107

2.5.3　关键帧动画制作

一般图层具有相同的【变换】选项，在该选项下包含着图层的基本属性，对这些属性进行参数设置，可以得到不同的画面效果。所以，在不同的时间位置添加关键帧，并设置不同的关键帧属性参数，就可以得到不同的动画效果。

打开层效果面板，展开【变换】选项，如图 2-108 所示。

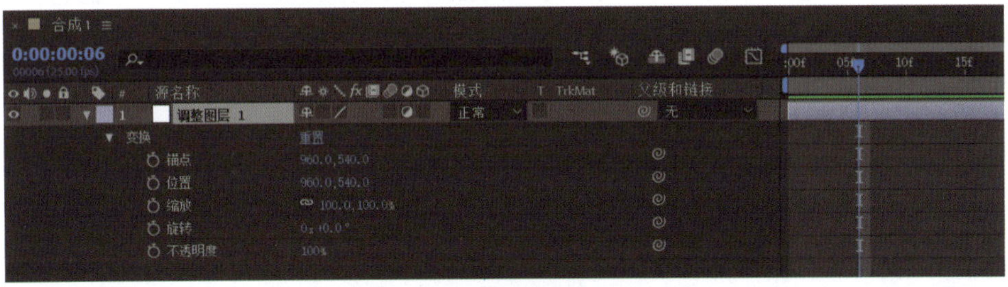

图 2-108

【锚点】控制素材的轴心位置。锚点的坐标是相对于层窗口，而不是合成图像的窗口。选择计量单位，并输入新的轴心点。若图像为 3D 层，还可以显示 Z 轴数值栏并对 Z 轴进行设置，如图 2-109 所示。

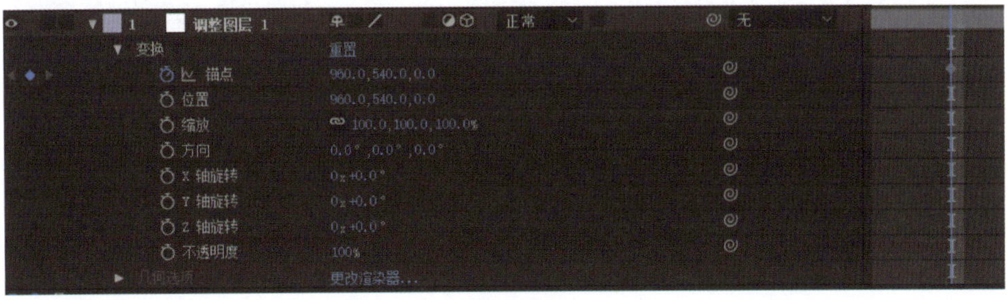

图 2-109

【位置】控制素材的位置，可以通过输入数值来调节，也可以在合成窗口中以手动移动调节，如图 2-110、图 2-111 所示。①

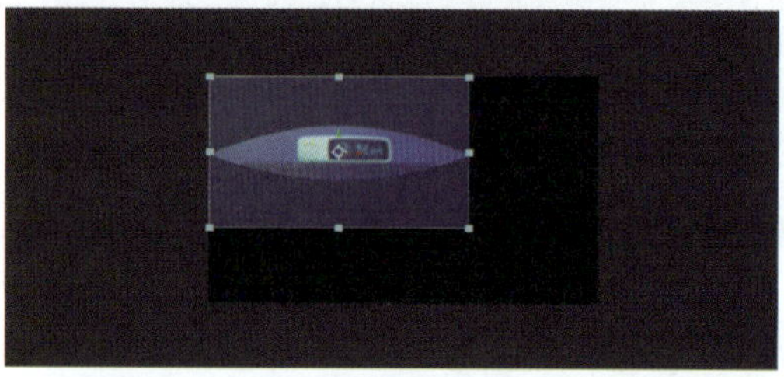

图 2-110

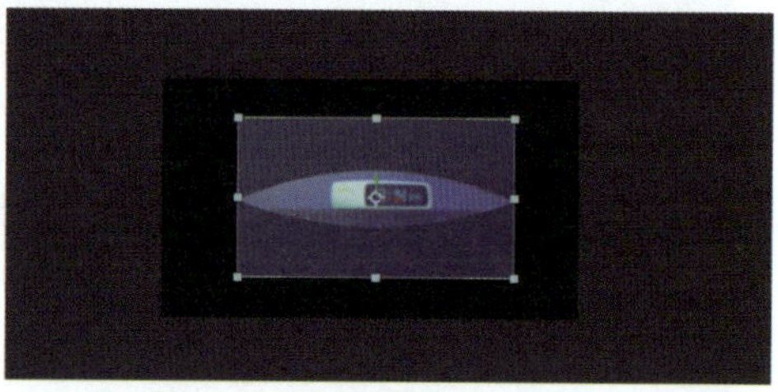

图 2-111

【缩放】以锚点为基准，为对象进行大小缩放，并可以改变其比例。还可以通过输入数值或拖动对象边框上的句柄对其进行设置，若输入负值则会翻转图层，如图 2-112 所示。

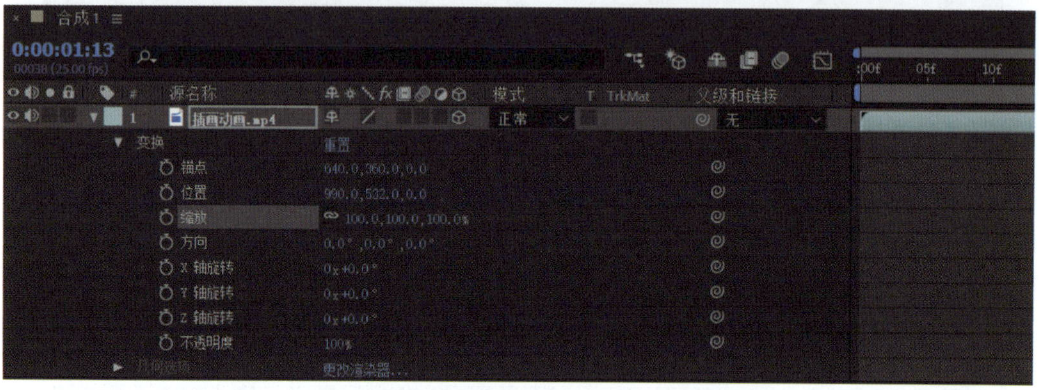

图 2-112

【旋转】以锚点为基准旋转对象，改变其角度。旋转角度超过 360 度时，系统以旋转一圈来标记已旋转的角度(如旋转 760 度为 2 圈 40 度)，反向旋转标记为负角度。

同样可以通过输入数值或手动进行旋转设置，如图 2-113 所示。

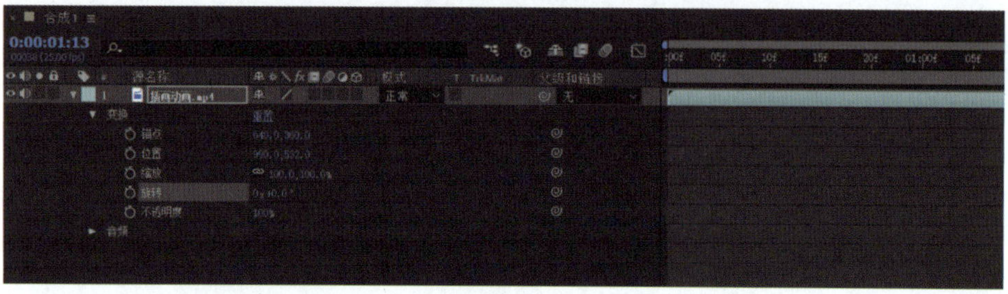

图 2-113

【不透明度】为对象设置透出下一个纯色层图像的效果。当数值为 100%时，图像完全不透明，遮住下面的图层；当数值为 0%时，完全显示下面的图层，如图 2-114 所示。

设置不同不透明度的对比效果如图 2-115、图 2-116 所示。

①本书案例的工程文件，可扫描本书最后一面的二维码下载。

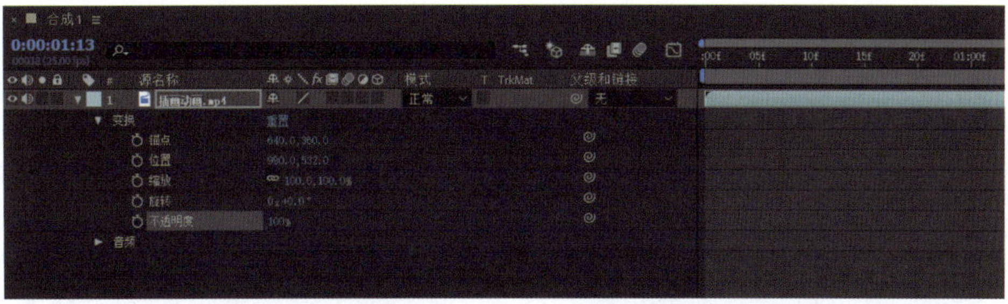

图 2-114

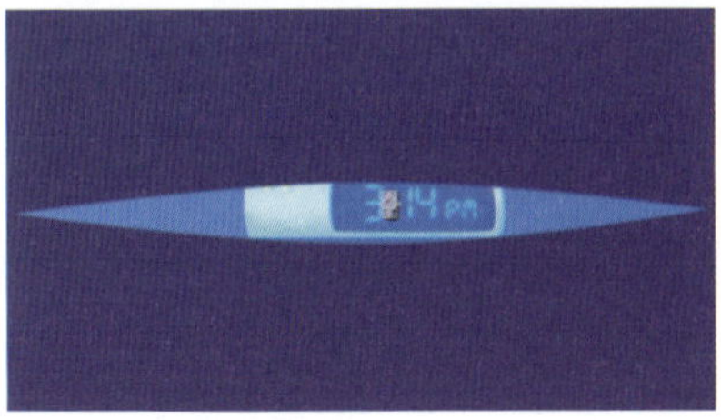

图 2-115

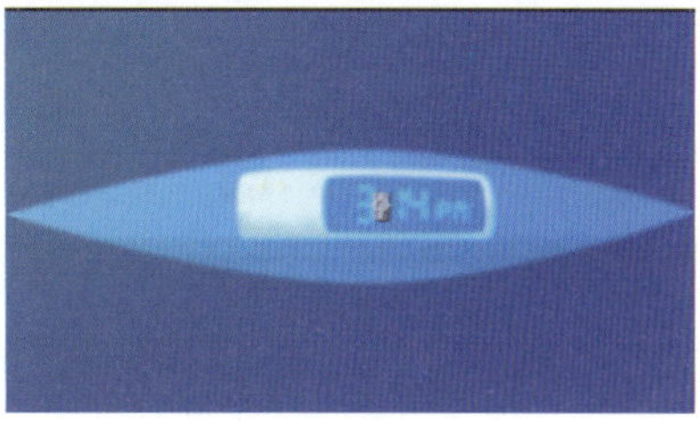

图 2-116

2.6 影片渲染输出

After Effects CC 2018 可以将编辑好的素材(项目)渲染成影视片段以及电子图像等格式,项目中的各种蒙版、特效等会被最终实现,其最终文件能够广泛被其他平台所识别。

最终的合成图像制成电影文件可能需要几分钟或几小时,时间的长短取决于合成图像的画面尺寸、质量、复杂度以及压缩方式。将合成图像置于渲染队列后即成为渲染项,它将按照预置进行渲染。在渲染期间不能操作软件其他命令程序。

After Effects CC 2018 提供多种用于渲染输出的文件格式和压缩方法。采用何种文件格式取决于将来播放最终输出文件的介质。

2.6.1 渲染队列

【渲染队列】主要用来设置输出影片的格式,这也决定了影片的播放模式。制作好影片以后,选择【合成>添加到渲染队列】命令,或者按下快捷键【Ctrl+M】,弹出【渲染队列】视图窗口。如图 2-117 所示。

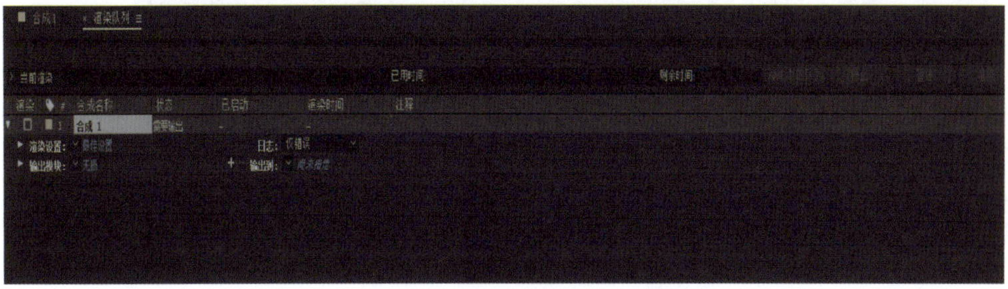

图 2-117

1. 输出到

首先设置【输出到】文件的位置,单击【渲染列队】面板中【输出到】右侧的蓝色文字,这里显示的是需要渲染的合成文件，设置渲染文件的位置。如果用户需要改变这些数据的设置，单击【输出到】右侧蓝色字体“尚未指定”4 个字，会在弹出的对话框中选择渲染影片的输出位置，图 2-118 是指定输出位置之后的界面。

图 2-118

2. 渲染设置模式

单击【渲染设置】左侧的三角图标，展开渲染设置的数据细节，如图 2-119 所示。

图 2-119

如果用户需要改变这些数据的设置，可以单击【渲染设置】右侧的图标，弹出菜单可以改变这些原始设置，如图 2-120 所示。

选择【创建模板】命令，弹出【渲染设置模板】对话框，用户可以制作自己常用的渲染模板，以便下次直接使用，如图 2-121 所示。

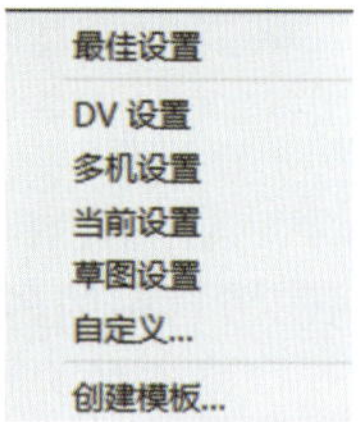

图 2-120

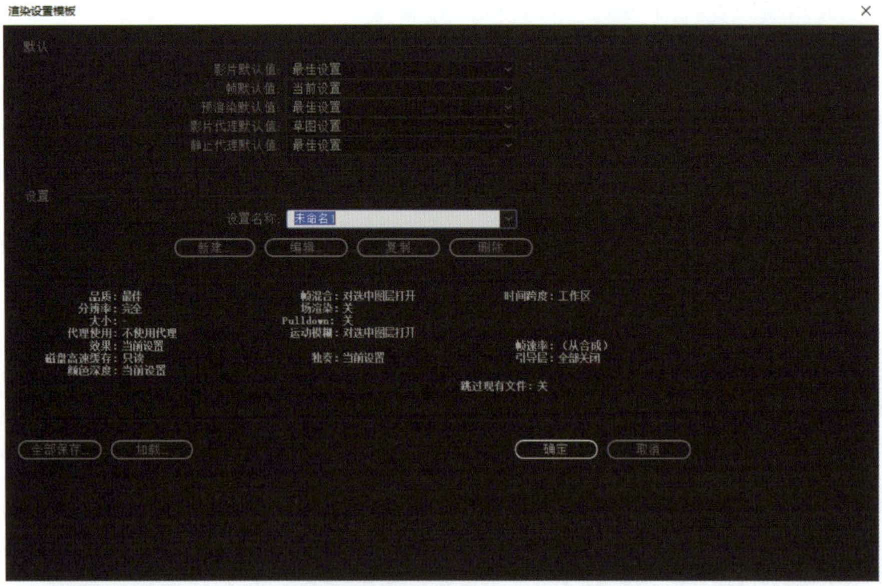

图 2-121

要改变渲染设置，可以选择【自定义】命令或直接在设置类型的名称上单击，弹出【渲染设置】对话框，如图 2-122 所示。

图 2-122

下面我们详细介绍一下【渲染设置】对话框的参数设置。

【品质】共有 3 种模式:最佳、草图、线框,一般情况下选择“最佳”。

【分辨率】一般情况下选择“完整”。

【大小】在开始制作时已经设置完成。

【磁盘缓存】有“当前设置”和“只读”两种。

【代理使用】控制渲染时是否设置代理。

【效果】控制渲染时是否执行特效。

【独奏开关】控制是否渲染独奏层。

【引导层】控制是否渲染引导层。

【颜色深度】控制渲染项目的通道位数。

【帧混合】当用户选择“对选中图层打开”时,系统将只对【时间轴】视窗中和【列数】中使用了“帧混合”的层进行帧混合渲染,也可以选择关闭所有层的帧混合选项。

【场渲染】如果选择“关”,系统将渲染不带场的影片,也可以选择渲染带场的影片,用户将选择是高场优先还是低场优先。

【3∶2 Pulldown】控制 3∶2 下拉的引导相位。

【运动模糊】当用户选择【对选中图层打开】时,系统将只对【时间轴】视窗中使用了“运动模糊”的层进行运动模糊渲染,也可以选择关闭所有层的运动模糊选项。

【时间跨度】选择“合成长度”,系统将渲染整个项目,选择“仅工作区域”,系统将只渲染【时间轴】视窗中工作区域部分的项目,用户也可以自己选择渲染的时间范围。单击【自定义】按钮,弹出【自定义时间范围】对话框,可以自由设置渲染的时间范围,如图 2-123 所示。

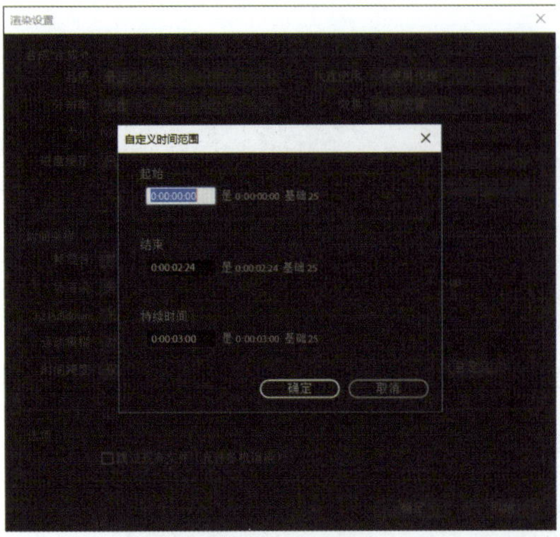

图 2-123

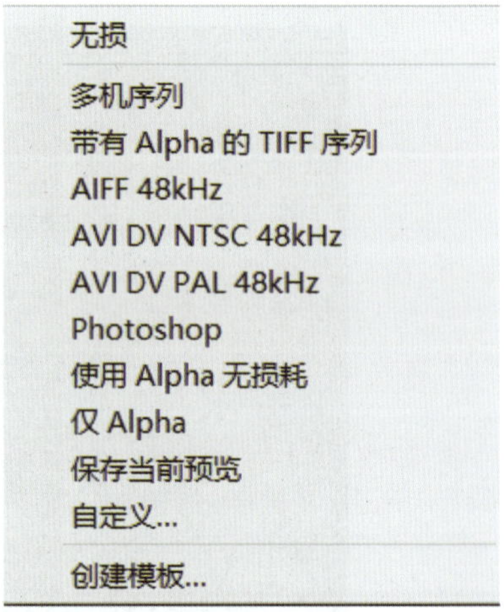

图 2-124

【帧速率】选择“使用合成的帧速率”，系统将渲染默认项目的帧速率，选择“使用此帧速率”，用户可以自定义项目的帧速率。

3. 输出模块

单击【输出模块】右侧的图标，弹出菜单可以改变这些原始设置，如图 2-124 所示。

用户可以在菜单中选择输出模块类型。选择“创建模板”命令，弹出【输出模块模板】对话框，用户可以制作自己常用的输出模块模板，以便下次直接使用，如图 2-125 所示。

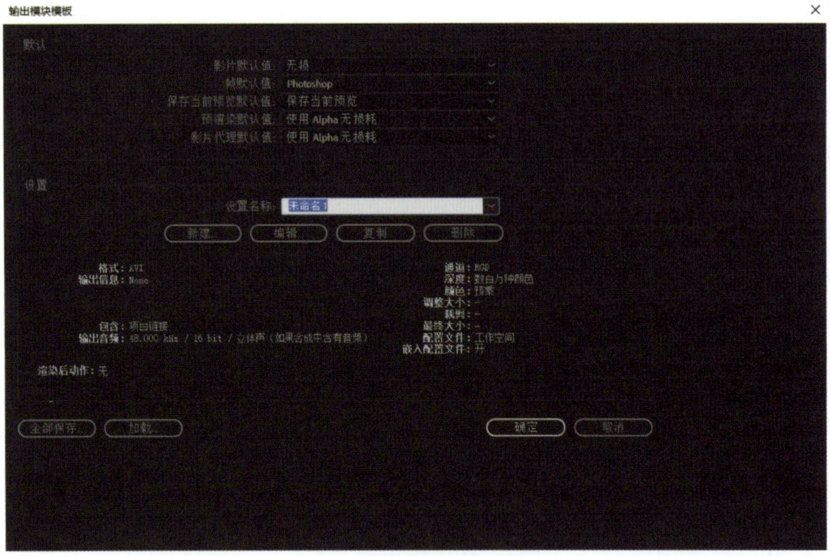

图 2-125

用户如果要改变这些渲染设置，可以点击【输出模块】右侧，选择“自定义”命令，或直接在设置类型的名称上单击，弹出【输出模块设置】对话框，如图 2-126 所示。

下面详细介绍【输出模块设置】对话框的设置，这里主要介绍一下主要选项的一些设置。

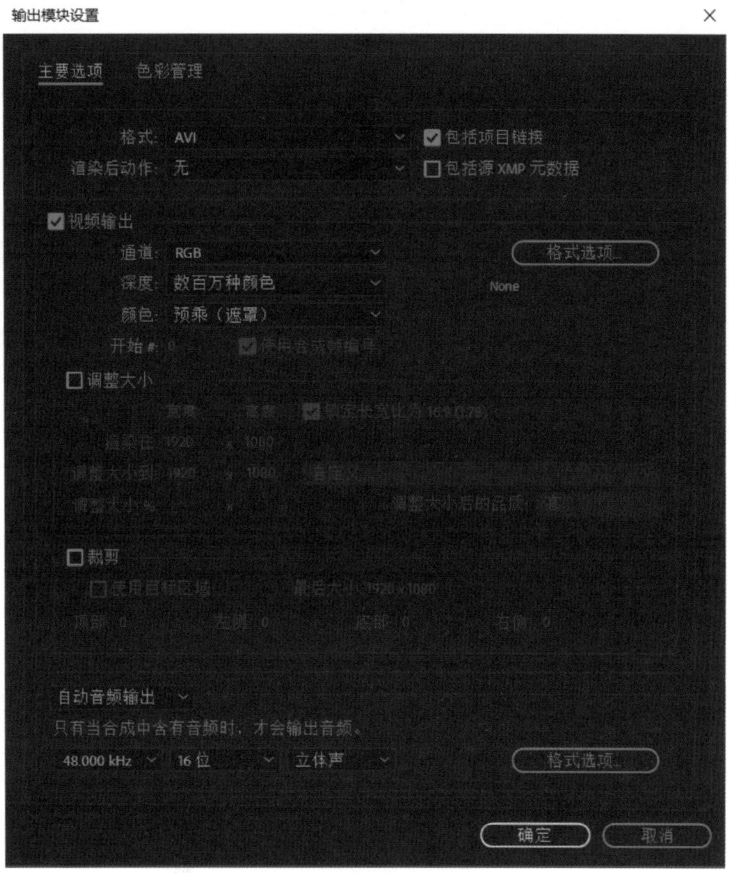

图 2-126

【格式】选择不同的文件格式，系统会显示相应的文件格式的设置，如图 2-127 所示。

图 2-127

在这里一般我们常用视频格式有 AVI、QuickTime、WAV，图片序列格式有“PNG”序列、“JPEG”序列等。

【渲染后动作】渲染后动作可以设置“无”“导入”“导入和替换用法”“设置代理”，一般默认选择“无”即可，如图 2-128 所示。

图 2-128

【视频输出】在视频输出中，可以设置“通道”“深度”以及“颜色”，一般设置如图 2-129 所示。

图 2-129

【调整大小】这里可以设置影片的比例和具体的宽度和高度，通常我们会勾选【锁定长宽比】保证影片不会被拉伸，如图 2-130 所示。

图 2-130

【裁剪】在裁切的区域可以通过顶部、左侧、底部、右侧数值的设置来对画面进行裁切，如图 2-131 所示。

图 2-131

【自动音频输出】声音通常设置为 48.000kHz，16 位，立体声即可，如图 2-132 所示。

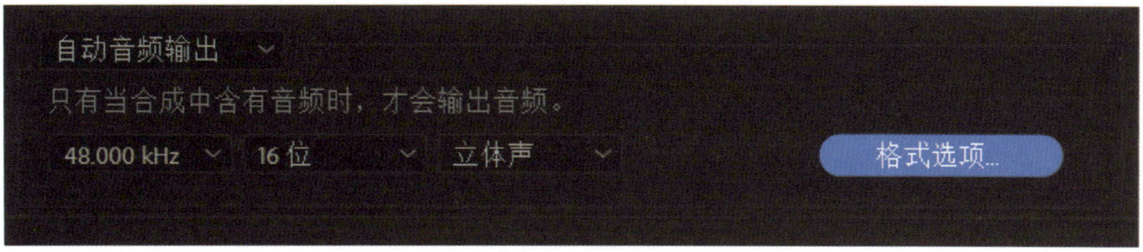

图 2-132

设置好所有选项之后，点击【确定】即可完成输出模块的设置。

在输出模块的设置当中文件输出格式的设置是最重要的，对于【渲染后动作】【视频输出】采用默认设置即可。

2.6.2　输出影片

在渲染队列面板中，凡是参数右边带折叠按钮的都是可以设置和调整的。完成合成图像渲染前的准备工作后，再次保存项目以防故障带来不便，然后开始进行渲染。单击【渲染】按钮，渲染队列面板会显示正在渲染和等待渲染的项目，还可以对渲染的项目进行停止和暂停操作。如图 2-133 所示。

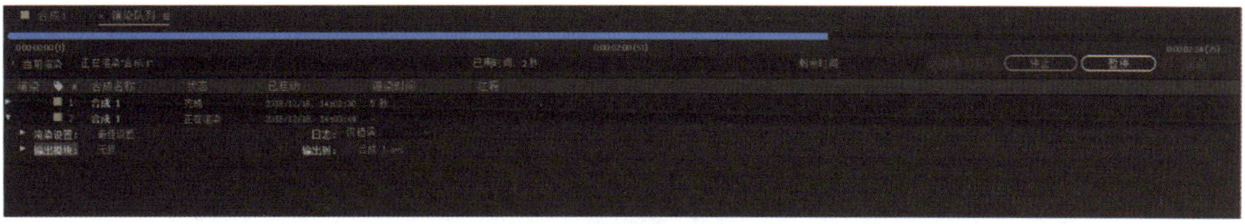

图 2-133

渲染完成后，After Effects CC 2018 还会提醒用户渲染完成，用户可以到设置好的输出文件夹中查看渲染好的影片。如图 2-134 所示。

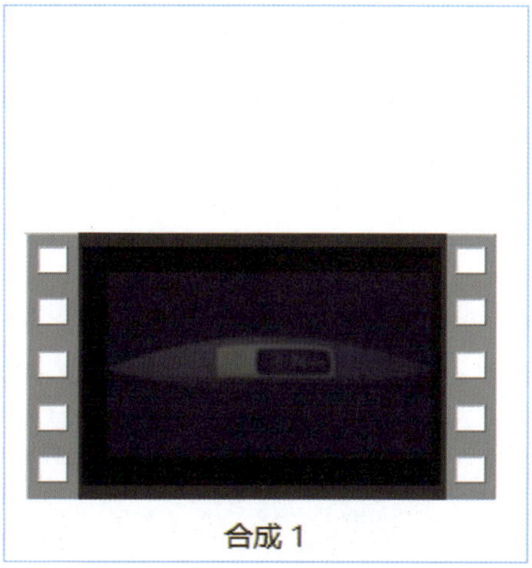

图 2-134

第 3 章　文字效果处理案例

众多电影、电视剧的片头与片尾的字幕中会出现文字效果。作为影片片名或收场结尾的文字都是经过一定的设计与效果加工的。利用 After Effects 软件可以制作丰富多彩的文字特效，比如基础的文字出现、文字分割、文字粒子化，进阶的火焰文字、闪光文字等。

本章所涉工程文件，读者可扫描本书末页二维码下载。

3.1　文字逐渐出现动画效果

本案例主要学习 AE 文字的关键帧设置，利用 AE 合成面板中的关键帧来制作文字动画。

1. 启动 After Effects 软件，执行菜单栏中的命令【合成＞新建合成】（快捷键 Ctrl＋N）新建一个合成，在弹出的【合成设置】对话框中，合成命名为“文字出现”，“预设”选择 HDV/HDTV 720 25，宽度选择 1280px，高度选择 720px，持续时间设为 0:00:04:01（4 秒/帧）。背景色可以根据设计的需要设置不同的颜色（在本案例中选择淡紫色），如图 3-1 所示。

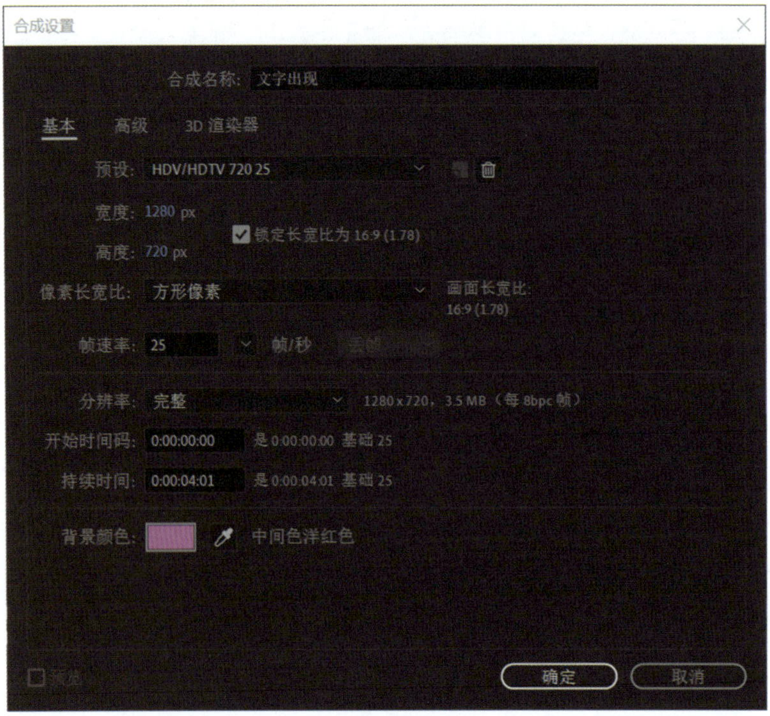

图 3-1

新建图层 4 秒 1 帧的原因在于，在输出时有一帧是被丢失或忽略的，在制作的过程中 1 帧的影响并不大，仍可以保持视频的完整性。

2. 文字部分的操作。选择菜单栏的文字工具T，使用文字工具在背景层上进行点击，出现光标时，即可输入文字，如“为党育人 为国育才”，将文字全部改为大写TT，右侧属性栏中则可以调整文字的属性，如文字的大小、间距、行距、大小写、下划线等属性，设置如图 3-2 所示。

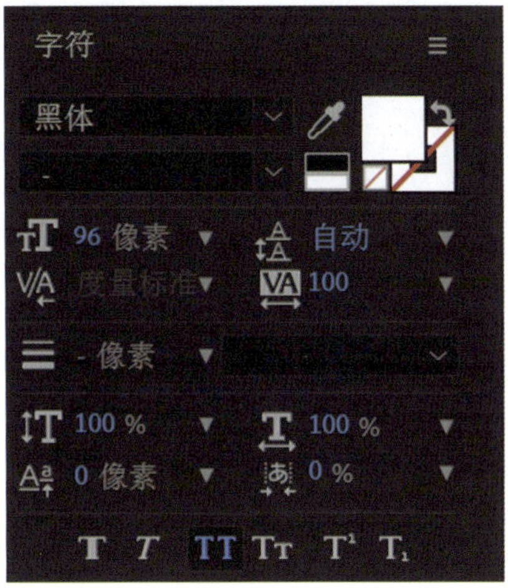

图 3-2

经过对文字的适当调整之后，会得到如图 3-3 所示的文字效果。

图 3-3

3. 在底部时间轴的位置找到刚刚设置好的文字组，这里有“文本”和“变换”两个组可供选择，“文本”组是文字的基本属性，单击“文本”组左侧的小三角形，可以点击展开“文本”面板，如图 3-4 所示。

图 3-4

“文本”组用来控制文字的属性；“变换”组则用来控制整个图层的属性。

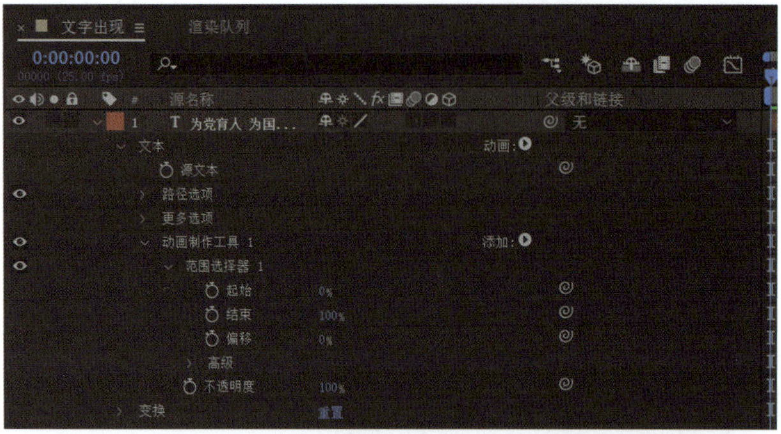

图 3-5

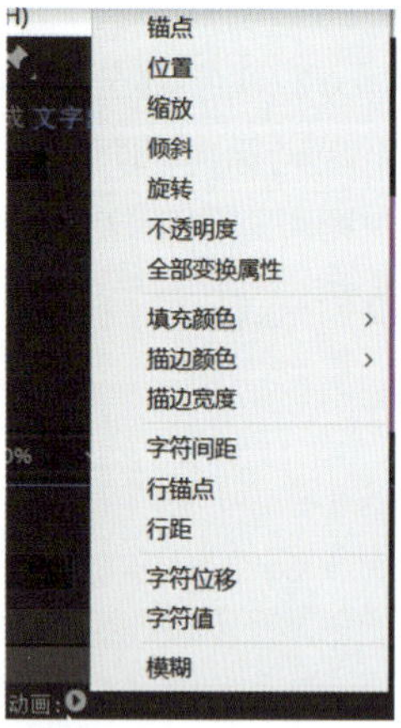

图 3-6

选择给文字添加一个动画，点击动画按钮 动画: 右侧的小三角形，展开动画面板，点击“不透明度”给文字添加不透明度，如图 3-5、图 3-6 所示。

展开【动画制作工具 1】面板，展开【范围选择器 1】面板，可以看到 3 个属性：“起始”“结束”“偏移”以及文字的不透明度组，如图 3-7 所示。“起始”可以设置文字不透明度变换的开始与结束。

图 3-7

4. 先将文本组的不透明度调为 0，然后点击起始位置的计时器，即可看到右侧的面板多了一个关键帧，再移动时间线至想要停留的位置，如 1 秒 30 帧时将起始右侧的百分比改为 100%，就得到了文字从左到右依次出现的效果。最终效果如图 3-8 所示。

（起始点为“0”，即是不透明效果开始的位置，起始点为“100”，即是不透明效果结束的位置。）

图 3-8

3.2　文字旋转落下出现动画效果

1. 启动 After Effects，执行菜单栏中的【合成>新建合成】命令（快捷键 Ctrl+N），新建一个合成，命名为“文字旋转落下”，“预设”选择 HDV/HDTV 720 25，宽度选择 1280px，高度选择 720px，持续时间设计为 2 秒 1 帧。背景色设为中间色红色，单击【确定】按钮，如图 3-9 所示。

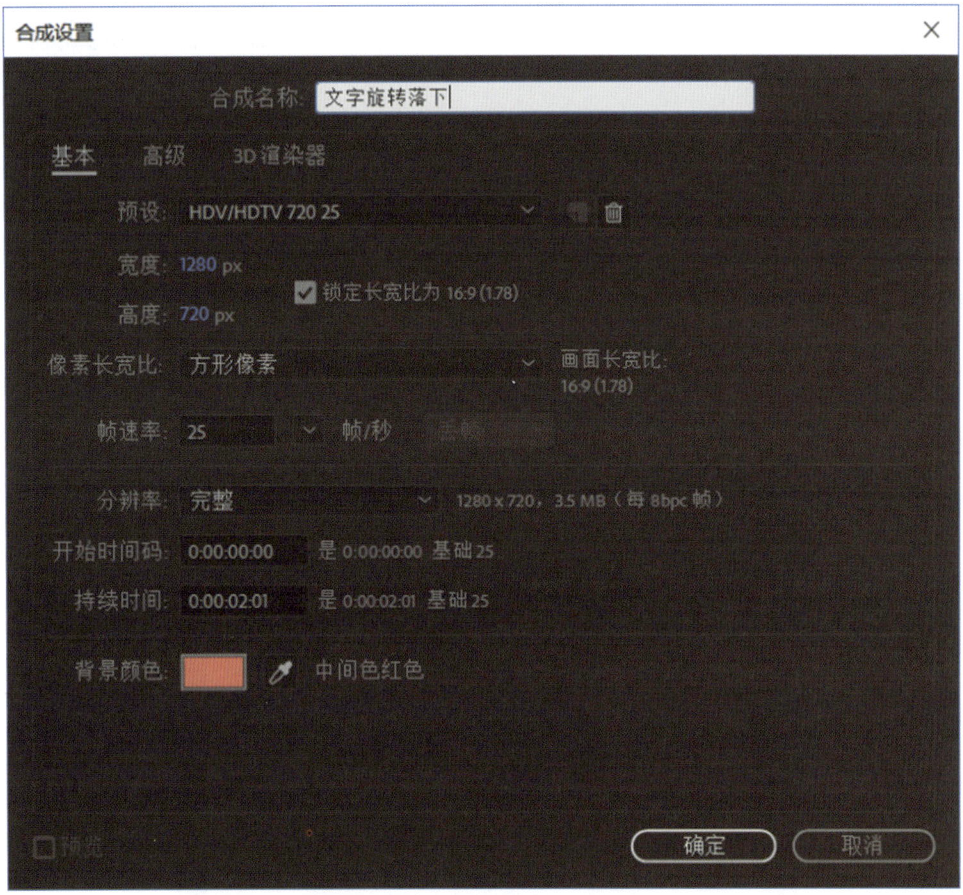

图 3-9

2. 选择菜单栏的文字工具 T，使用文字工具在背景层上进行点击，输入文字（如“After Effects CC 2018”），输入完毕后可以使用回车键将数字“2018”归到下一行，将英文全部改为大写 TT。右侧属性栏中可以调整文字的属性，如文字的大小、间距、行距等。数字“2018”可以用鼠标框选，改变字体，并将文字整体居中。如图 3-10、3-11 所示。

3. 实现文字下落的效果，打开文字属性，选择动画，添加“位移”选择文字层的“位移”，如图 3-12 所示。

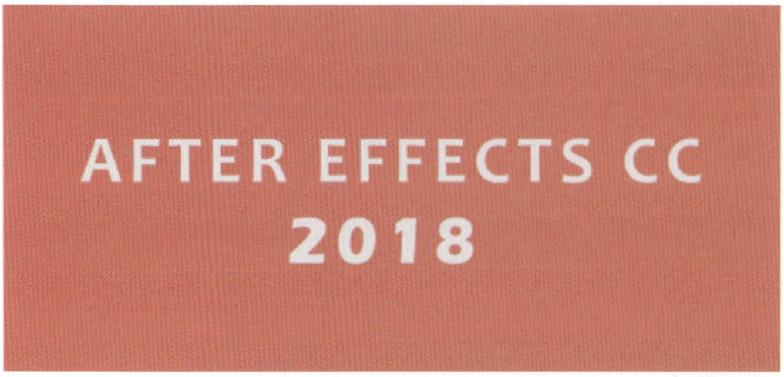

图 3-10

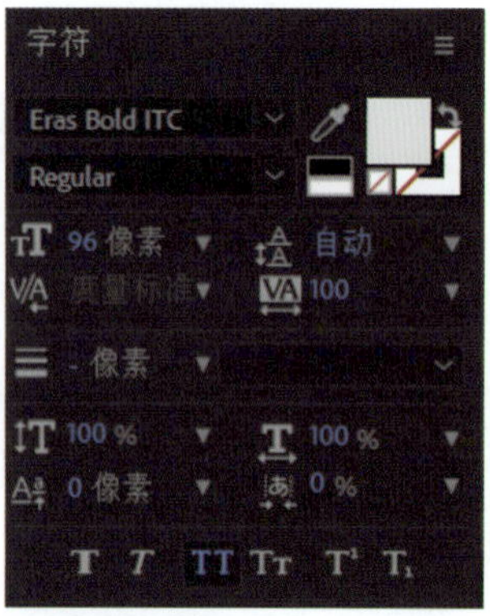

图 3-11

图 3-12

此时，文字的位置显示为 0.0，0.0，代表没有位置移动。选择第二个 0.0，使用鼠标点击来进行滑动，可以观察到文字的位置发生了变化。第一个 0.0 可以控制文字左右移动，第二个 0.0 控制文字上下移动。选择第二个 0.0 的位置，将文字位移至画面顶部以外，如图 3-13 所示。

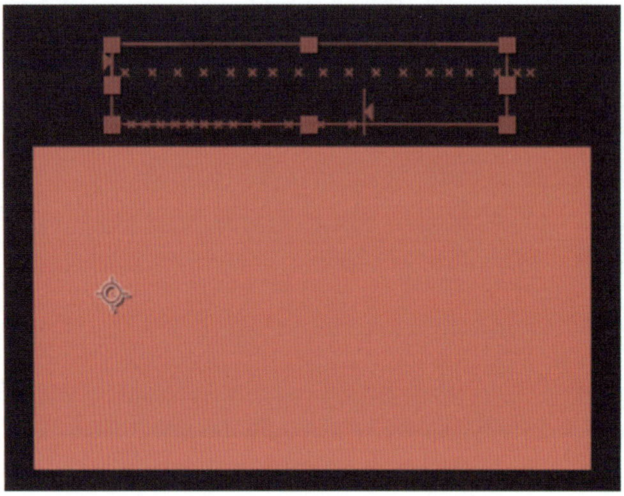

图 3-13

打开范围选择器，在“起始”定制关键帧，当时间为 0 秒时，按下“起始”前的秒表按钮，设置百分比为 0%；将时间线拖动至 2 秒，将“起始”的百分比改为 100%。按下空格按钮进行预览，就可以实现文字逐个下落的效果。

4. 实现文字在下落过程中缩放旋转的效果。选择之前添加的位移动画层，点击【添加>属性>缩放】，在位移面板下就增加了缩放的属性，缩放选择放大到 550.0。若为了让动画实现的落差更大，可以将缩放的数值调大些，如图 3-14、图 3-15 所示。此时就实现了下落并缩放的效果。

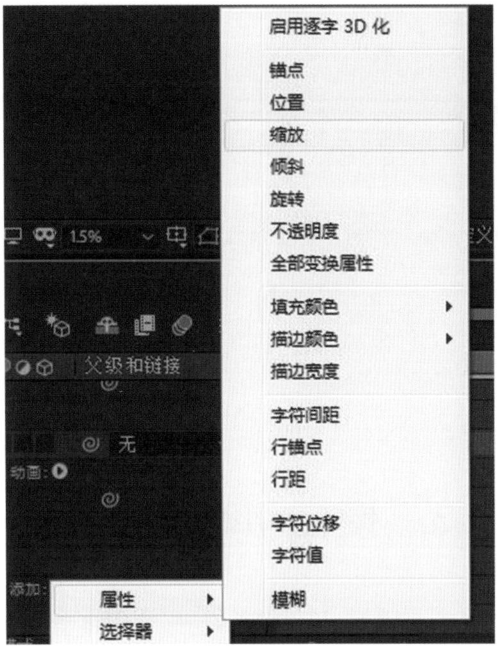

图 3-14

图 3-15

旋转的效果与缩放的方法相同。点击【添加＞属性＞旋转】，在缩放面板之下就增加了旋转的属性，改为 2x＋0°，将文字旋转 2 圈。此时就实现了下落并且旋转缩放的效果。

5. 给文字添加运动模糊效果。为了实现文字更好的运动感，可以选择添加运动模糊来实现。打开时间轴顶部的运动模糊总开关，再将文字图层的运动模糊打开即可。如图 3-16，要产生运动模糊效果应先将顶部的运动模糊总开关打开，如果总开关处于灰色状态则代表未开启，此时文字图层再开启运动模糊也不会产生运动效果。

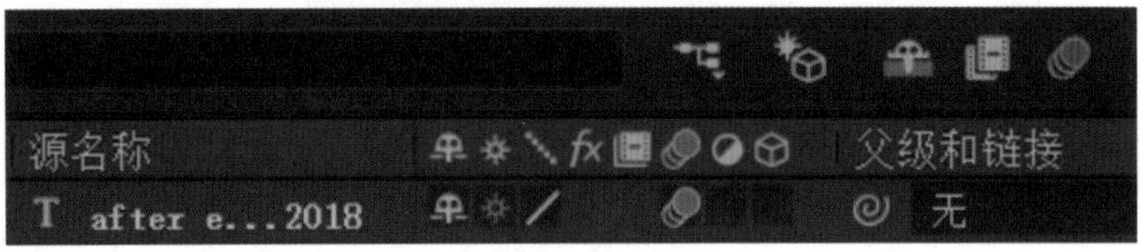

图 3-16

实现最终效果如图 3-17 所示。

图 3-17

3.3 模糊动感文字动画

1. 启动 After Effects，执行菜单栏中的命令【合成>新建合成】(快捷键 Ctrl+N)，新建一个合成，命名为“模糊动感文字”，“预设”选择 HDV/HDTV 720 25，宽度选择 1280px，高度选择 720px，持续时间设计为 4 秒 1 帧，背景色设置为黑色，如图 3-18 所示。

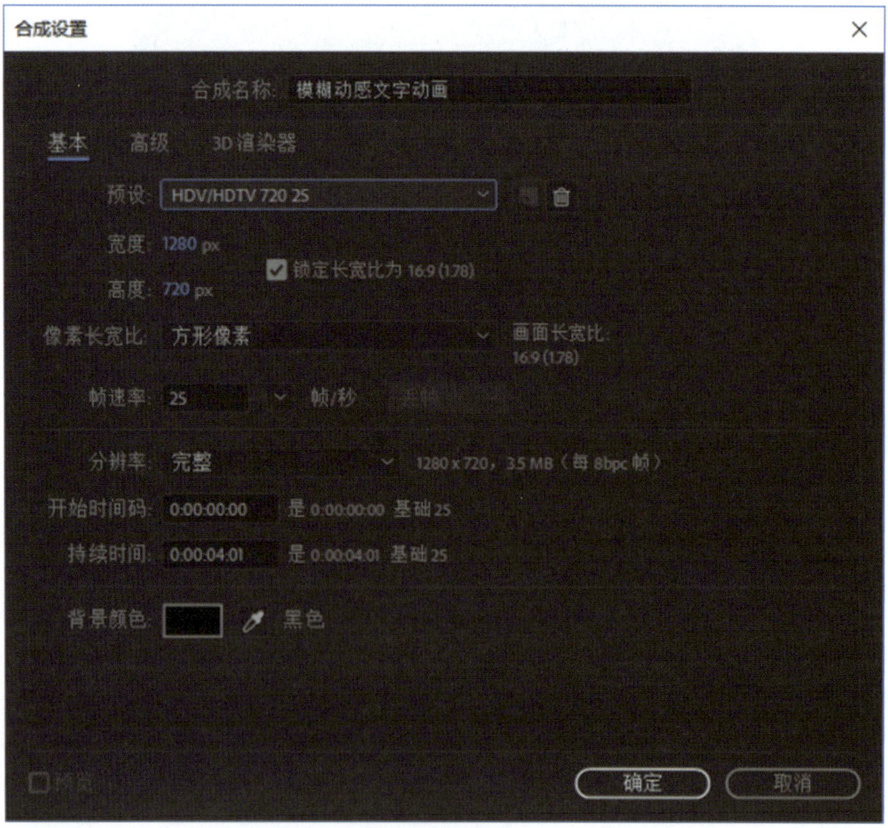

图 3-18

2. 选择菜单栏的文字工具，使用文字工具在背景层上进行点击，输入文字(如“a. value. package”)。输入完毕后，在右侧属性栏中调整文字的属性，将文字全部改为大写，选择合适的字体与大小。

3. 给文字添加效果。有两种方式：

(1)选择从菜单栏进入。执行【效果＞过渡＞卡片擦除】命令，添加一个卡片擦除的效果。

(2)选择从属性面板进入。点击右上方的【效果和预设】按钮，逐级选择【过渡＞卡片擦除】，添加一个卡片擦除的效果。

对卡片擦除的属性进行设置，“行数”选择 1，“列数”选择 25，“翻转轴”选择 Y 轴，“翻转方向”选择正向。设置完成后将时间线拖至最前帧第 0 帧的位置，将卡片擦除的第一个选项“过渡完成”调整为 0%，并点击码表定帧，如图 3-19 所示，在第 4 秒(最后一秒)时将“过渡完成”调整为 100%，然后进行简单的预览，文字被纵向切割成卡片效果并且翻转，第一步卡片擦除的效果就实现了。

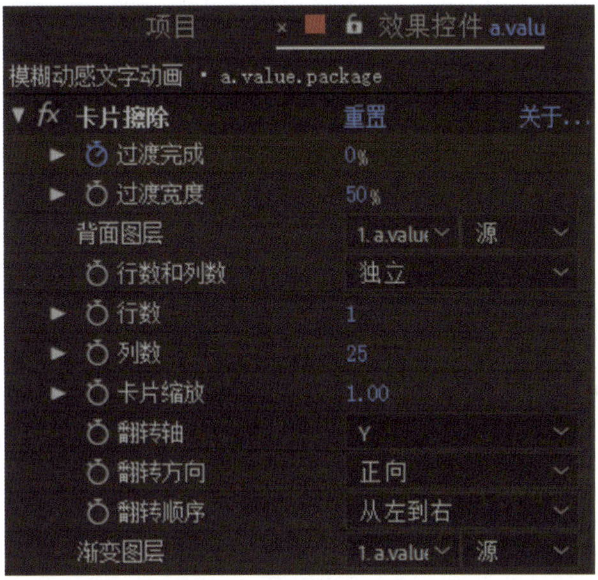

图 3-19

继续添加文字翻转效果，使动画更丰富。选择刚才设置完成的卡片擦除效果，找到位于下方的“摄像机位置”进行设置，分别设计 Y 轴旋转、Z 位置。Y 轴旋转第 0 帧为 120°，第 4 秒恢复 0°；Z 位置第 0 帧为 1，第 4 秒设置为 2。如图 3-20 所示。

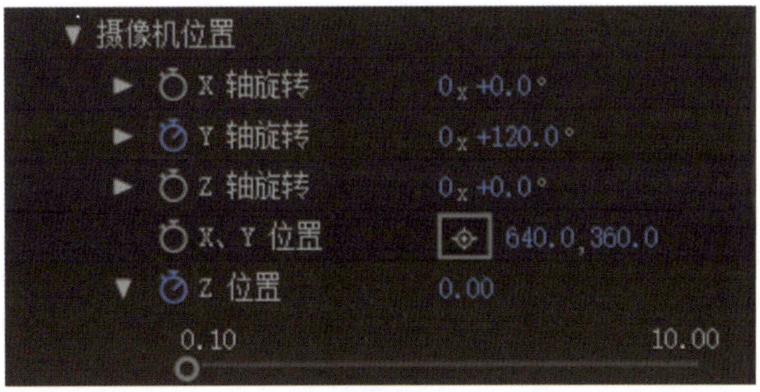

图 3-20

找到“位置抖动”进行设置，在这里只选择设计 X 抖动量与 Z 抖动量。第 0 帧时，X 抖动量设置为 1，第 4 秒将其恢复为 0；第 0 帧时 Z 抖动量设置为 15，第 4 秒将其恢复为 0(因为画面在最后一秒时应该恢复正常，所以抖动数值在最后一秒时应该恢复为 0)。设置如图 3-21 所示，动画效果在第 3 秒时的效果如图 3-22 所示。

案例中的数值都可以根据不同的效果需要进行不同的设置，学习操作时可以使用鼠标点击拖拽数值，以发现不同数值所产生的不同效果。

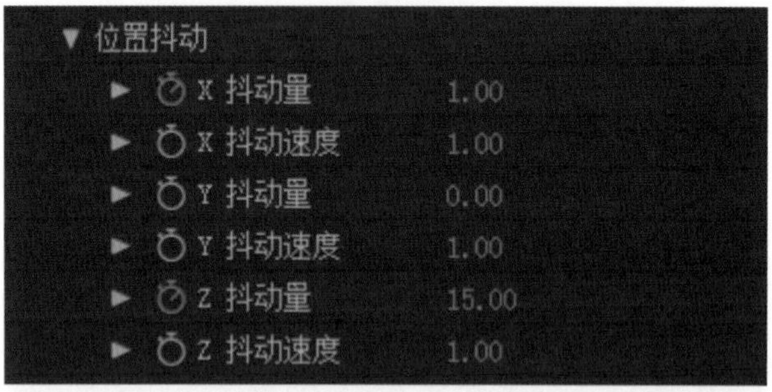

图 3-21

图 3-22

4. 给文字添加光感。选择 a value package 文字层，使用快捷键【Ctrl＋D】复制、粘贴一份。在复制好的图层上点击鼠标右键，在弹出的菜单中选择【混合模式＞相加】，把图层的叠加模式改为“相加”；也可直接在文字图层的模式下选择“相加”。“模式”这一栏并非默认出现，如果没有“模式”选项，可以在时间轴面板左下侧选择展开“转换控制”窗格，单击即可。给复制的文字层添加模糊的效果，执行菜单命令【效果＞模糊和锐化＞定向模糊】，给文字添加一个纵向模糊，修改“模糊长度”为 100，数值可以根据设计需要进行调节。设置与效果如图 3-23、图 3-24 所示。

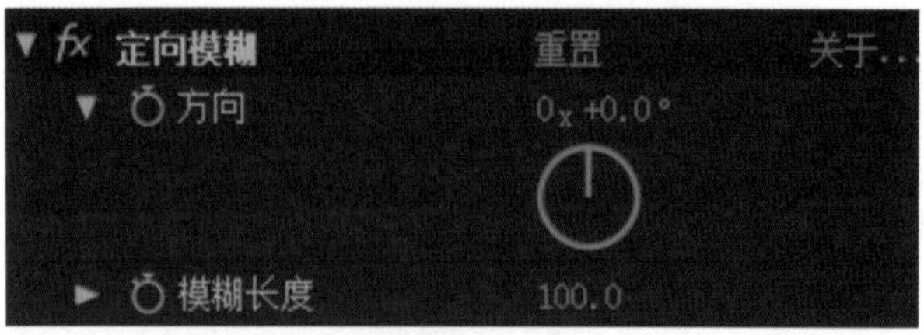

图 3-23

图 3-24

然后,需要针对定向模糊的范围和长度进行设置,第 0 帧时设置“定向模糊”长度为 20,然后按下关键帧码表,第 1 秒设置其长度为 120,第 2 秒为 180,第 3 秒为 120,第 4 秒为 0。定向模糊的长度是一个递增再递减的过程,产生的效果应该是出现、强烈、逐渐消失。

5. 给复制的模糊效果添加一个色彩光影。执行【效果>颜色矫正>色阶】命令,调整色阶通道为“Alpha”,将“输入白色”设置为 80。设置与效果如图 3-25、图 3-26 所示。

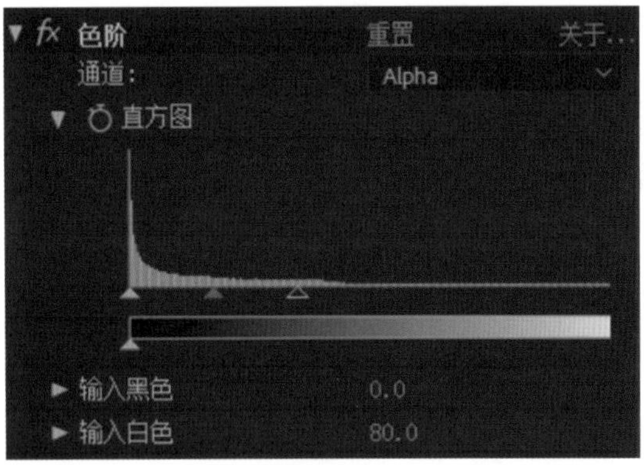

图 3-25

图 3-26

继续给白色光影添加彩色效果。执行【效果>颜色校正>色光】命令,展开“输入相位”下拉菜单,“获取相位”选择 Alpha;展开“输出循环”下拉菜单中的“使用预设调板”,选择“火焰”效果;展开“修改”下拉菜单,将“修改 Alpha”前的勾选取消。设置如图 3-27、图 3-28 所示,效果如图 3-29 所示。

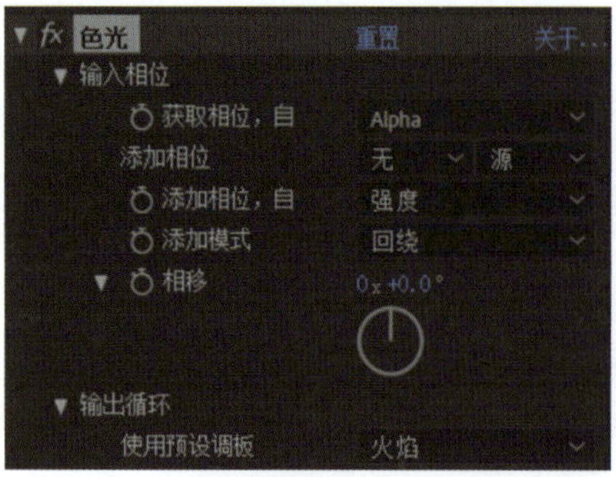

图 3-27

图 3-28

图 3-29

6. 制作光晕扫过效果。执行【图层>新建>纯色】命令，对新建的“光晕扫过”图层进行设置，如图 3-30 所示。设置其图层的出现长度，以文字开始出现为起点，文字翻转完毕时为终点，目的是实现光晕划过文字的效果。鼠标点击图层时间线的左侧或右侧并且进行拖拽，调整其图层的显示长度。

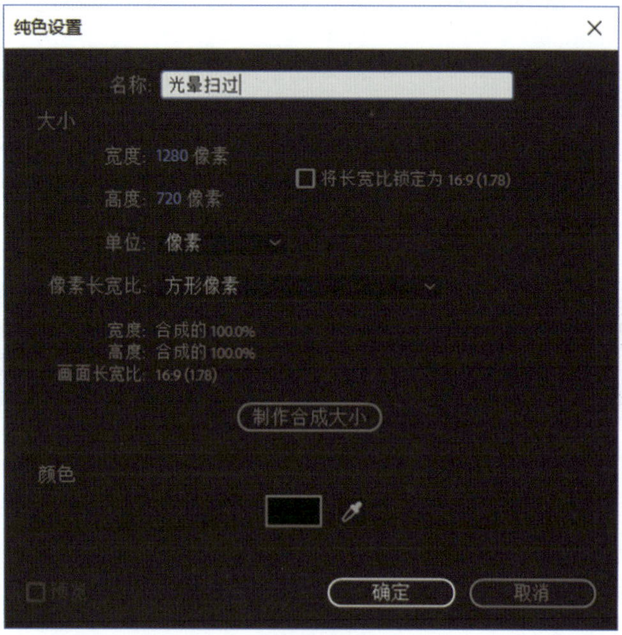

图 3-30

执行【效果>生成>镜头光晕】，进入镜头光晕属性面板进行设置。将时间线放置在“光晕扫过”图层的开始部分，点击“光晕中心”前的时间码表，将其数值修改为“0，288”，让光晕从最左侧开始。将时间线拖至“光晕扫过”图层的结束部分，修改光晕中心的数值为“1000，288”，第一个数值用来控制光晕的水平位移，所以要实现光晕划过，只需要设置第一个数值即可。修改其“光晕亮度”为80%，避免光晕过亮影响文字。“镜头类型”修改为105毫米定焦，“与原始图像混合”即控制光晕效果与图像的融合程度，将其设置为30%。设置如图3-31所示。

点击空格键进行效果预览，实现最终模糊动感文字动画的效果，如图3-32、图3-33、图3-34所示。

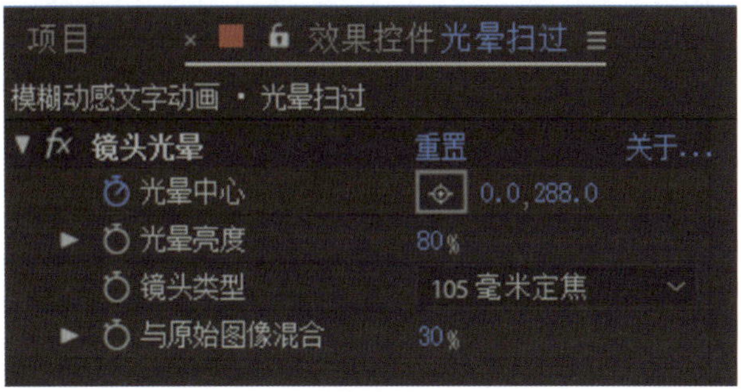

图3-31

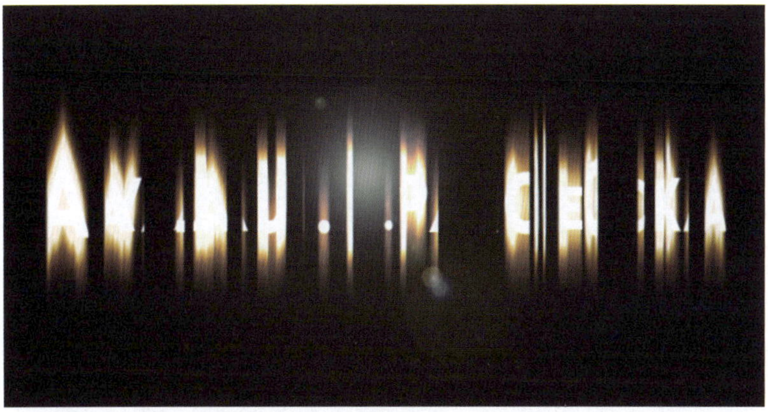

图3-32

图3-33

图 3-34

3.4 闪切分裂文字动画

1. 启动 After Effects，执行菜单栏中的命令【合成>新建合成】，新建一个合成，命名为“闪切分裂文字”，“预设”选择 HDV/HDTV 720 25，宽度选择 1280px，高度选择 720px，持续时间设置为 3 秒 1 帧，背景色设置为黑色，如图 3-35 所示。

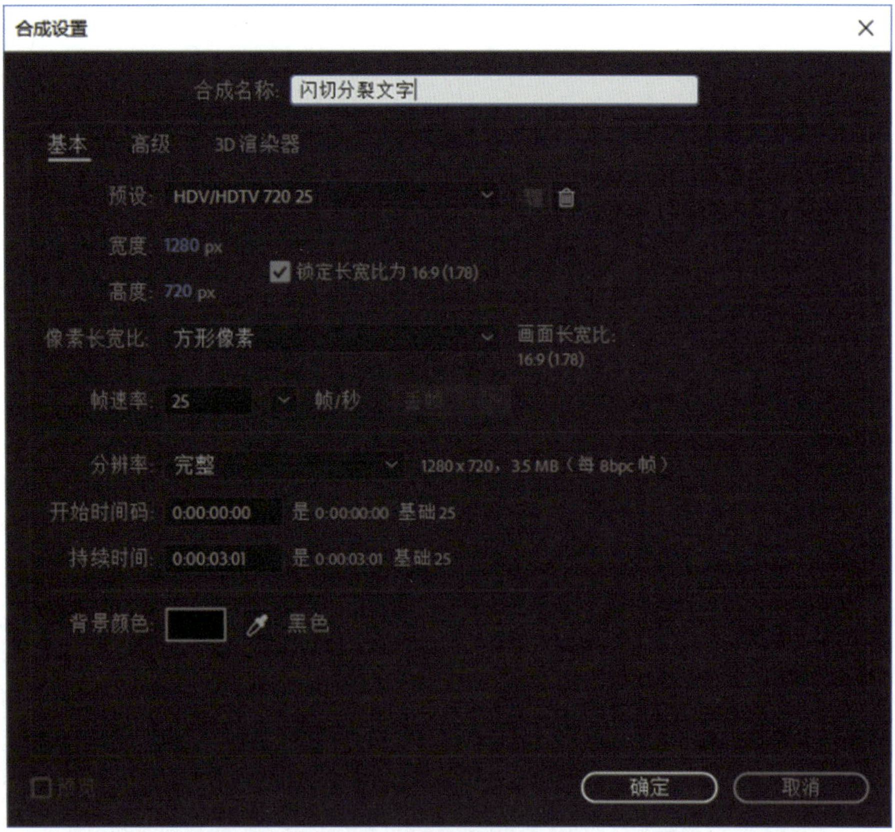

图 3-35

2. 选择菜单栏的文字工具T，使用文字工具在背景层上进行点击，输入文字如“迅捷如风”。输入完毕后在右侧属性栏中调整文字的属性，选择合适的字体与大小，如图 3-36 所示。

图 3-36

3. 设计文字开场的闪现位移动画。选择好文字与字体后即开始制作第一步，让文字在画面中出现穿插闪现的效果。将“迅捷如风”的文字层复制、粘贴一层，可以选择其中的一个字来进行设计(此处选取第一个字“迅”)，将其余的 3 个字删掉，如图 3-37 所示。

图 3-37

给文字“迅”制作位移与缩放动画。点击“迅”图层，按下快捷键【P】，打开位置，接着按下【Shift＋S】打开缩放(P 是位置的快捷键，S 是缩放的快捷键，但是要实现同时打开位置与缩放，则需要按住 Shift 来进行加选)。这时位置与缩放已经开启，将文字“迅”移出画面，放置在画面的右上或者左上的位置(练习时可以选择自己需要的位置来放置)，然后按下位置与缩放前的码表，此时位置与大小就确定在了画面的右外侧。设置如图 3-38 所示，效果如图 3-39 所示。

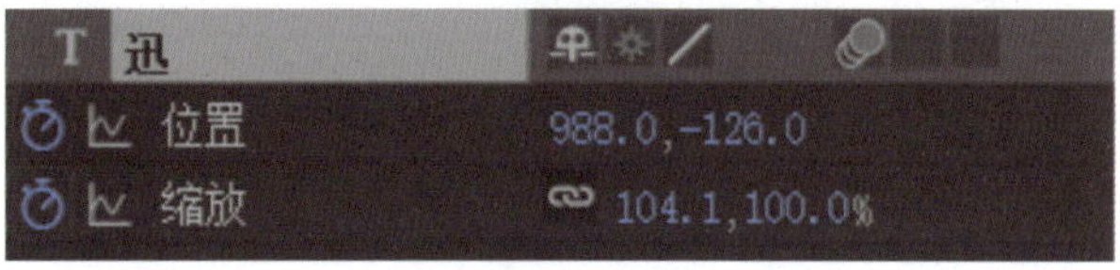

图 3-38

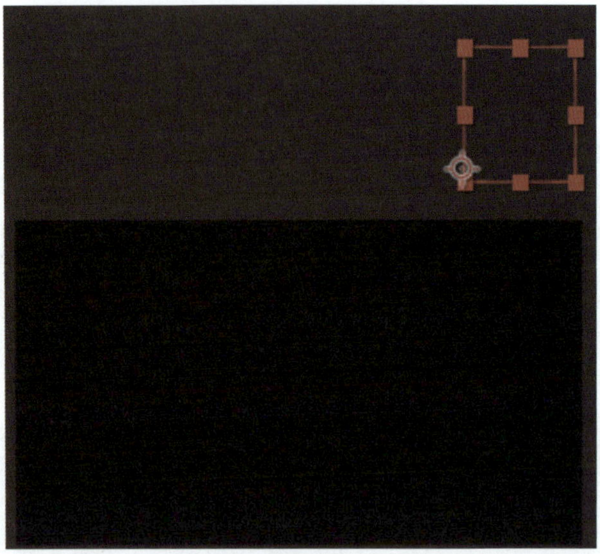

图 3-39

接着将时间轴向后拖动 2 帧，并将画面拖拽至左下方，此时位移关键帧已经自动定好。选好位置后，设置一个放大的效果来体现文字的视觉冲击力。在同样的位置调节缩放的大小，设置好之后打开【运动模糊】按钮，来体现文字的运动感。设置如图 3-40 所示，效果如图 3-41 所示。

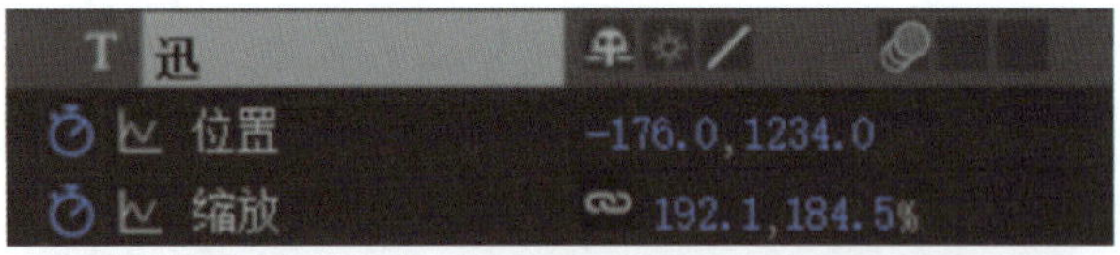

图 3-40

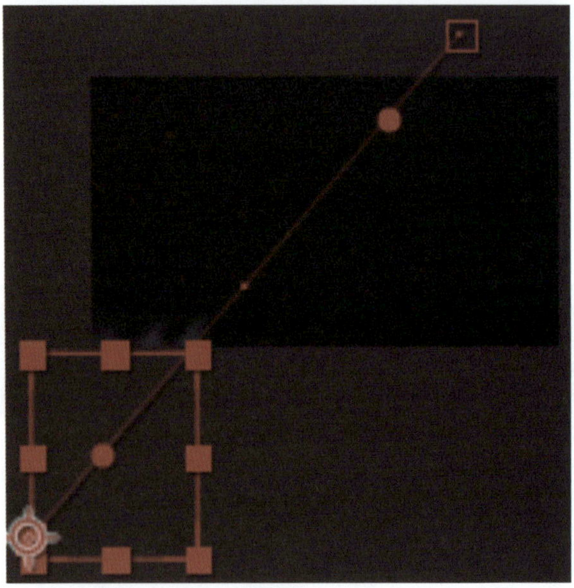

图 3-41

利用同样的方法，再将文字从左下瞬移至左上，再瞬移至右下。设置如图 3-42 所示，效果如图 3-43 所示。

图 3-42

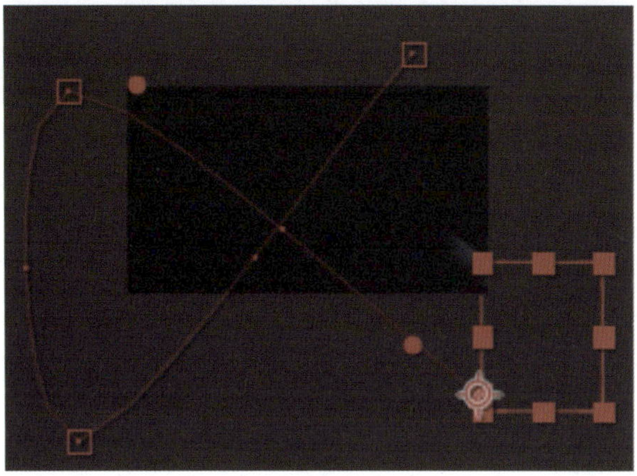

图 3-43

这样，文字“迅”的闪现位移动画就制作完成了。

4. 文字的分裂动画设计。要制作文字分裂的效果，就必须要将文字分为 3 个部分来进行设计，分别是“迅捷如风上”“迅捷如风中”“迅捷如风下”3 个图层。选择之前复制好的文字层“迅捷如风 2”图层来进行制作。选择“迅捷如风 2”图层，将其时间线的开始缩短至“迅”文字闪现位移动画结束之后(因为分裂的动画是在闪现动画结束之后才开始显示)，如图 3-44 所示。

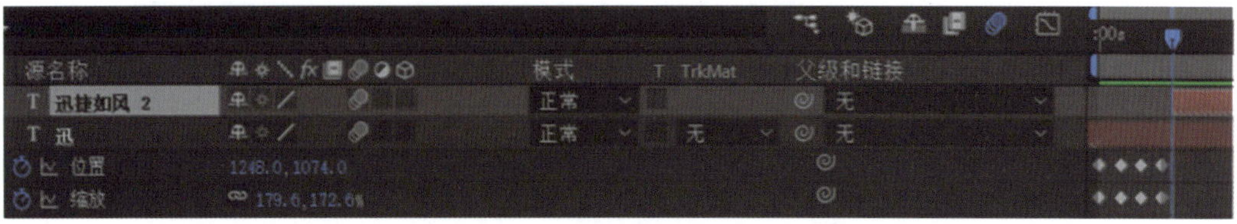

图 3-44

选择“迅捷如风上”图层，使用钢笔工具在文字需要分裂的地方绘制分裂的路径与开口大小，此时只显示路径内的部分文字，如图 3-45 所示。

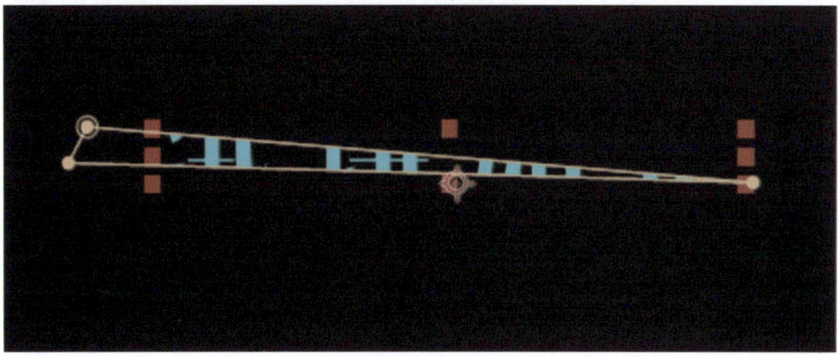

图 3-45

再复制两层，分别将3个图层重命名为“迅捷如风上”“迅捷如风中”“迅捷如风下”，如图3-46所示。

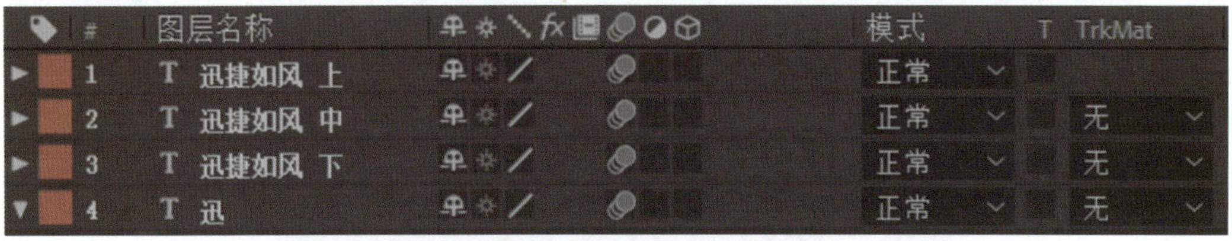

图 3-46

选择“迅捷如风上”图层，快捷键【M】打开蒙版路径，勾选蒙版后的“反转”，并在显示框中将路径拖至留有上半部分的内容即可。设置如图3-47所示，效果如图3-48、图3-49所示。

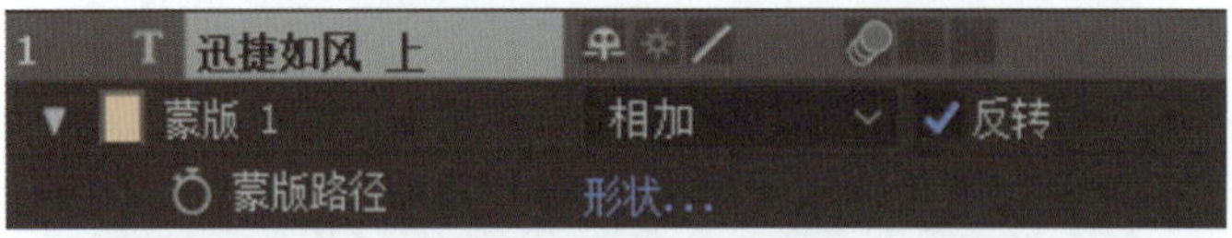

图 3-47

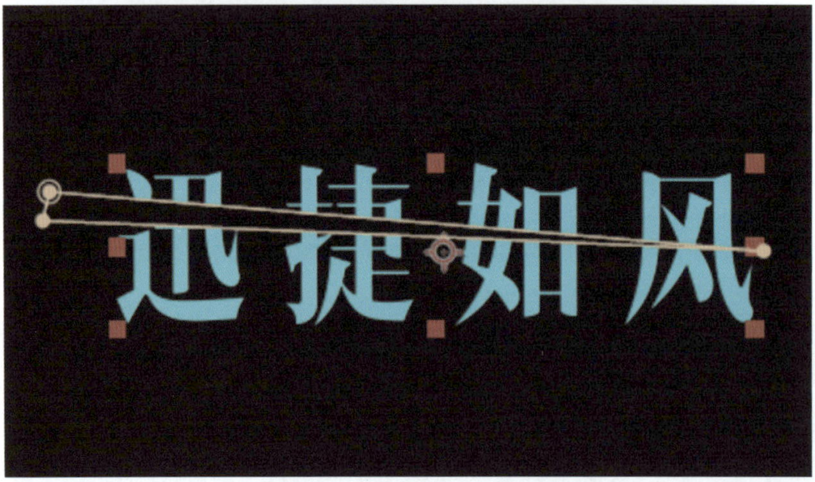

图 3-48

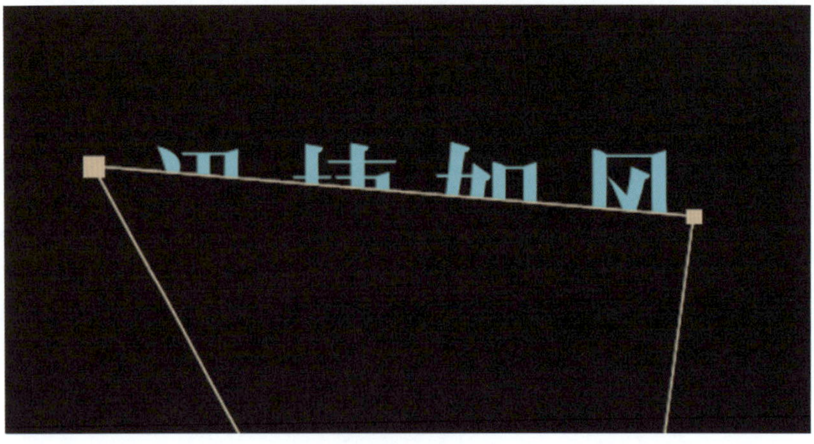

图 3-49

同理，选择“迅捷如风下”图层，按快捷键【M】打开蒙版路径，勾选蒙版后的“反转”，并在显示框中将路径拖至留有下半部分的内容即可。设置如图 3-50 所示，效果如图 3-51 所示。在操作当前图层时可以将其他两个图层的显示关掉，以便查看路径。

“迅捷如风中”图层保持不动。

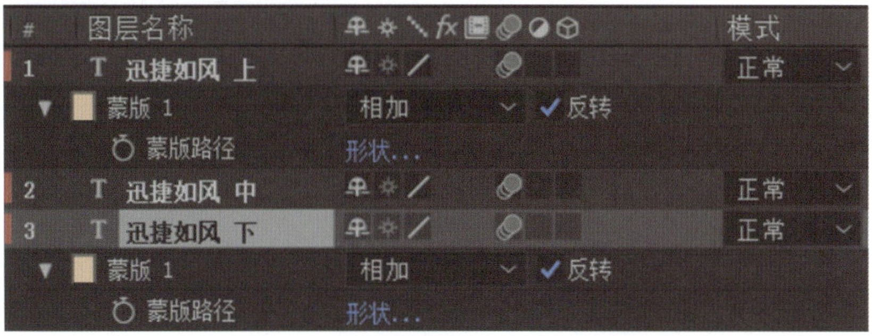

图 3-50

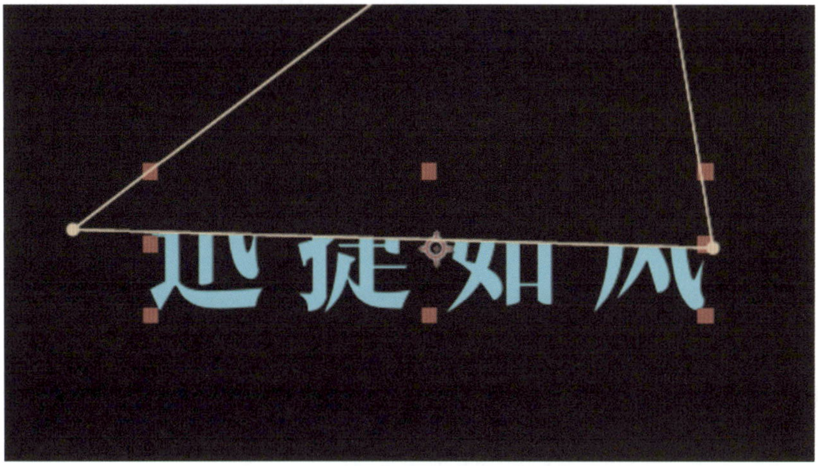

图 3-51

此时可以将图层完整显示，细心的读者可能会发现路径线之间有微小的缝隙，这时可以选择“迅捷如风中”图层，连按两次快捷键【M】，打开“蒙版扩展”，将“蒙版扩展”改为 1.0 像素即可。

5. 文字破碎动画的制作。选择“迅捷如风中”图层，执行【效果＞模拟＞CC Pixel Polly】命令，进入 CC Pixel Polly 属性，如图 3-52 所示。进入属性面板可以设置其强度、重力、旋转角度、力量中心、随机方向、随机速度、碎片间距大小等属性。

将 Force 强度设置为 60，Gravity 重力设置为 0.1，Speed Randomness 随机速度改为 80%，其余选项可以根据设计需求进行适当调节，如图 3-53 所示。将 CC Pixel Polly 效果再次叠加一遍，继续执行【效果＞模拟＞CC Pixel Polly】命令给破碎的部分叠加效果。在参数调节出现问题时可以恢复最初设置，点击顶部的【重置】按钮重置即可。调整完毕后的效果如图 3-54 所示。

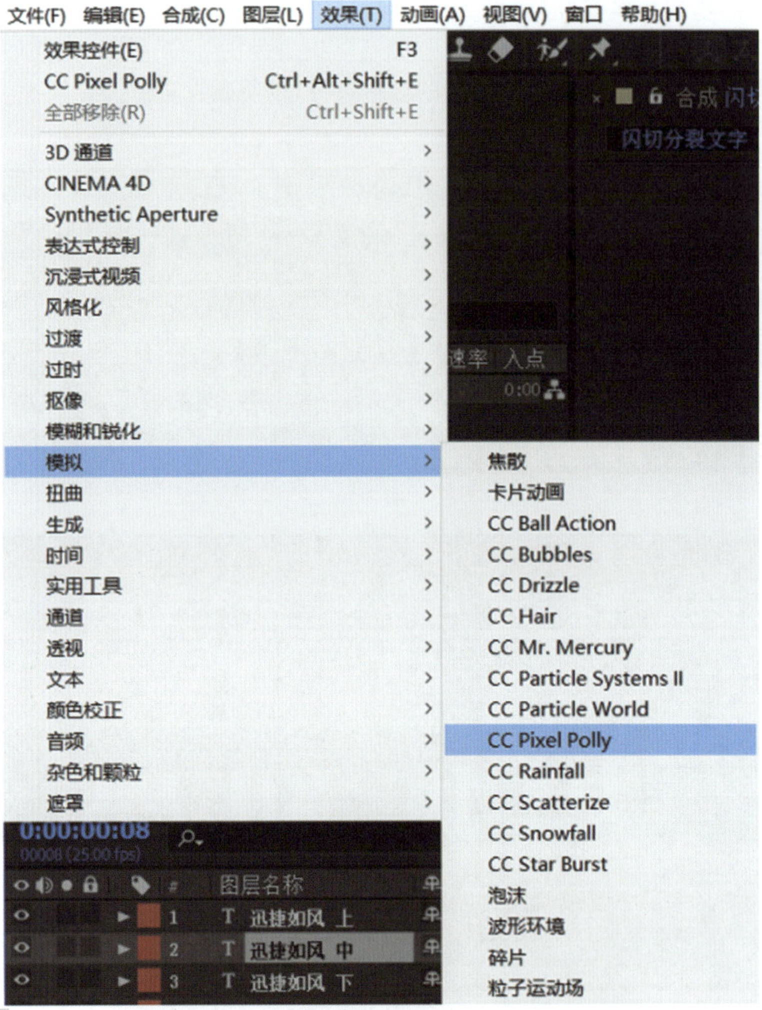
文件(F) 编辑(E) 合成(C) 图层(L) 效果(T) 动画(A) 视图(V) 窗口 帮助(H)
效果控件(E) F3
CC Pixel Polly Ctrl+Alt+Shift+E
全部移除(R) Ctrl+Shift+E
3D 通道
CINEMA 4D
Synthetic Aperture
表达式控制
沉浸式视频
风格化
过渡
过时
抠像
模糊和锐化
模拟
扭曲
生成
时间
实用工具
通道
透视
文本
颜色校正
音频
杂色和颗粒
遮罩
焦散
卡片动画
CC Ball Action
CC Bubbles
CC Drizzle
CC Hair
CC Mr. Mercury
CC Particle Systems II
CC Particle World
CC Pixel Polly
CC Rainfall
CC Scatterize
CC Snowfall
CC Star Burst
泡沫
波形环境
碎片
粒子运动场
闪切分裂文字
速率 入点
0:00:00:08
图层名称
1 T 迅捷如风 上
2 T 迅捷如风 中
3 T 迅捷如风 下

图 3-52

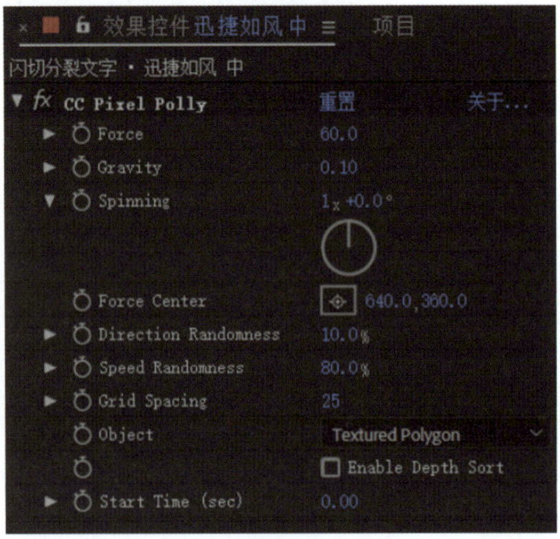
效果控件 迅捷如风 中
项目
闪切分裂文字 • 迅捷如风 中
CC Pixel Polly
重置
关于...
Force 60.0
Gravity 0.10
Spinning 1x +0.0°
Force Center 640.0,360.0
Direction Randomness 10.0%
Speed Randomness 80.0%
Grid Spacing 25
Object Textured Polygon
Enable Depth Sort
Start Time (sec) 0.00

图 3-53

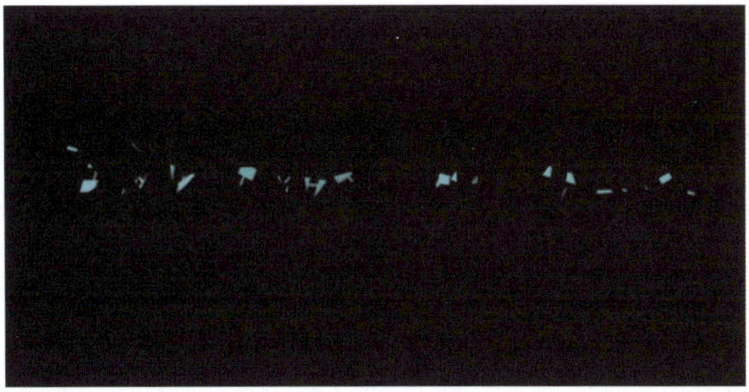

图 3-54

6. 文字破碎切割效果的完善。完成了中部破碎的效果之后，可以适当将上下两部分的文字分别位移旋转，以达到被瞬间分裂开的动画效果。调整位置之前，先将文字旋转的中心点调整至路径线的右侧，选择“迅捷如风上”图层，按下快捷键【Y】调整中心点至右侧位置，“迅捷如风下”图层也用同样的方法调整至相同位置，如图 3-55、图 3-56 所示。

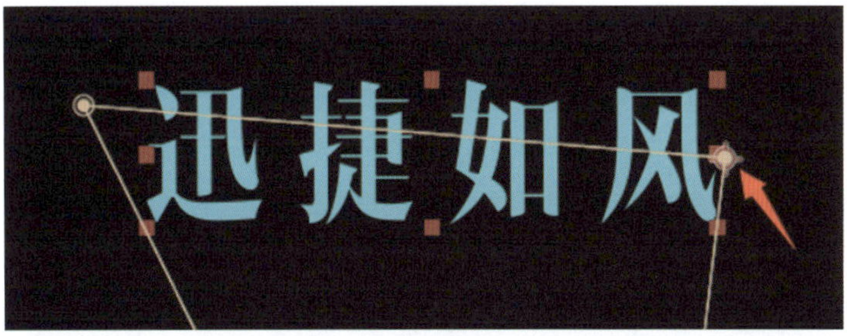

图 3-55

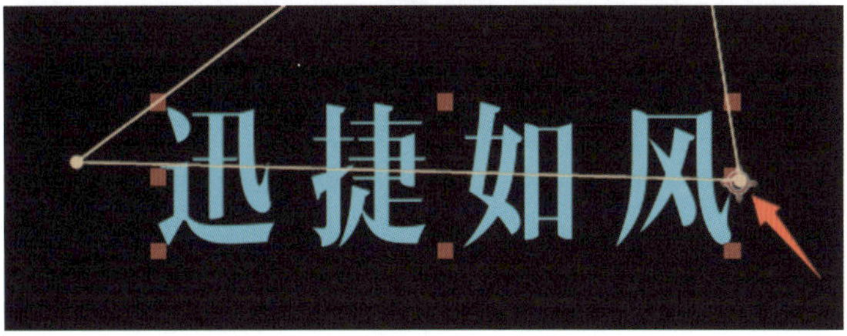

图 3-56

选择“迅捷如风上”与“迅捷如风下”两个图层，利用快捷键【P】和【R】打开图层的位移与旋转。在破碎动画开始的前一帧按下两个图层的位移与旋转的码表，将时间线向后拖动 3 帧左右，分别将上部分文字向左上方旋转，并稍向左侧位移；将下部分文字向右下方旋转，并稍向右侧位移，确保破碎与位移旋转的动作在同一时刻产生。设置如图 3-57 所示，效果如图 3-58 所示。

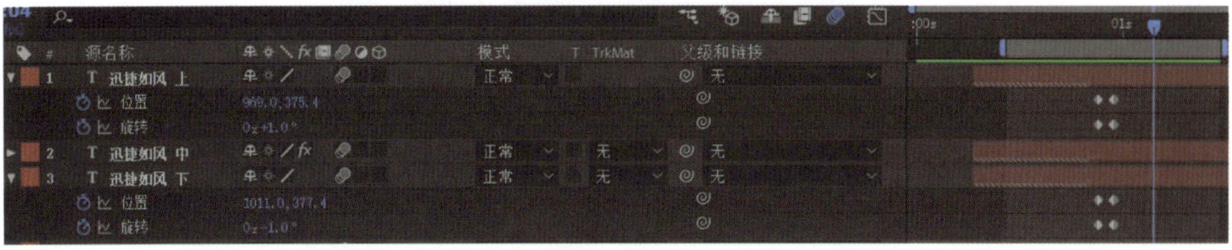

图 3-57

图 3-58

文字分裂开后，为了使动画效果更自然，可以给文字一个缓冲运动。继续将时间线向后拖动约 20 帧的位置，在原位移与旋转的基础上，将上部分文字向左上方旋转，并稍向左侧位移，可以将文字向上方位移小部分；将下部分文字向右下方旋转，并稍向右侧位移，可以将文字向下方位移小部分。具体移动与旋转数值参照如图 3-59 设置。至此，分裂搭配位移的动画就制作完成了。

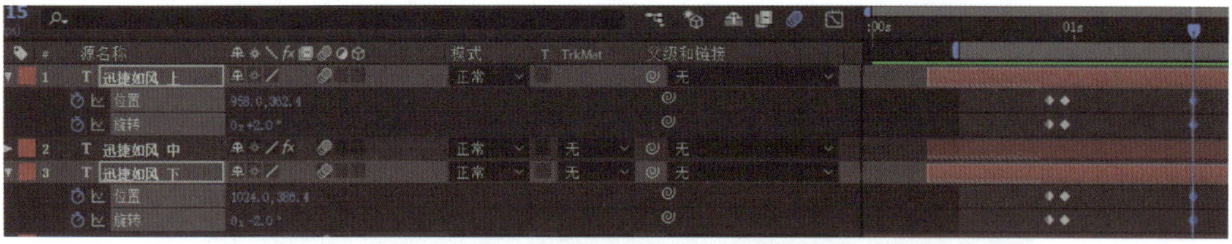

图 3-59

7. 刀光切割效果。不选择任何图层，选择菜单栏的“钢笔工具”，在菜单栏右侧的属性面板中点击“填充”，出现“填充”选项，如图 3-60 所示；将钢笔工具的“填充”关掉，“填充”选项选择“无”，并单击【确定】。之后选择描边属性（位于填充属性右侧），单击描边颜色框，设置描边颜色与文字的颜色一致，并将右侧的“描边”大小改为 15 像素。然后用钢笔工具在之前绘制的分裂的路径位置上绘制一条斜线，与分裂的位置保持一致，如图 3-61 所示。

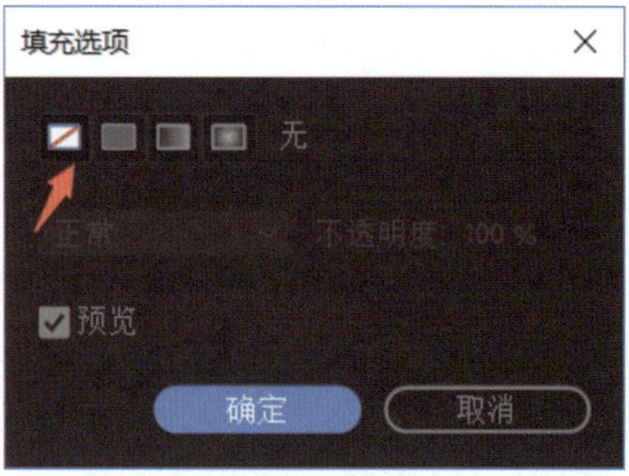

图 3-60

图 3-61

这时选择当前绘制好的“形状图层 1”，打开位置（快捷键 P），刀光的位置从左上方迅速划向右下方，从分裂动画前几帧的位置开始设置，点击位置码表确定，在分裂动画开始时位移结束，总时间不要超过 5 帧。设置完成后，打开图层的运动模糊，实现更好的动画效果，如图 3-62。

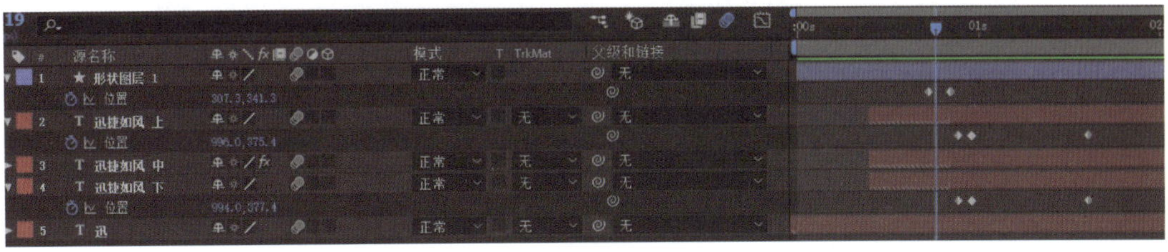

图 3-62

整体动画完成，按下空格键可预览最终效果，如图 3-63 所示。

图 3-63

3.5　文字与图形跟随路径运动

1. 启动 After Effects，执行菜单栏【合成>新建合成】命令，新建一个合成，命名为“文字、图形跟随路径运动”，预设选择 HDV/HDTV 720 25，宽度选择 1280px，高度选择 720px，持续时间设置为 3 秒 1 帧，背景色选择红色，单击确定。设置如图 3-64 所示。

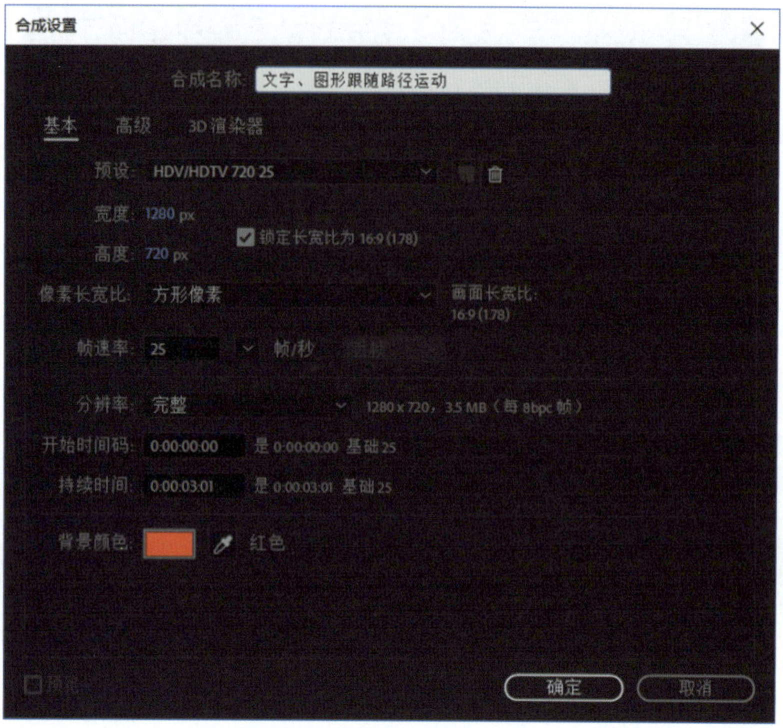

图 3-64

2. 文字跟随路径运动。执行【图层>新建>纯色】命令，新建一个烟灰色的纯色背景，如图 3-65 所示。

选择文字工具，使用文字工具在背景层上进行点击，输入文字“WORDS MOTION”，输入完毕后在右侧属性栏中调整文字的属性，选择合适的字体与大小，效果如图 3-66 所示。

图 3-65

图 3-66

(1)创建封闭路径样式的文字动画。选中“WORDS MOTION”文字图层，选择菜单栏“矩形工具”下的多边形工具。绘制多边形，如图 3-67 所示。绘制好的多边形会遮挡部分文字，效果如图 3-68 所示。

图 3-67

图 3-68

选中“WORDS MOTION”文字图层，展开“文本”，选择“路径选项”，将路径的“无”改为“蒙版 1”，如图 3-69 所示。此时文字便依附于创建的闭合路径之上了，如图 3-70 所示。

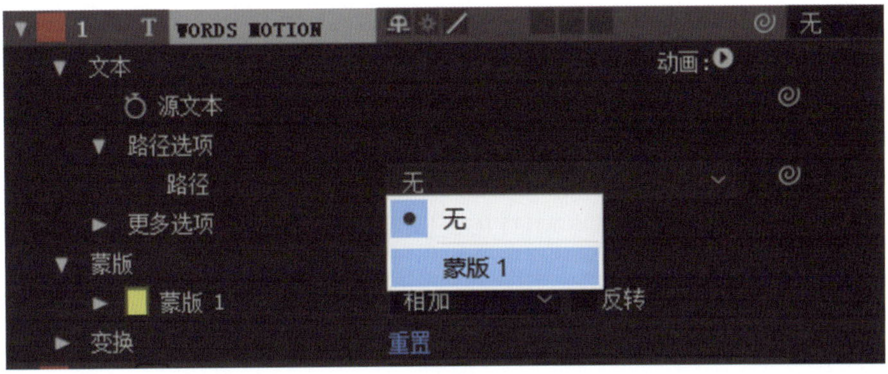

图 3-69

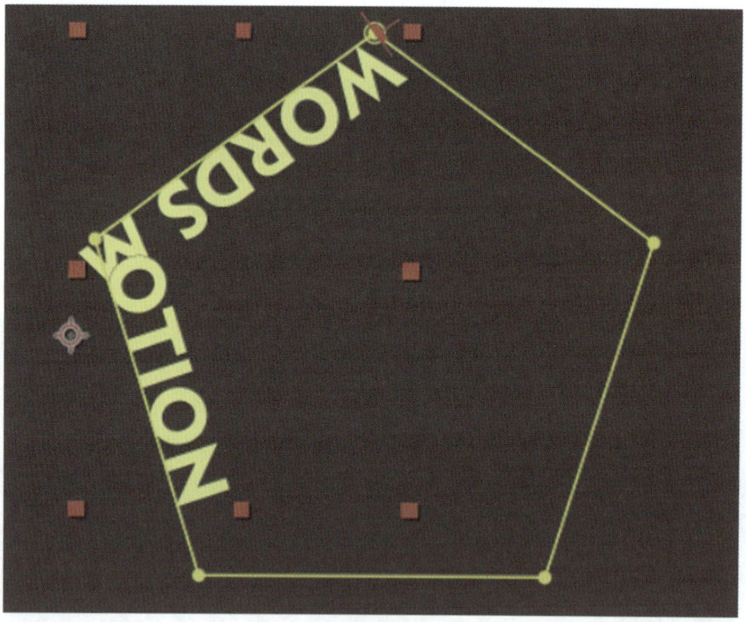

图 3-70

成功依附之后便会出现路径的相应属性选项，如图 3-71 所示。

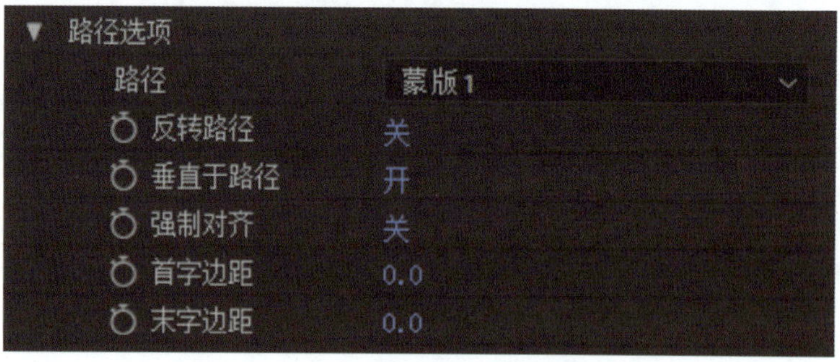

图 3-71

【反转路径】可改变文字依附路径线的内外方向。

【垂直于路径】可将文字的每一个字母都设置为垂直于路径。

【强制对齐】可将首字母与末尾字母强行均匀分布排列于整条路径线上。

【首字边距】可以调节首个字母位于路径开始的远近位置。

【末字边距】可以调节末尾字母位于路径结束的远近位置。

(2)创建开放路径样式的文字动画。选中“WORDS MOTION”文字图层，使用钢笔工具任意绘制一条路径。展开“WORDS MOTION”文字图层，展开“文本”，选择“路径选项”，将路径的“无”改为“蒙版 1”。此时文字便依附于创建的开放路径之上了。

尝试给文字做一段沿着路径入画出画的动画效果。将时间线拖拽至最开始，调节“首字边距”后的数值，将文字移出画面，做入画准备，这时“首字边距”前的码表会被确定，将时间线拖拽至 2 秒的位置，调节“首字边距”后的数值，将文字移出画面，以出画结束，这时“首字边距”前的码表第二次被确定，此后通过调节“首字边距”的位置即可完成动画。操作如图 3-72 所示，预览效果如图 3-73、图 3-74 所示。

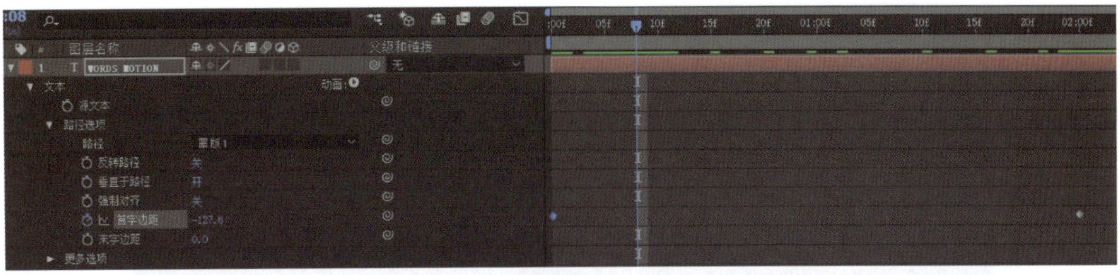

图 3-72

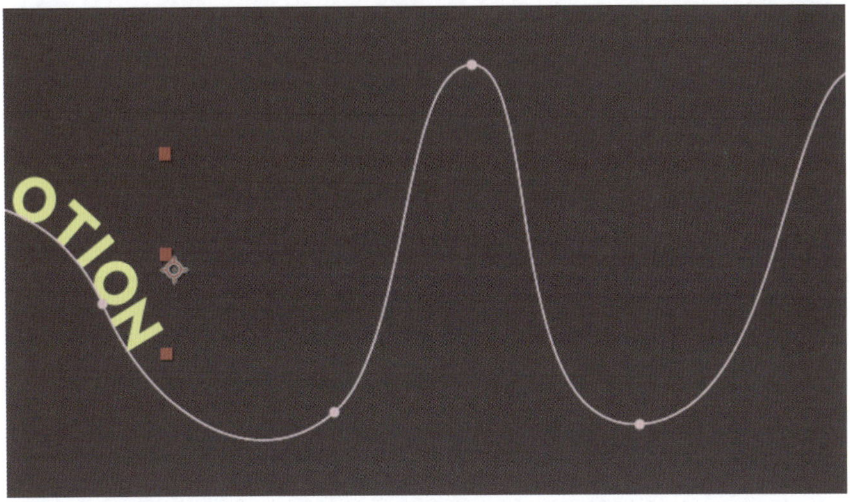

图 3-73

图 3-74

在设计路径动画的过程中，文字始终是可以修改的，随时可以修改文字的属性、增加或者减少文字、替换文字。

3. 图形跟随路径运动。使用菜单栏的“钢笔工具”绘制一个简单的形状，如心形或自定义形状。这里我们绘制一个心形。

建立调整图层。在时间轴面板点击右键，选择【新建＞调整图层】命令；或执行【图层＞新建＞调整图层】命令。在调整图层上使用“钢笔工具”绘制路径，如图 3-75 所示。

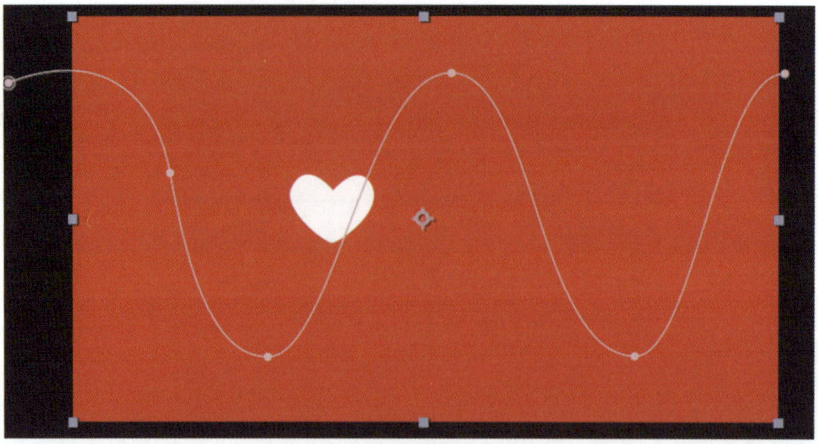

图 3-75

打开“调整图层”前的折叠三角形，打开【蒙版＞蒙版 1】，点击“蒙版路径”，按【Ctrl＋C】键将蒙版路径复制。设置如图 3-76 所示。

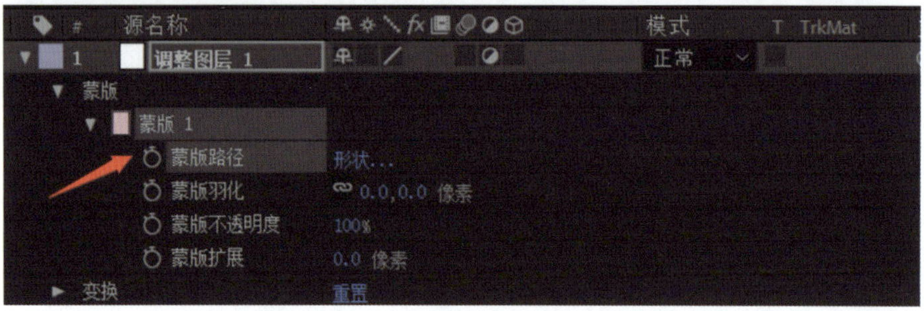

图 3-76

打开形状图层，按快捷键【P】键打开形状图层的位置。点击“位置”层，按【Ctrl＋V】键将复制好的路径粘贴至形状图层的位置上。心形沿着路径匀速运动的动画就自动生成了，效果如图 3-77 所示。

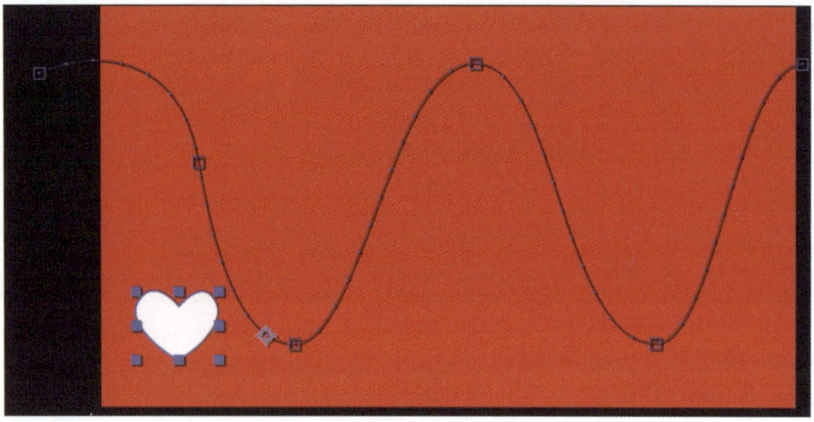

图 3-77

如果形状图层的运动位置与运动轨迹脱离，只需要调整路径首端的中心点位置即可。选中形状图层，用【向后平移锚点工具】或快捷键【Y】，选择路径首端的锚点，将其拖拽至心形的中心位置，如图 3-78、图 3-79 所示，心形即可从中心沿着路径运动。

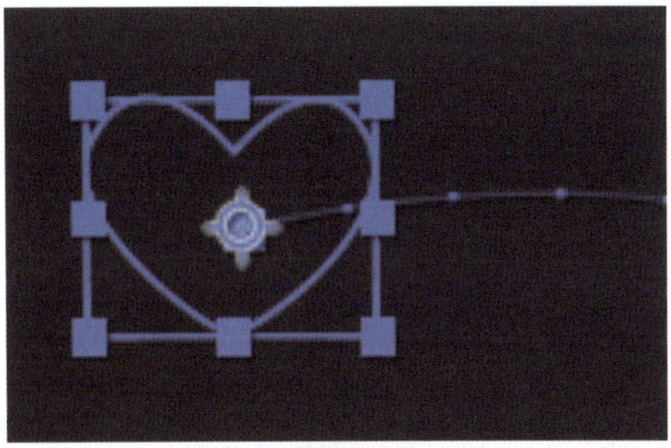

图 3-78

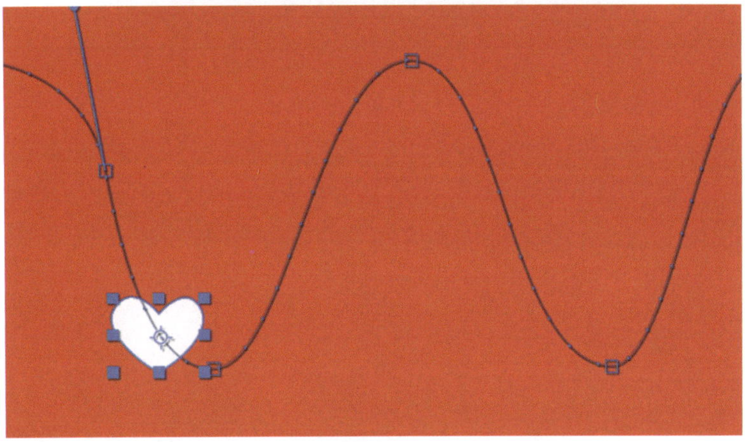

图 3-79

在运动的过程中，可以给“形状图层”心形添加一些大小的变化，用快捷键【S】打开缩放属性，给心形添加大小变化，如图 3-80 所示。图形跟随路径运动的动画完成，预览效果如图 3-81 所示。

图 3-80

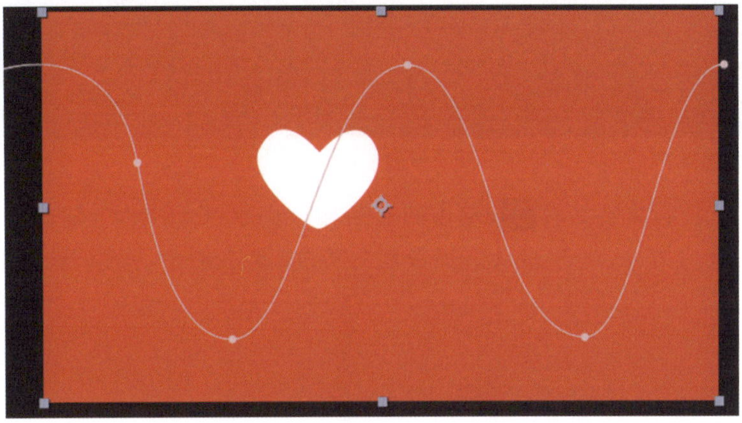

图 3-81

3.6 路径生成文字动画

1.启动 After Effects 软件,选择菜单栏中的命令【合成>新建合成】,新建一个合成,命名为“路径生成文字动画”,“预设”选择 HDV/HDTV 720 25,宽度选择 1280px,高度选择 720px,持续时间设置为 3 秒 1 帧,背景色设置为青绿色。设置如图 3-82 所示。

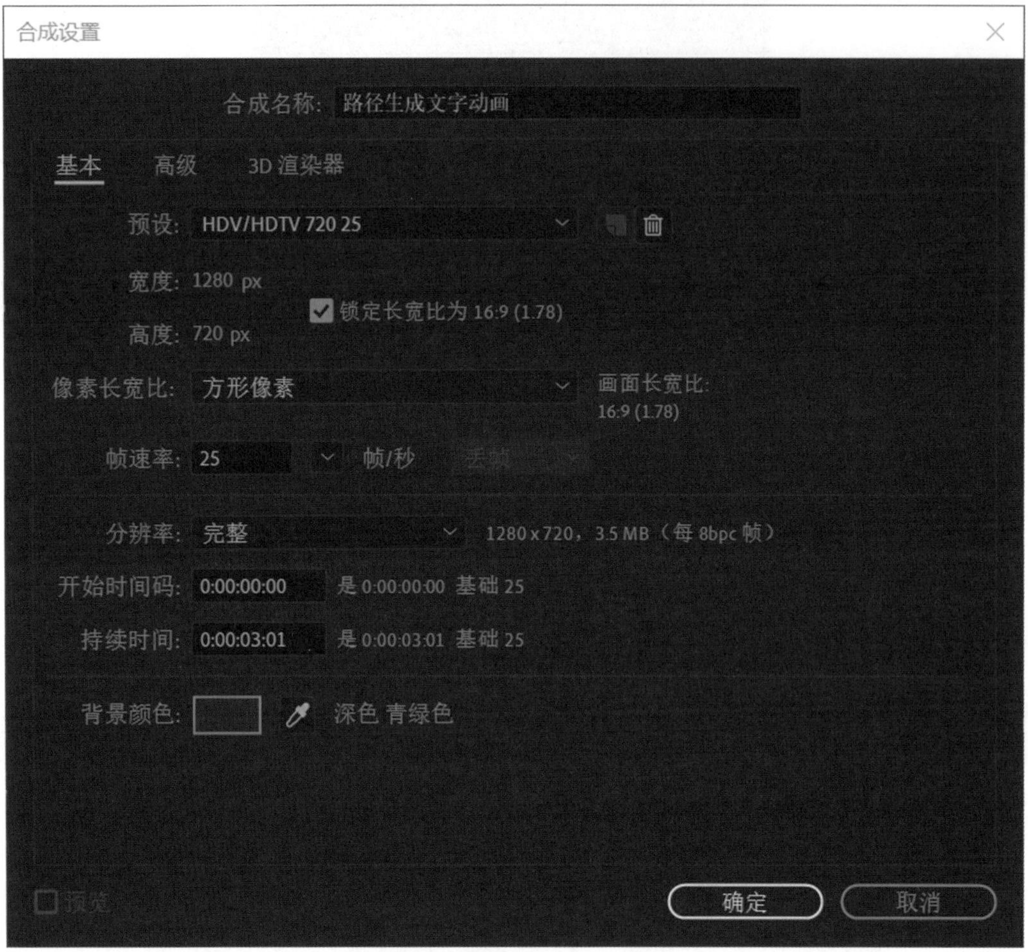

图 3-82

2.选择菜单栏的文字工具 T,点击图层后输入文字“CHINA”,输入完毕,在右侧属性栏中调整文字的属性,字体建议选择较粗的英文,大小适中。效果如图 3-83 所示。

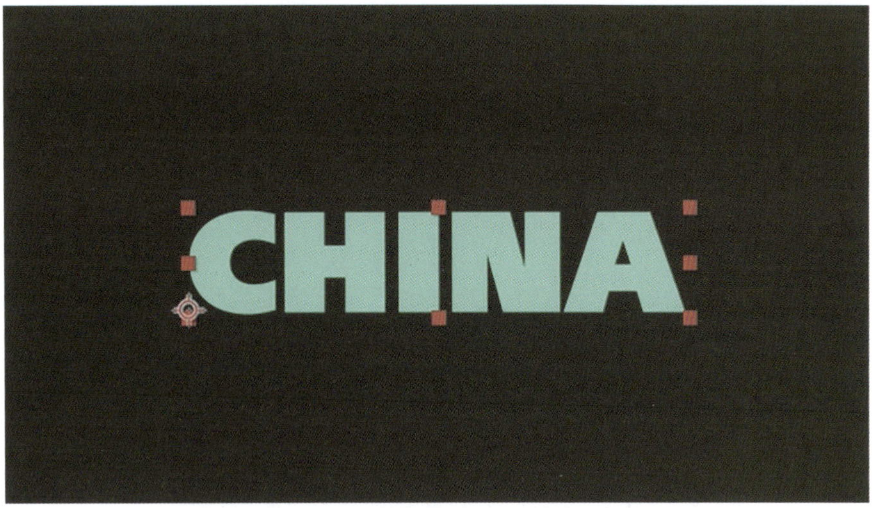

图 3-83

3. 生成文字路径。选中“CHINA”文字图层，执行【图层＞创建＞从文字创建蒙版】命令，如图 3-84 所示，文字即生成彩色的轮廓线。效果如图 3-85 所示。

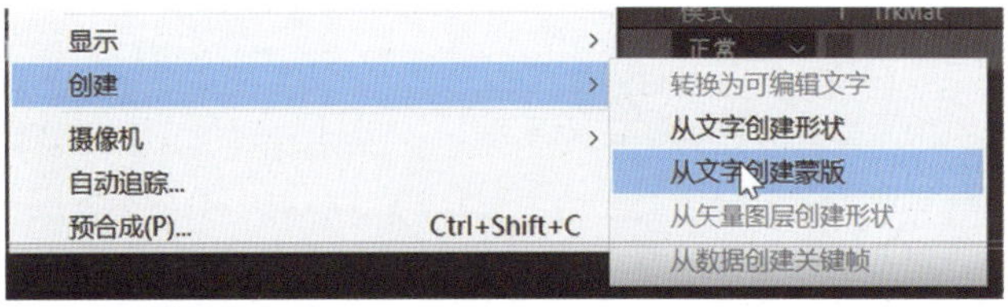

图 3-84

图 3-85

打开“CHINA 轮廓”图层，打开蒙版，则可以看到自动生成的文字内外路径。

给“CHINA”文字图层添加描边效果。选中“CHINA”文字图层，右键选择【效果＞生成＞描边】随即出现描边属性，在描边属性中进行设置。

将合成面板下“切换蒙版和形状路径”取消勾选，让其只显示形状路径。

将“所有蒙版”勾选，将“顺序描边”取消勾选。画笔大小适当调大为 5.0，绘画样式改为

"显示原始图像",参数设置如图 3-86 所示,效果如图 3-87 所示。

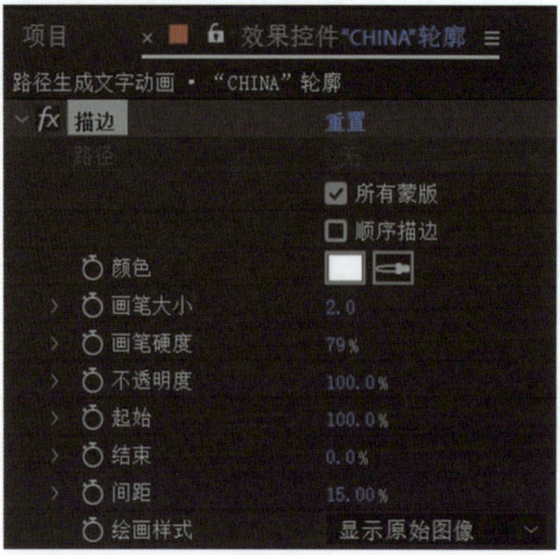

图 3-86

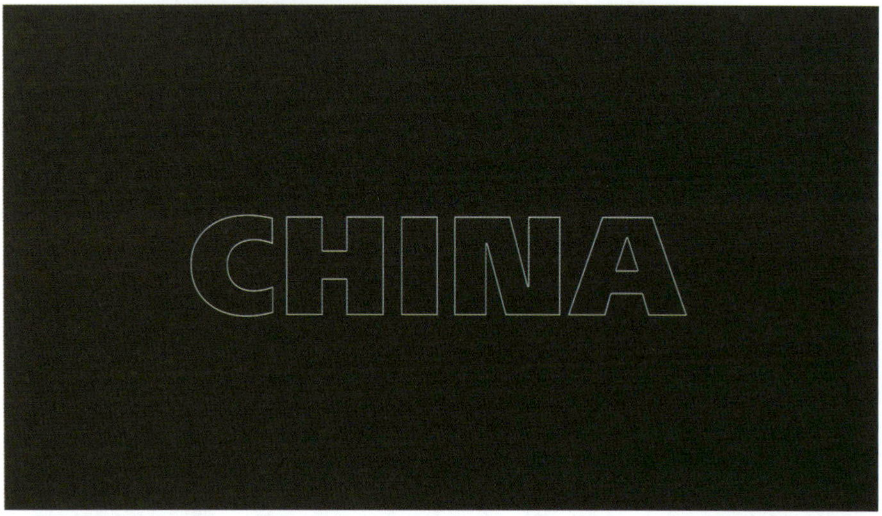

图 3-87

选择属性面板的"结束"属性,给文字制作路径关键帧动画。将时间线拖拽至第 1 帧的位置,按下"结束"前的码表,将结束的数值调整为 0%,将时间线拖拽至 2 秒的位置,将结束的数值调整为 100%。设置如图 3-88 所示。文字动画路径部分就完成了。预览效果如图 3-89、图 3-90 所示。

图 3-88

图 3-89

图 3-90

4. 给文字添加圆点跟随效果。可以给每个文字的路径线从开始到结束添加一个形状，让其产生“写出文字”的动画效果。

选择【矩形工具】，使用圆形绘制形状，将描边关掉，填充色可以选择一个较亮的颜色。将其放置在字母路径开始的位置，并将圆的中心点位移至小圆的中心位置，如图 3-91、图 3-92 所示。

图 3-91

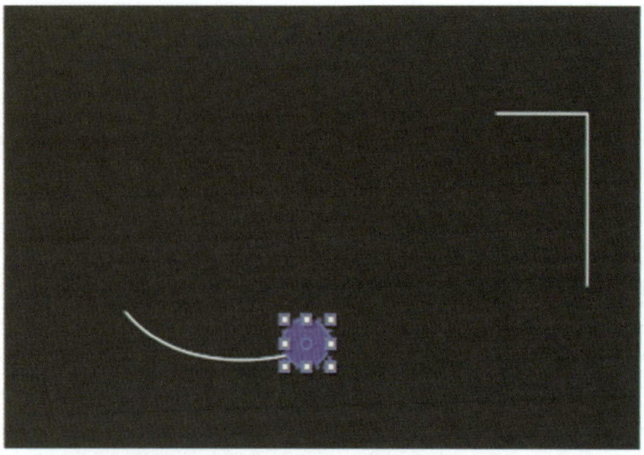

图 3-92

右键点击“形状图层 1”，重命名为第一个字母的名称“C”，这边我们有 5 个字母，所以还需要 4 个小圆点的图层，选中“C”形状图层，按快捷键【Ctrl＋D】4 次复制 4 个层，将其名称进行替换，将对应的圆点位移至其对应字母开始的地方，不同的字母可以赋予不同的颜色。操作如图 3-93 所示，效果如图 3-94 所示。

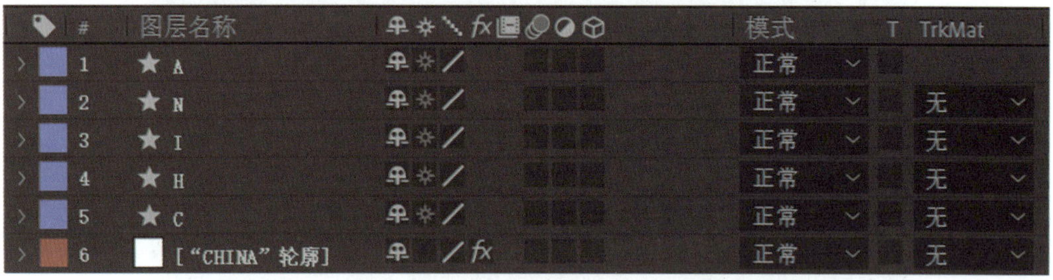

图 3-93

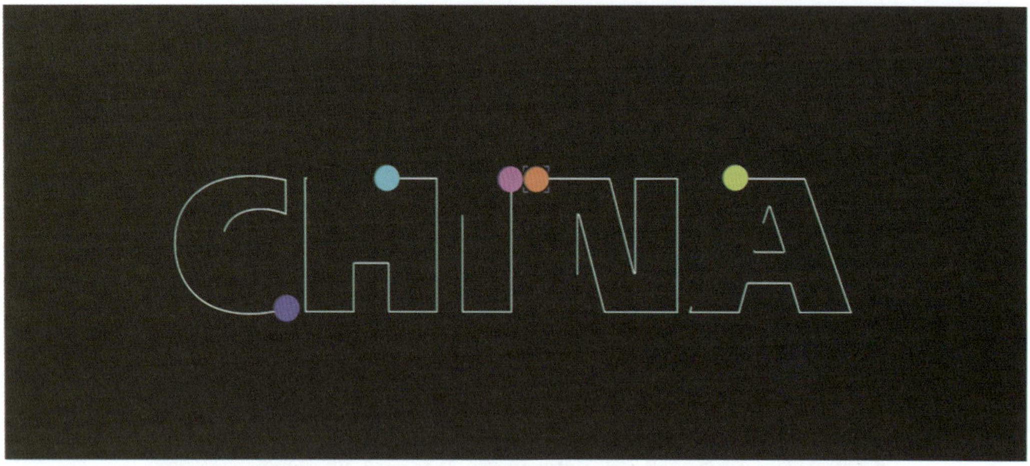

图 3-94

复制轮廓的路径属性至每个圆点的位置。选择“CHINA 轮廓”图层，打开字母“C”的蒙版，点击选择蒙版路径。按快捷键【Ctrl＋C】复制路径，找到其对应字母“C”的圆点，打开“C”圆点的位置，点击位置，按快捷键【Ctrl＋V】将路径位移复制给圆点。这时我们就实现了 C 的圆点随着 C 文字路径出现的动画。设置如图 3-95 所示，效果如图 3-96 所示。

需要注意的是，在给圆点粘贴路径时需要确保时间线在起始位置，否则会有延迟现象。

图 3-95

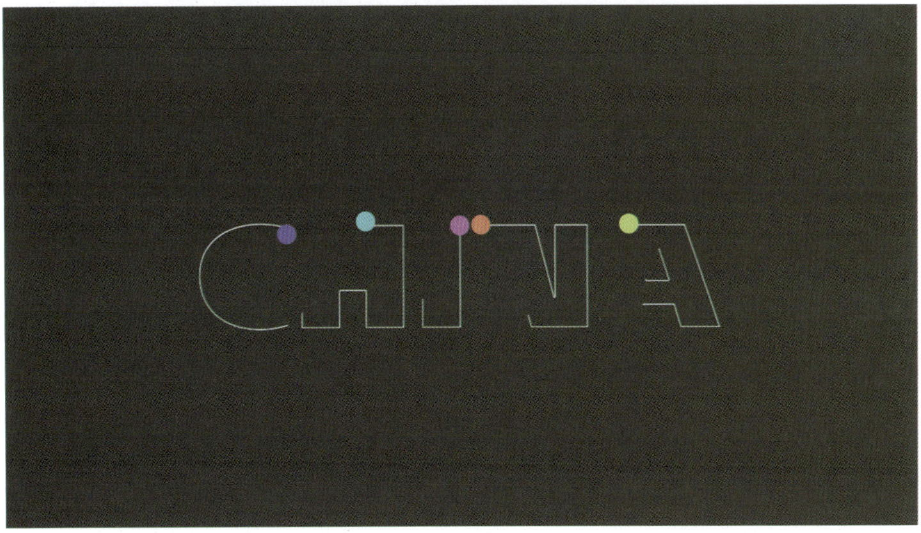

图 3-96

同理，选择字母“H”的蒙版路径。按快捷键【Ctrl+C】复制路径，找到其对应字母“H”的圆点，打开“H”圆点的位置，点击位置，按快捷键【Ctrl+V】将路径位移复制给圆点。其余字母的做法同上，操作如图 3-97 所示。

个别字母会生成 2 条内外路径线，可以选择一条路径线进行粘贴，或者将圆点的数量多复制一个，使画面更丰富。

所有字母做好之后效果如图 3-98、图 3-99、图 3-100 所示。

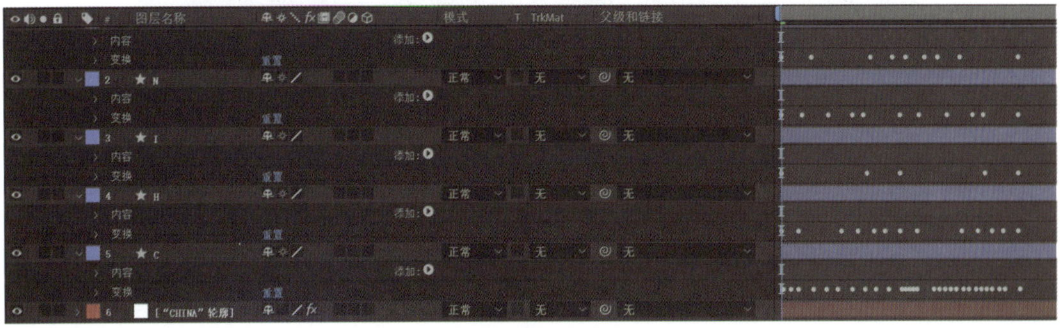

图 3-97

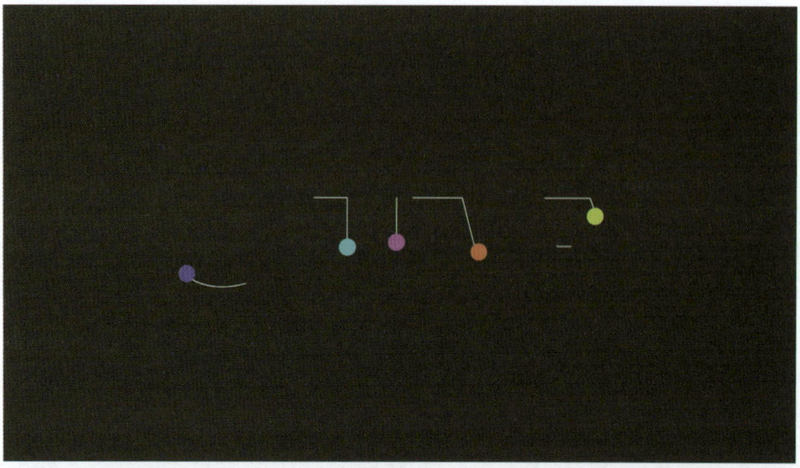

图 3-98

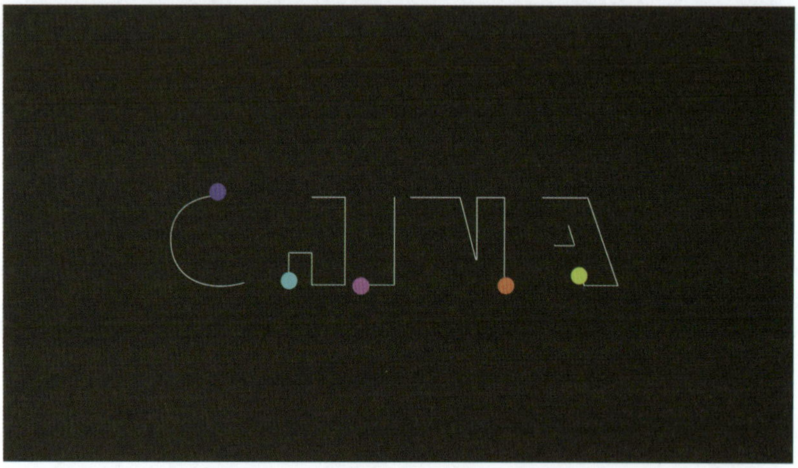

图 3-99

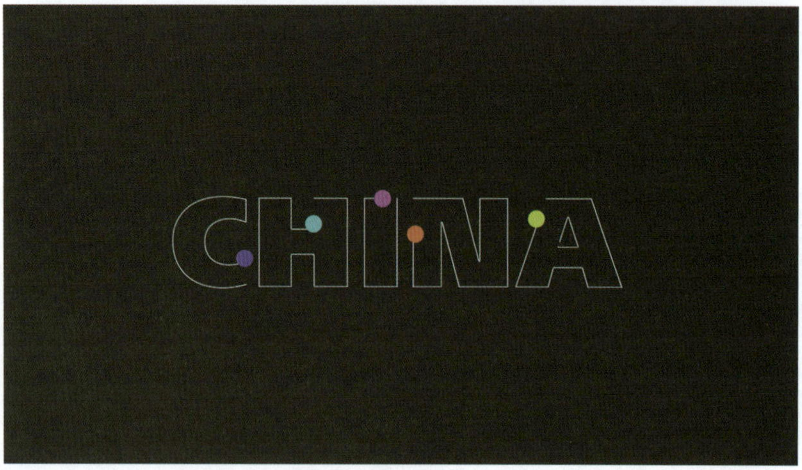

图 3-100

第 4 章　镜头跟踪稳定与三维空间合成

本章节主要学习 After Effects 镜头追踪与稳定两个设置。镜头追踪，简单的理解就是跟随，跟随摄影的移动来表现不同的效果。镜头稳定，即是针对所拍摄画面的一个稳定效果设置，对于画面中的一些抖动等现象进行后期技术处理。镜头追踪与镜头稳定在影视后期处理中应用相当广泛。

4.1　镜头单点追踪

单点追踪，就是只跟踪一个点区域，并且让系统自动记录画面中某一个点的运动轨迹，把记录下来的位置信息运用到其他图层之上，从而得到跟踪区域的位置移动数据。

1. 启动 After Effects 软件，选择菜单栏中的【文件>导入>文件】，选择所需要的素材文件。导入成功后将素材文件拖拽至时间轴面板中。或直接将素材文件拖拽至 AE 软件的项目面板中。

2. 点击菜单栏中的【动画>跟踪运动】，弹出跟踪器的属性面板，如图 4-1、图 4-2 所示。

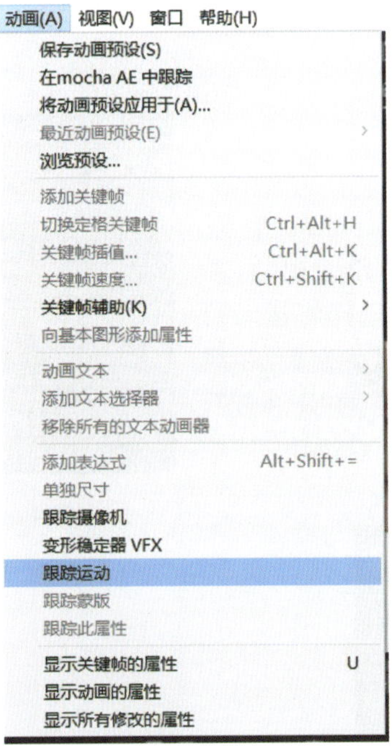

图 4-1

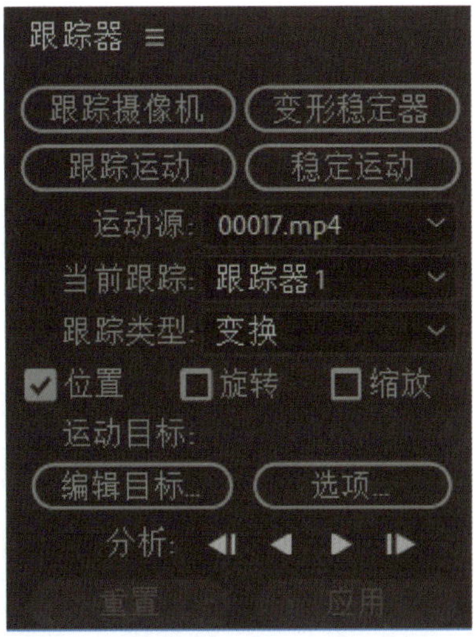

图 4-2

跟踪器属性面板中有 4 个功能：

(1)跟踪摄像机。多数用来作摄像机反求，求出视频或者非实拍视频素材的摄像机路径，再将创建的二维或者三维物体融合到这个视频里完美匹配。

(2)变形稳定器。手持设备或者摄影机架设不稳定等原因，可导致拍摄镜头晃动比较厉害。变形稳定器就用于稳定这些镜头。

(3)跟踪运动。跟踪捕捉视频素材里的某些特征点，以颜色反差较大跟踪点为主。

(4)稳定运动。稳定固定镜头的晃动(由于风或者其他干扰因素导致的镜头晃动)。

如果是一个跟踪点，操作时只需要勾选“位置”前的方框即可。此时合成面板中出现一个新图层，图层上出现一个跟踪框，跟踪框内的小框称为特征框，用来跟踪具有特征的点。稍大一些的外框称为搜索框，搜索框会确定和特征区有差异的区域的大小，软件会在其搜索范围内自动搜索特征点。外框设置越大，软件计算的数据就越多，相对来说速度就会越慢。需要注意的是，如果外框太小，可能搜索不到幅度过小的素材，所以外框的大小应当适宜，如图 4-3 所示。

3. 将跟踪点移动到视频素材的跟踪位置。实例视频素材为服装制版视频，需要跟踪的点是铅笔的运动，对制图过程进行描绘。将跟踪点移动到笔尖的位置，在运动跟踪点时，会自动将画面放大到 400%以便跟踪(在跟踪点设置之前一定要将视频的位置拖至画面的第一帧来进行追踪)。点拖动到指定位置之后，点击跟踪器的【向前分析】按钮，软件会自动跟踪画面中的追踪点，并且生成跟踪路径线，如图 4-4、图 4-5 所示。

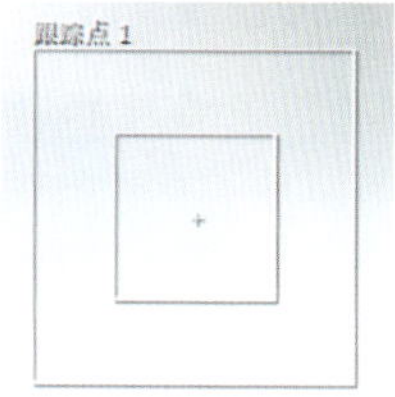

图 4-3

图 4-4

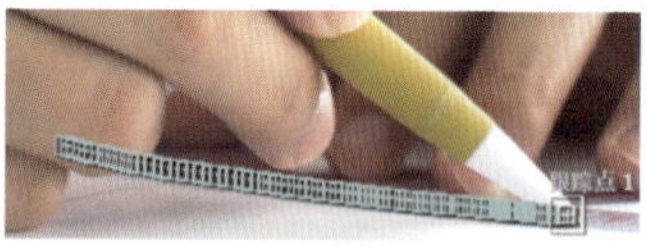

图 4-5

4. 回到合成面板，选择菜单栏【文字工具】T 新建文字层，输入文字“制版画图”。

5. 新建运动图层。选择【图层＞新建＞空对象】，右键将“空 1”图层重命名为“运动图层”。再次回到跟踪图层，选中跟踪视频，在右侧跟踪器属性栏选择“编辑目标”，如图 4-6 所示。选择将运动目标应用于运动图层，即刚刚建立好的空对象图层，点击【确定】。在属性面板中点击【应用】，如图 4-7 所示，应用选项选择默认的“X 和 Y”，再次确定，此时预览效果，运动图层正在跟随选中的跟踪点运动。

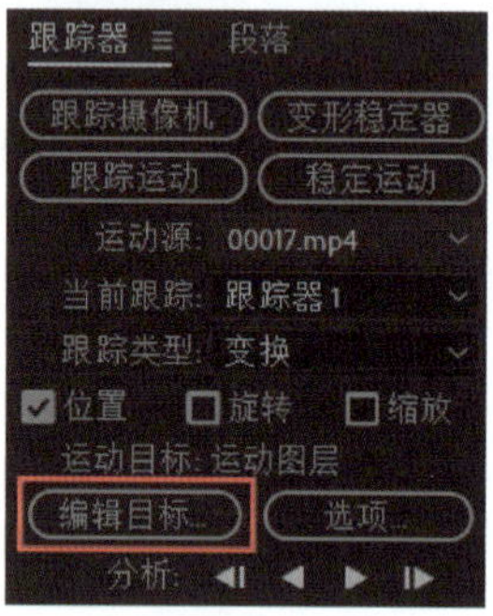

图 4-6

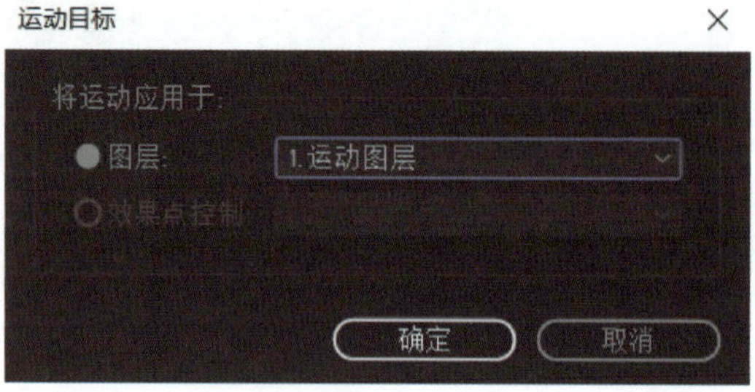

图 4-7

6. 最后一步，将制版画图文字层的父子链接拉向运动图层，这样，设计好的文字就跟随使用的笔尖一起运动了，单点跟踪的效果完成，如图 4-8、图 4-9 所示。完成之后的文字层也可随意设置文字属性与跟踪点的位置关系。在后期的练习中可以尝试使用图片、文字以及多个跟随同时进行，方法同上。

图 4-8

图 4-9

4.2　镜头两点追踪

两点追踪，即跟踪两个点的区域，由两个点构成一条直线，用直线进行追踪。两点追踪比一点追踪更为准确，从线的角度变化就可以得到追踪区域的旋转数。另外，从两点距离变化，我们可以得到跟踪区域的缩放数据，使跟踪更立体化，画面跟踪的透视也会更加准确。以下是两点追踪实例。

1. 启动 After Effects 软件，选择菜单栏中的【文件>导入>文件】，选择所需要的素材文件“两点跟踪素材 1”，导入成功后将素材文件拖拽至时间轴面板中。

2. 打开跟踪器面板，点击“跟踪运动”，图层窗口面板即出现一个跟踪点，勾选跟踪器属性面板中“旋转”与“缩放”前的方框，画面出现两个跟踪点，如图 4-10、图 4-11 所示。

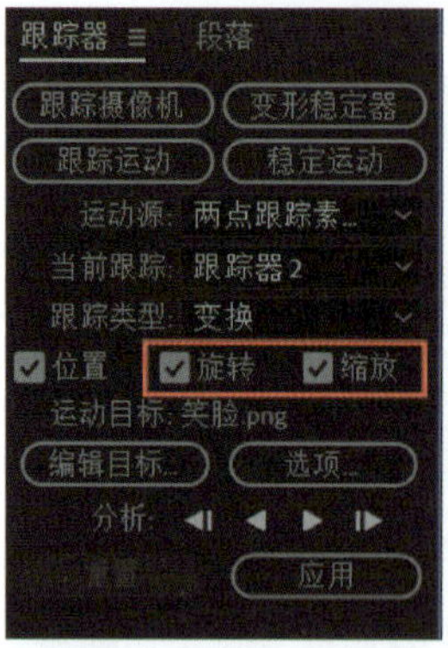

图 4-10

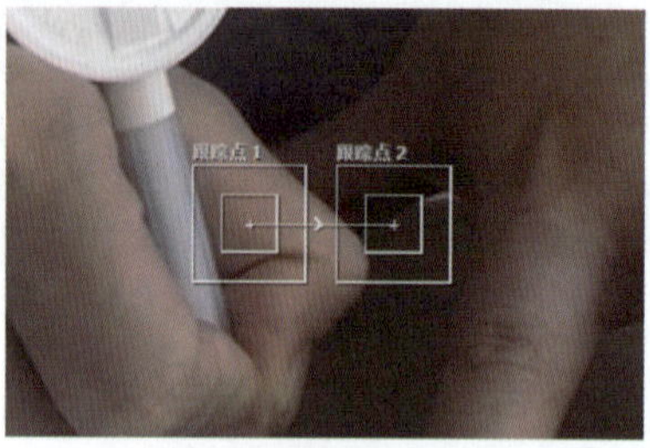

图 4-11

3. 使用移动选取工具，将两个跟踪点调整至圆片的左右两侧颜色区分较为明显的区域，设置如图 4-12 所示。点击跟踪器属性面板中的【向前分析】按钮，让计算机计算其运动轨迹，计算完成的运动轨迹如图 4-13 所示。

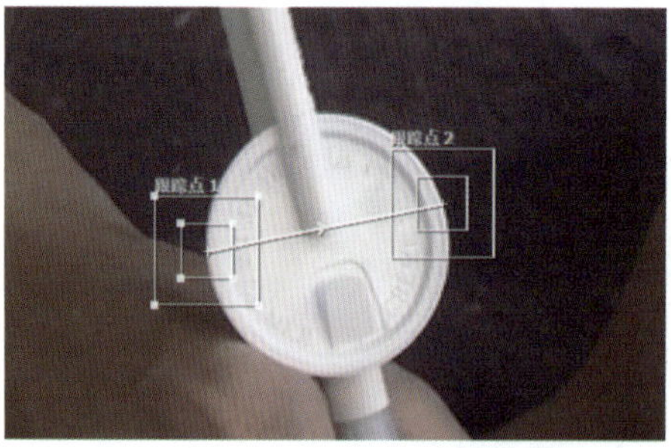

图 4-12

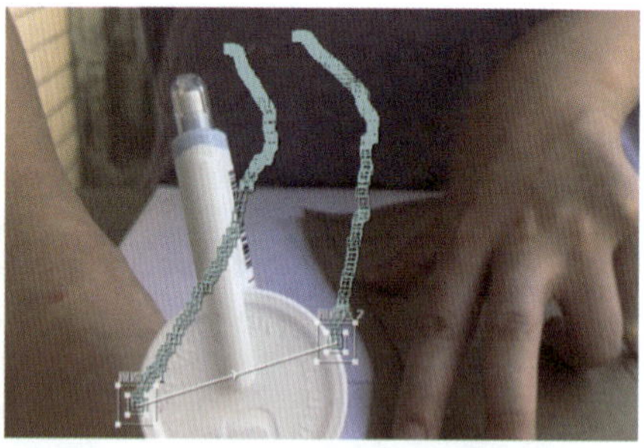

图 4-13

4. 新建运动图层。执行【图层>新建>空对象】命令，出现“空 1”图层，即运动图层。点击回到跟踪图层，选中跟踪视频，在右侧跟踪器属性栏选择“编辑目标”，如图 4-14 所示。选择将运动目标应用于“空 1”图层(即刚刚建立的空对象图层)，点击【确定】。在属性面板中点击【应用】，如图 4-15 所示。应用维度选择默认的“X 和 Y”，再次【确定】，此时预览效果，“空 1”图层正在跟随选中的跟踪点运动，运动的过程中兼具大小与透视的变化。

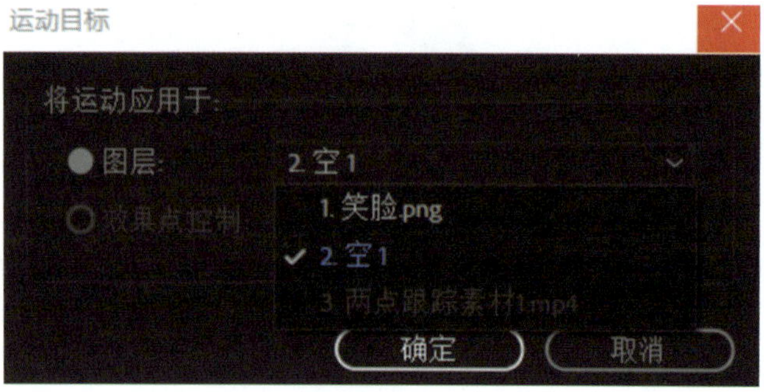

图 4-14

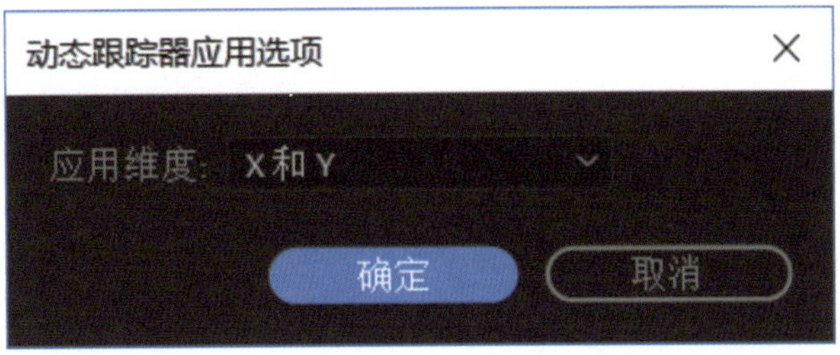

图 4-15

5. 将素材文件“笑脸”导入 AE 中。执行【文件＞导入＞文件】命令，将素材文件“笑脸”导入，并将“笑脸”图片拖入时间轴面板。将视频文件的时间轴拖拽至最开始的位置，选择“笑脸”，使图片与视频中的圆大小相匹配，如图 4-16 所示。打开“笑脸”图层前的下拉三角形，点击“变换”，选择“旋转”调整角度，将笑脸与笔杆的朝向调整一致，如图 4-17、图 4-18 所示。

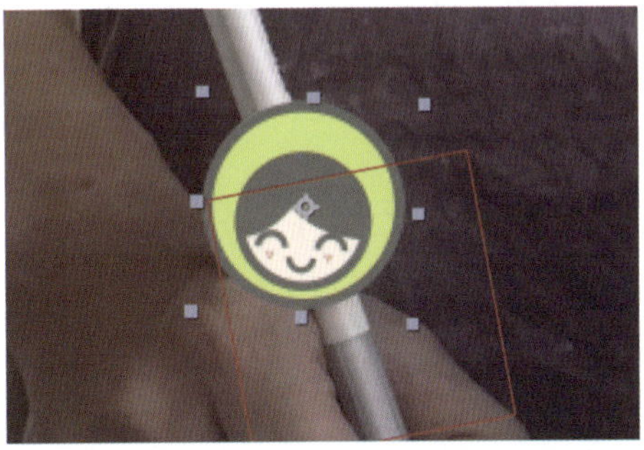

图 4-16

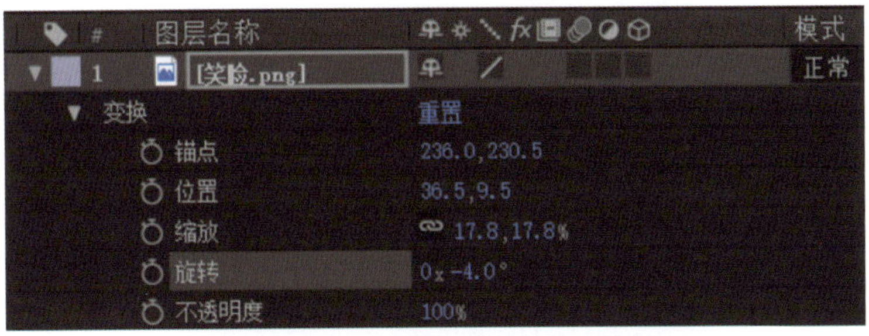

图 4-17

图 4-18

6. 将“笑脸”层的父子链接拉向“空 1”图层，这样，笑脸的图片就跟随笔杆的角度一起运动了，并且会自动调整好透视的角度与大小。

7. 选择菜单栏【文字工具】，输入文字“两点跟踪”，选择合适的大小与字体，放在自定义位置，同样将两点跟踪的父子链接拉向“空 1”图层，完成多个物体的跟随运动，文字也会随着物体越来越近而有一定大小的变化，如图 4-19、图 4-20 所示。至此，两点跟踪的实例就完成了。

图 4-19

图 4-20

4.3　镜头四点追踪

四点追踪就是跟踪 4 个点区域。由于 4 个点可以更好地表现屏幕的透视关系，所以经常用四点追踪来做显示器等屏幕的跟踪特效。

1. 启动 After Effects 软件，执行菜单栏【文件>导入>文件】命令，选择所需要的素材文件“四点跟踪素材”，导入成功后将素材文件拖拽至时间轴面板中。

2. 打开跟踪器面板，方法如图 4-21、图 4-22 所示。

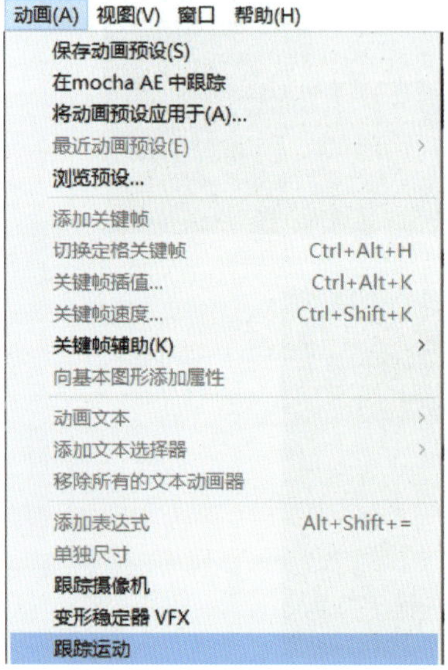

图 4-21

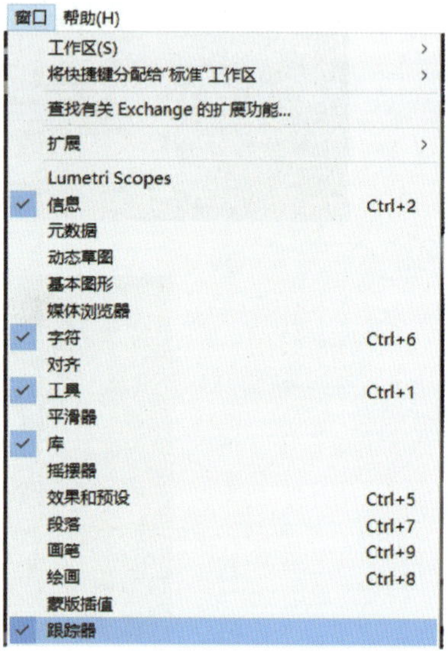

图 4-22

3. 选中“四点跟踪素材”图层，点击“跟踪运动”，设置其属性。此时，运动源选择“四点跟踪素材”，当前跟踪选择“跟踪器 1”，跟踪类型选择“透视边角定位”。设置效果如图 4-23、图

4-24、图 4-25 所示。

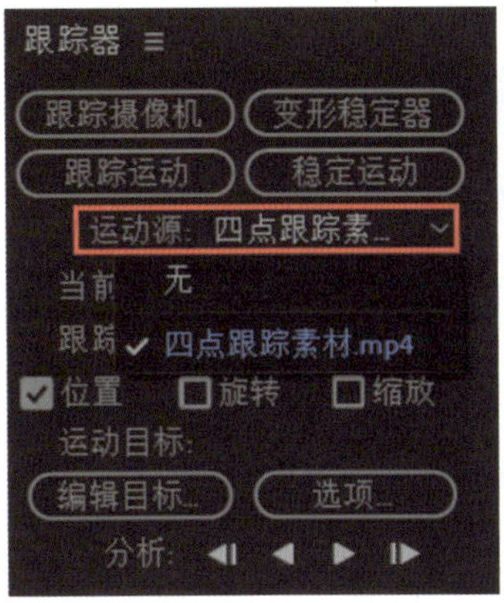

图 4-23

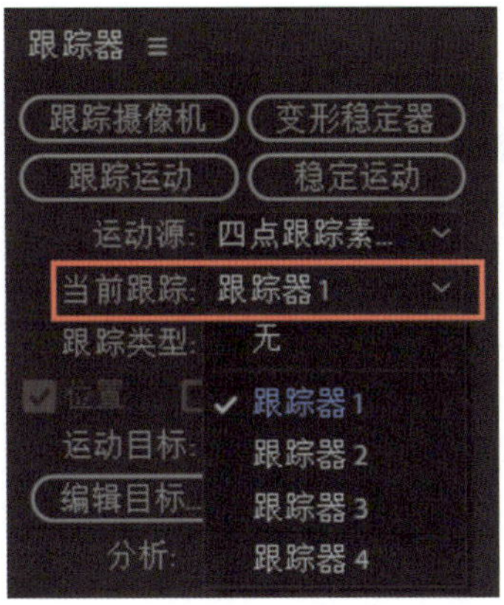

图 4-24

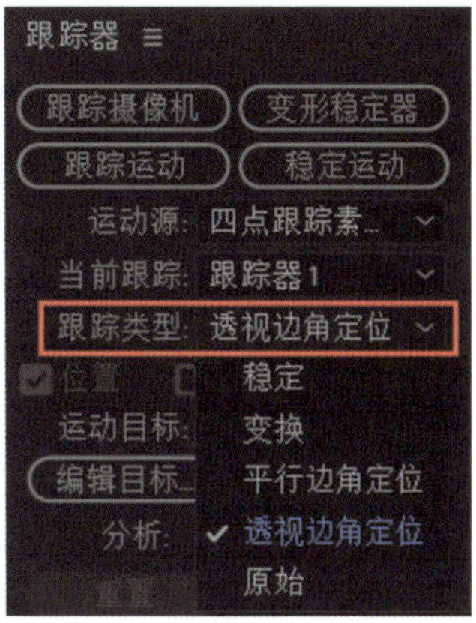

图 4-25

4. 此时，图层面板出现 4 个跟踪点，将视频的时间线拖至开始的地方，再分别将 4 个跟踪点对准画面中平板电脑的屏幕边框，效果如图 4-26 所示。

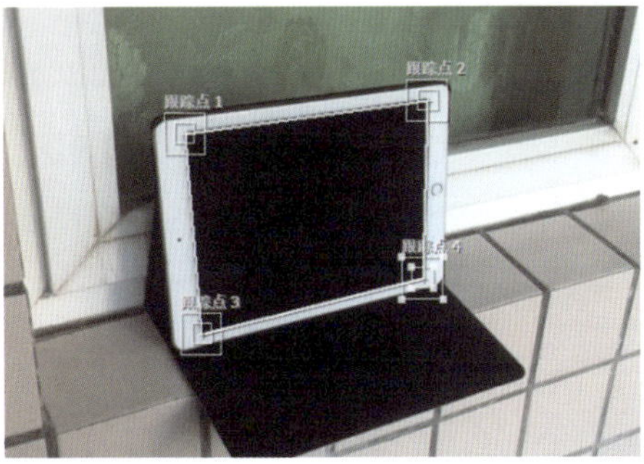

图 4-26

5. 点击跟踪器属性面板中的【向前分析】按钮，让计算机计算 4 个点位移的运动轨迹。计算完成的运动轨迹如图 4-27 所示。

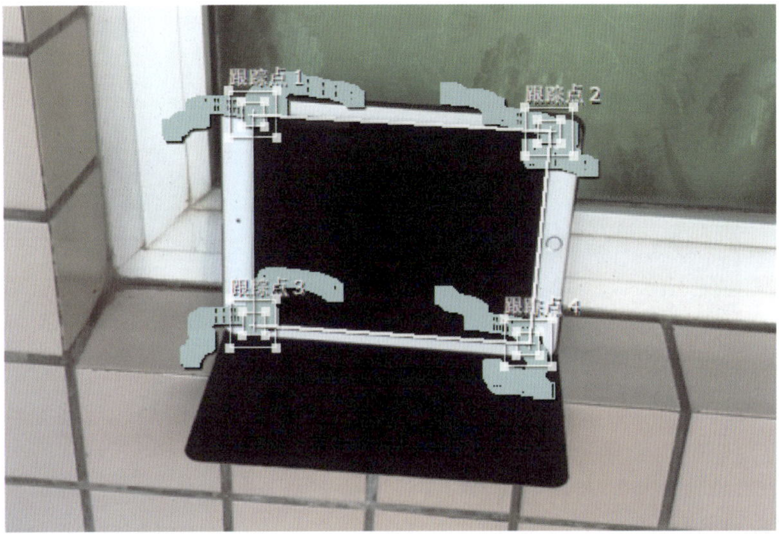

图 4-27

6. 将要替换的素材导入 AE 的项目面板中，再拖拽至时间线窗口，此时所展示的画面会出现画中画的现象，如图 4-28 所示。

图 4-28

7. 将替换画面放置到平板电脑所在的屏幕中。鼠标选中时间线窗口的“四点跟踪素材”，在合成窗口面板选择“图层”，点击跟踪器属性面板中的“编辑目标”编辑目标，“将运动应用于图层”的设置选择图层“四点跟踪 替换素材”并且【确定】替换，最后点击跟踪器属性面板中的【应用】按钮，如图 4-29 所示。切记在确定之后要点击【应用】按钮，图层才能实现替换。

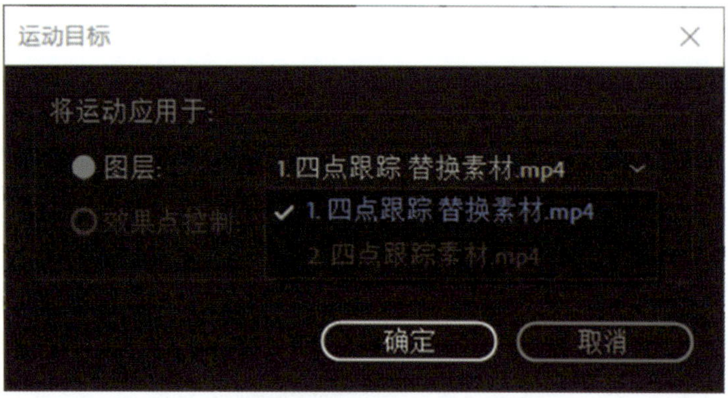

图 4-29

此时就会发现，在项目面板中多了一项效果控件面板，其实四点跟踪就是给视频素材多添加了 4 个边角定位的效果。

8. 要为替换的视频做一些仿真处理，可以尝试对替换视频边缘的地方进行一些虚化和模糊。执行【效果>模糊和锐化>通道模糊】命令，将通道模糊的“Alpha 模糊度”改为 3，设置与效果如图 4-30、图 4-31、图 4-32 所示。这样处理后，视频边缘有一定的虚化、模糊和阴影，可以让视频在平板电脑上显示得更为真实。

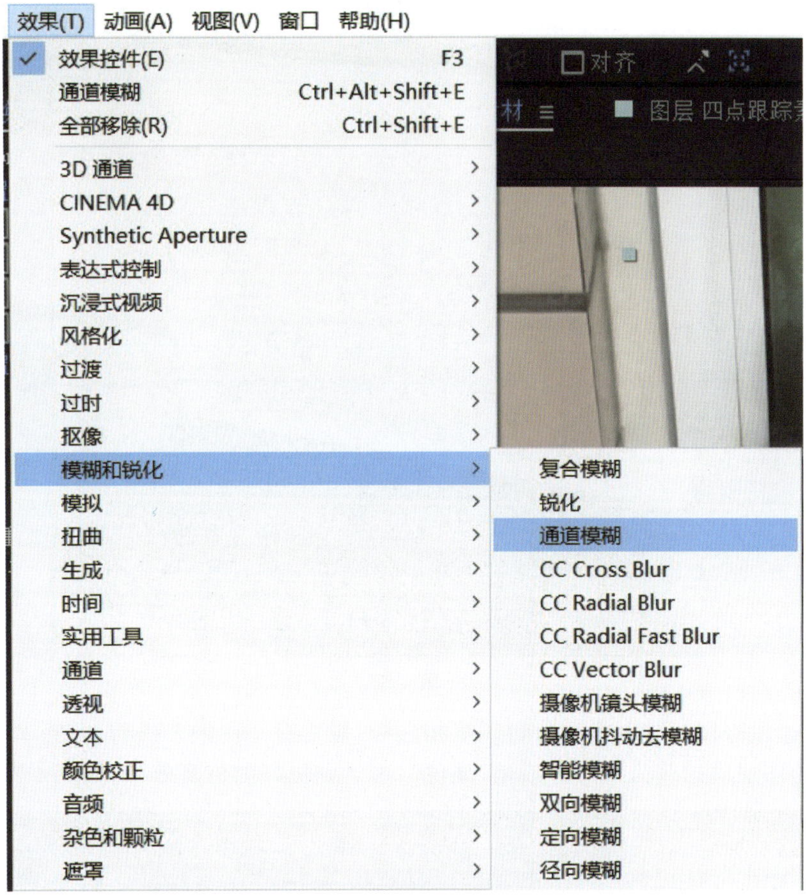

图 4-30

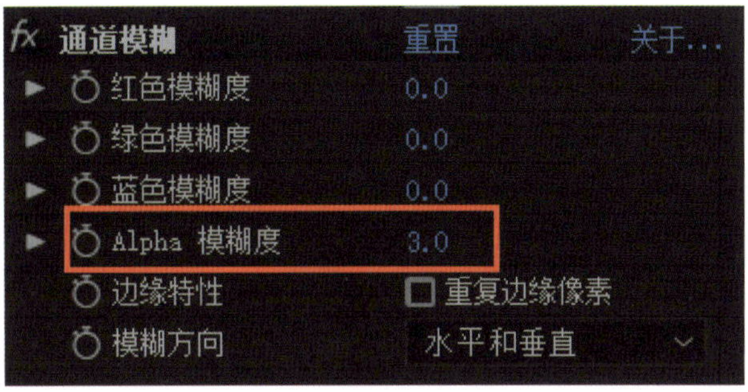

图 4-31

图 4-32

9. 为了让跟踪视频与电子屏幕和环境相融合，需要对一些细节进行调节。将“四点跟踪替换素材”的图层模式改为“屏幕”或是“插值”，可达到更好的仿真效果，如图 4-33 所示。

图 4-33

此时，四点追踪的效果案例就完成了，可用同样的方法尝试替换不同的屏幕操作。

4.4 镜头稳定设置

在日常拍摄过程中，拍摄者处于运动状态、手持拍摄的摄影机或是摄影机架设不稳定，都会出现拍摄画面抖动的现象。这些前期拍摄的问题在后期 AE 软件里都可以通过画面的稳定处理来解决。

本节以一段手机拍摄视频为例，来讲解 AE 的稳定设置。

1. 启动 After Effects 软件，执行【文件>导入>文件】命令，选择所需要的素材文件“稳定视频素材”，导入成功后将素材文件拖拽至时间轴面板中。

2. 使用变形稳定器来稳定画面，打开变形稳定器。方法一：执行【动画>变形稳定器】命令，打开跟踪器面板，如图 4-34 所示。方法二：执行【效果>扭曲>变形稳定器】命令，打开跟踪器面板，如图 4-35 所示。方法三：执行【窗口>跟踪器】命令，也可看到变形稳定器，如

图 4-36 所示。这里选择使用方法三，与之前所学的跟踪器处在一个属性面板中。

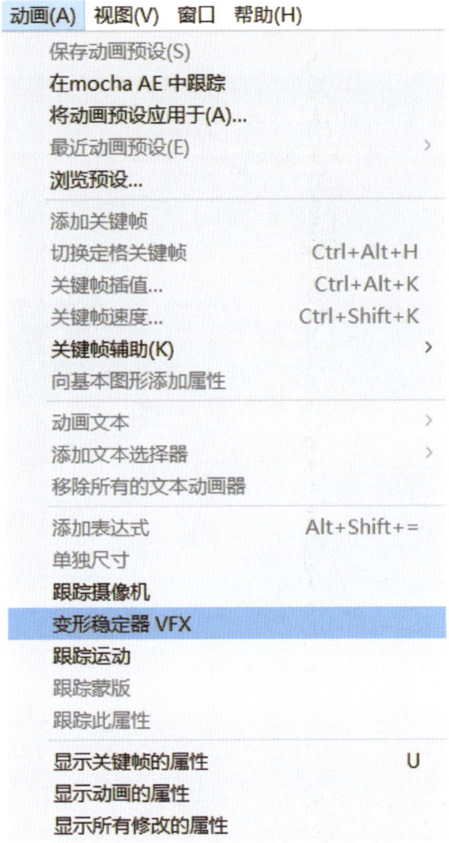

图 4-34

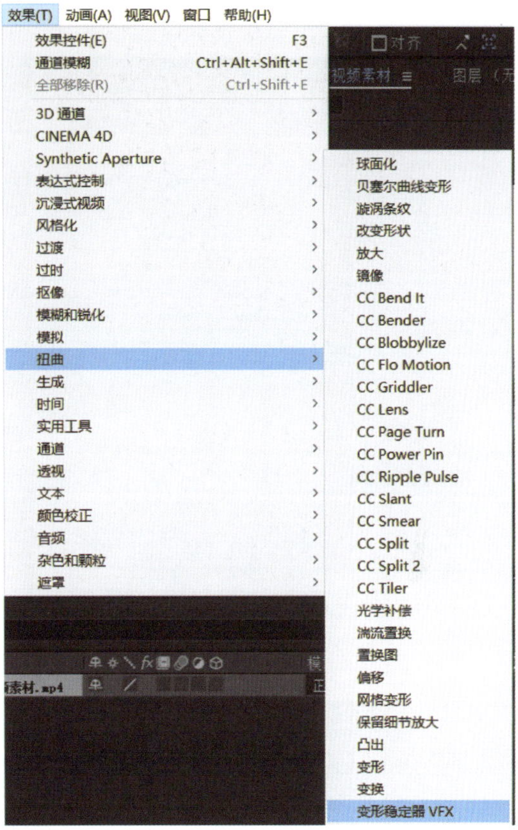

图 4-35

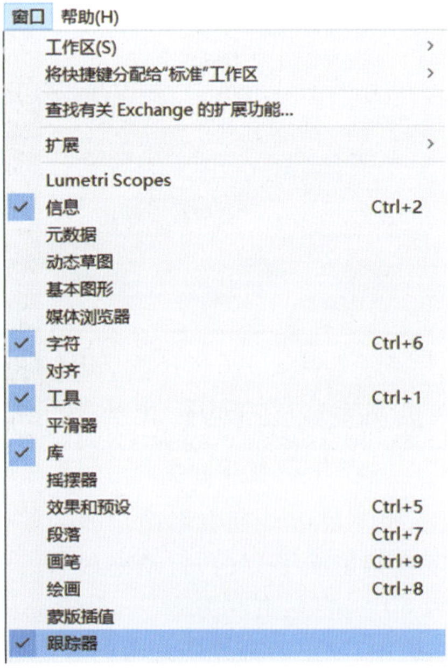

图 4-36

3.选中需要稳定的视频“稳定视频素材”，点击“变形稳定器”，计算机开始计算并稳定画面，计算稳定的速度与使用的视频大小有关。稳定完成后，画面提示“稳定”二字即完成了基本稳定，如图 4-37、图 4-38 所示。

图 4-37

图 4-38

4.稳定完成之后，在项目面板上可以看到变形稳定器的属性调节。在【稳定】设置栏可对“平滑度”进行调整。平滑度直接影响下方的“自动缩放”，一般来说，平滑度越高，画面缩小得越多。“平滑度”默认值为 50%，将其更改为 80%，设置如图 4-39 所示。此时画面上下已经缩小了一部分，如图 4-40 所示，绿色的部分即为画面缩小的部分。

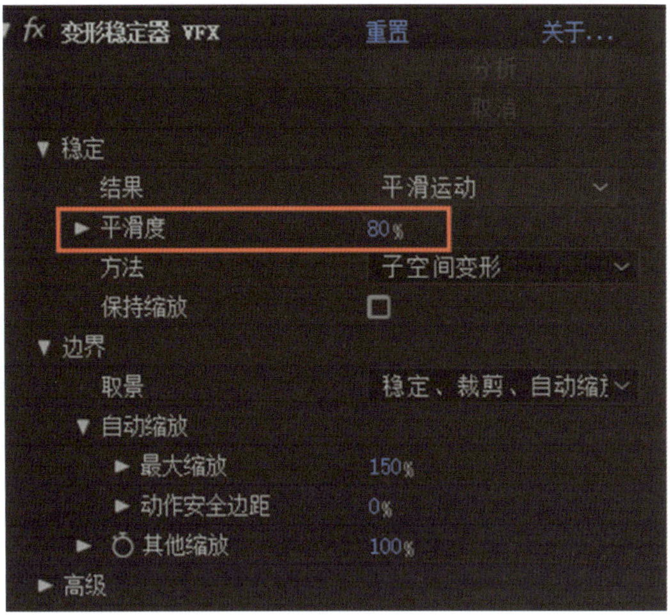

图 4-39

图 4-40

5.调节变形稳定器面板中的“自动缩放”使画面大于边框，避免绿色的出现。选择“最大缩放”，将默认值 150%改为 170%，如图 4-41 所示。此时画面已经填满背景面板，如图 4-42 所示。其余参数暂时不做修改。

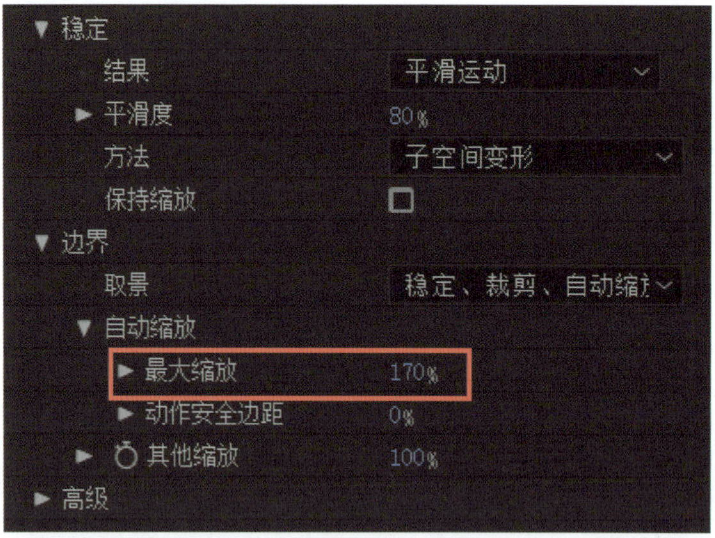

图 4-41

图 4-42

6. 打开高级参数面板，找到显示跟踪点，将其勾选，则可以看到画面中被跟踪的点，如图 4-43、图 4-44 所示。在稳定视频的过程中，如果有部分物体相对变化浮动较大且处于运动状态，比如移动的车、人和动物等，此时，可使用【移动选取工具】框选运动幅度不稳定的点，按下键盘的【Delete】键将跟踪删除。

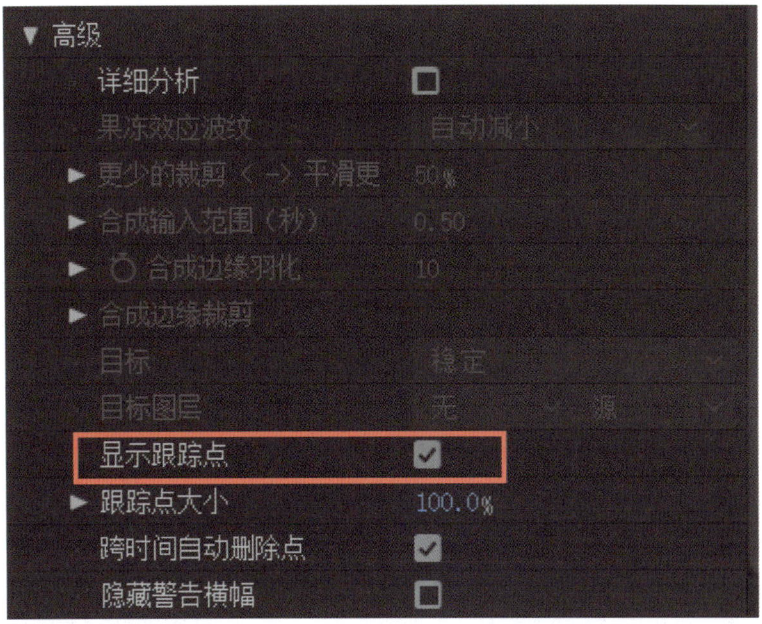

图 4-43

图 4-44

4.5　3D 图层的基本操作

1. 创建 3D 图层

执行【合成>新建合成】命令，新建一个图层。然后按快捷键【Ctrl+Y】，新建一个纯色图层。也可在合成窗口右击，选择新建一个纯色图层，如图 4-45 所示。设置颜色为橘色（方便观察坐标轴位置），然后缩小该图层到合适的大小，如图 4-46 所示。

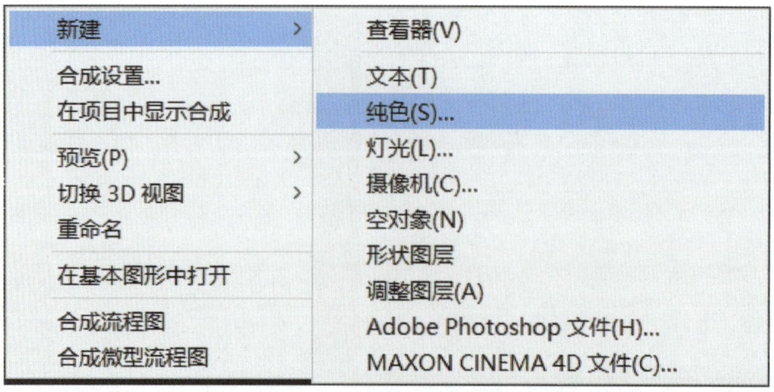

图 4-45

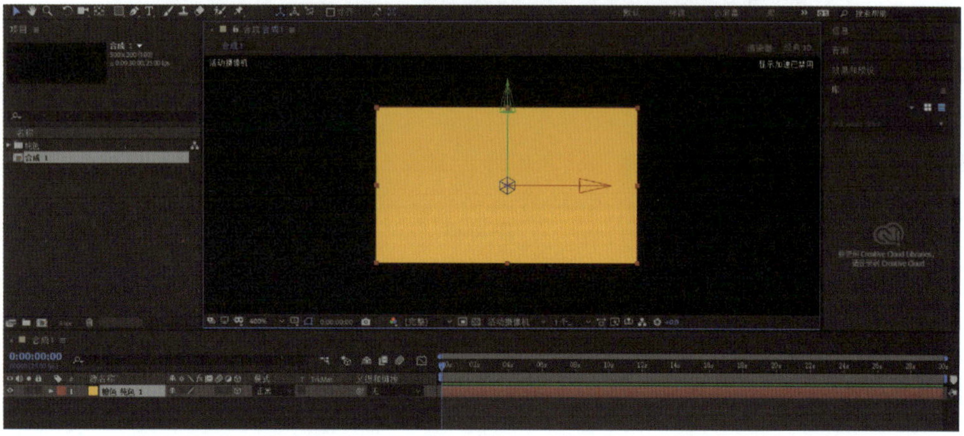

图 4-46

用鼠标单击时间轴面板中【3D 图层】按钮下对应的方框，方框内出现立方体图标，这时该图层就被转换成 3D 图层，如图 4-47 所示，也可以通过执行【图层>3D 图层】命令进行转换。

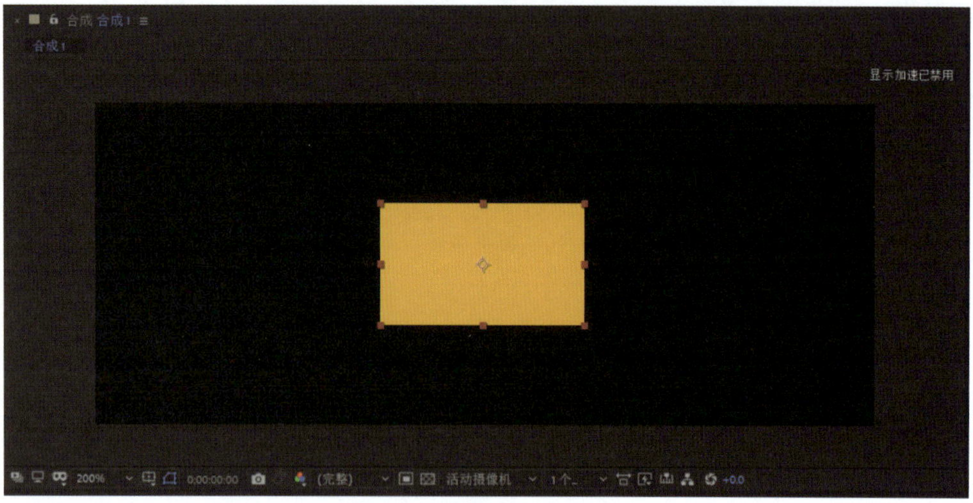

图 4-47

打开纯色图层的属性列表，会看到多出了许多属性，例如 Z 轴旋转、几何选项和材质选项。几何选项的右边【更改渲染器】中有 3 个渲染器，分别是经典 3D 渲染器、CINEMA 4D 渲染器和光线追踪 3D 渲染器。材质选项中包括投影、透光率、接受阴影、环境、漫射、镜面强度、镜面反光度和金属质感等参数设置，如图 4-48 所示。

图 4-48

使用【旋转工具】，在合成面板中旋转该图层，可以看到层的图像有了立体的效果，并出现了一个三维坐标控制器，红色箭头代表 X 轴（水平方向），绿色箭头代表 Y 轴（垂直方向），蓝色箭头代表 Z 轴（深度方向），如图 4-49 所示。

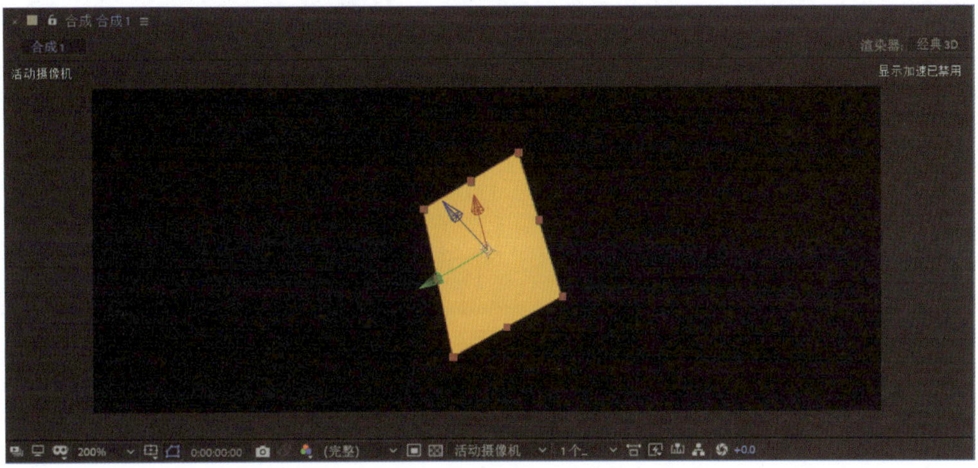

图 4-49

同时在信息面板中，也出现了 3D 图层的坐标信息，如图 4-50 所示。

如果在合成面板中没有看到坐标轴，可能是因为没有选择该层或软件没有显示控制器，执行【视图＞视图选项】命令，弹出【视图选项】对话框，勾选“手柄”选项，如图 4-51 所示。

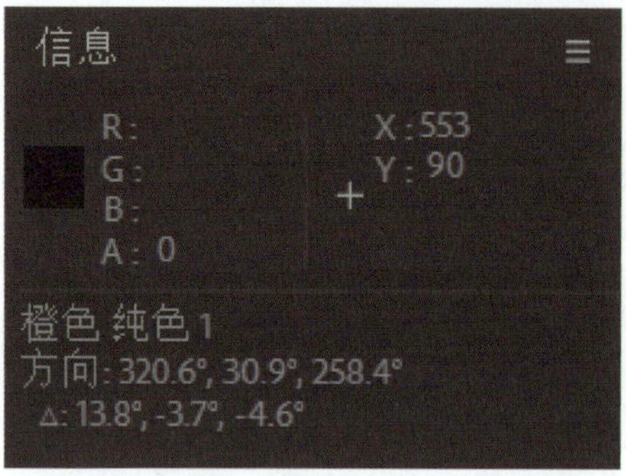

图 4-50

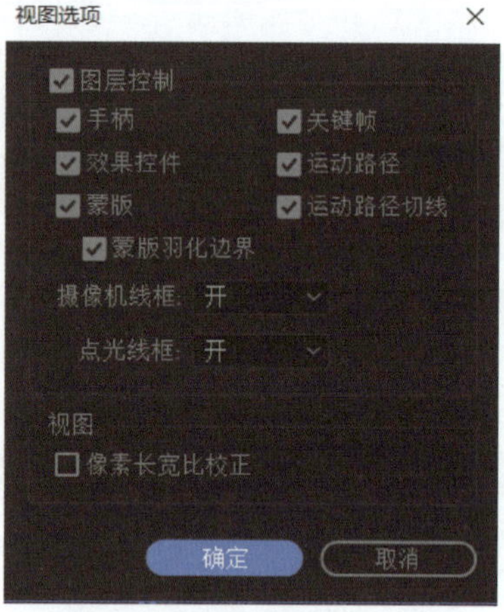

图 4-51

2. 基本操作

图层转换为 3D 图层之后，软件中都会出现一些三维属性的选项和参数，用来控制深度变化。当用户改变位置属性的数值时，层会沿着相应的坐标轴移动，同时在透视上也有相应的变化，如图 4-52 所示。也可以使用鼠标直接在合成面板中选中坐标轴移动。

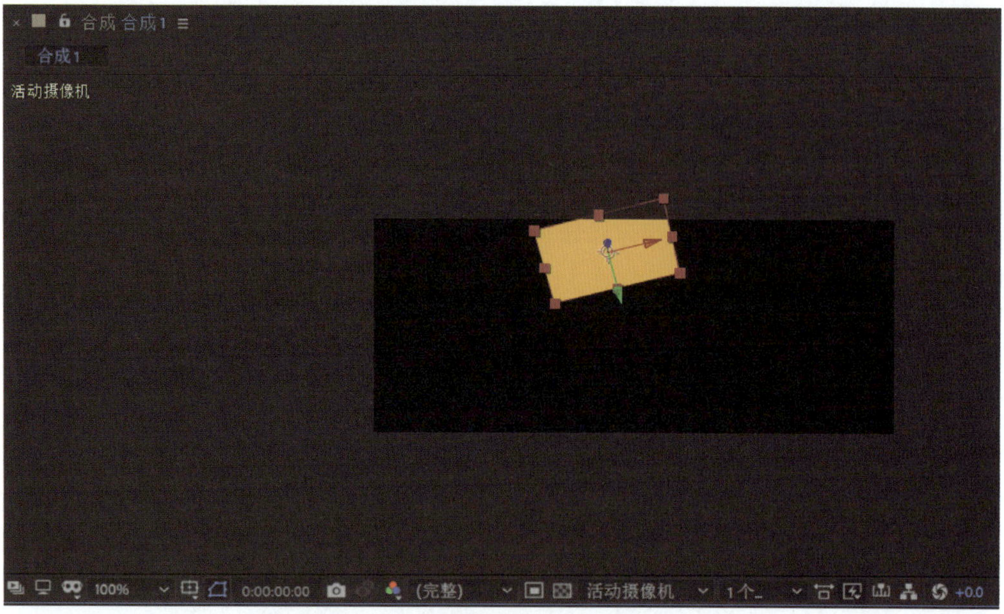

图 4-52

如果需要精确控制，可以通过改变相应属性的值来操作。时间轴面板中【方向】属性后的 3 个值分别控制着 X、Y、Z 轴的不同方向，如图 4-53 所示。

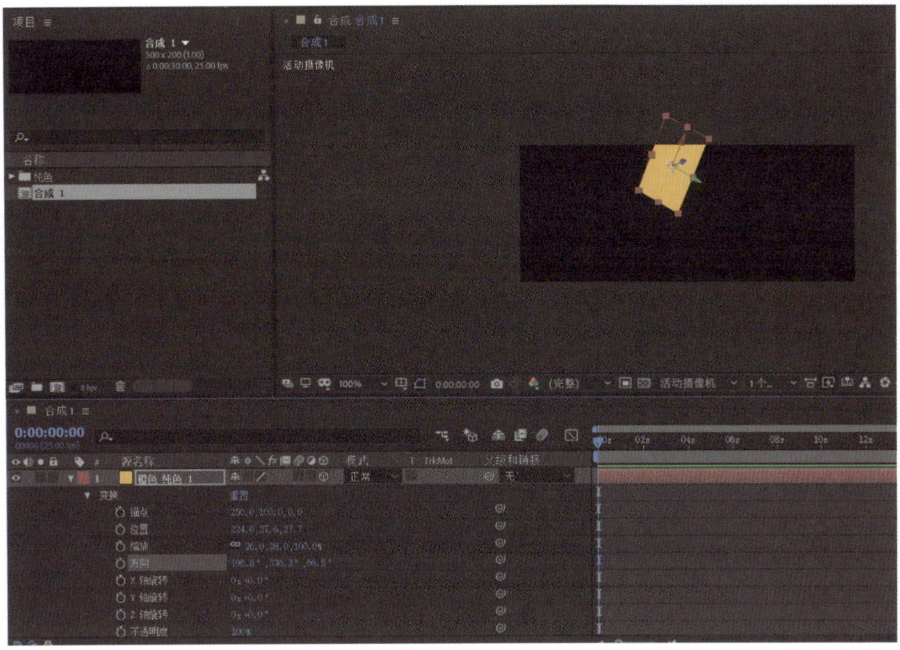

图 4-53

3. 观察 3D 图层

在 2D 图层模式下，图层会按照在时间轴面板中的顺序依次显示，也就是位置越靠前，在合成面板中就会越靠前显示。而在 3D 图层模式下，图层的前后取决于它在 3D 空间中的位置，如图 4-54 所示。

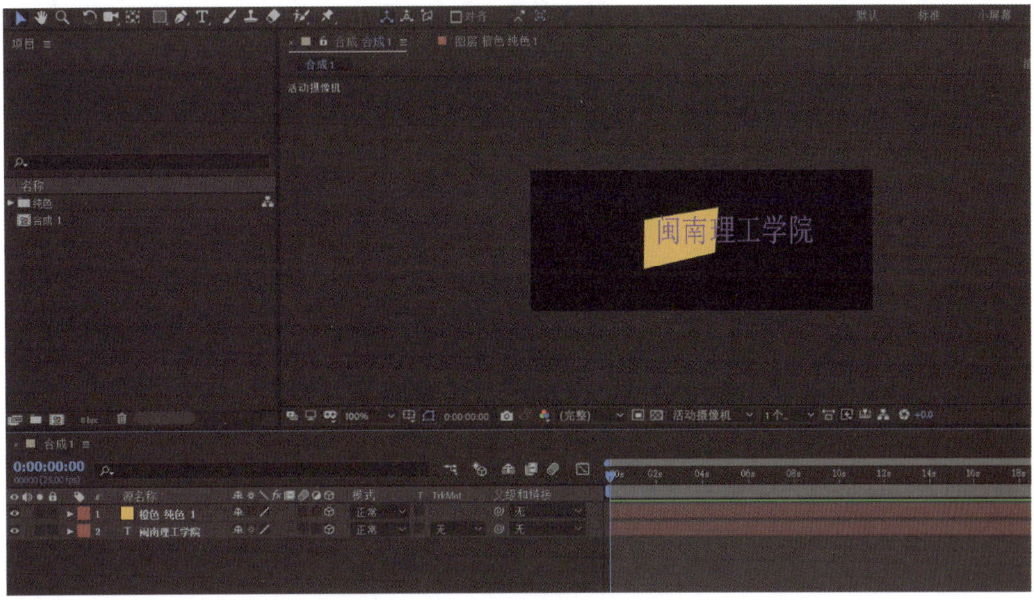

图 4-54

如果想要从不同的角度观察 3D 图层之间的关系，可以通过单击合成面板中 活动摄像机 按钮，默认选择的视图为“活动摄像机”，其他视图还包括摄像机视图的 6 种不同方位视图和 3 个自定义视图，如图 4-55 所示。

也可以在合成面板中同时打开 4 个视图，从不同的角度观察素材，单击合成面板中的【选择视图布局】1个 按钮，在弹出菜单中选择“四个视图”，如图 4-56 所示。

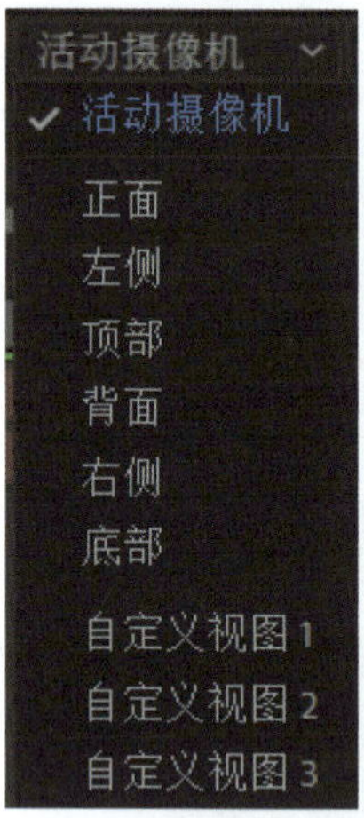

图 4-55

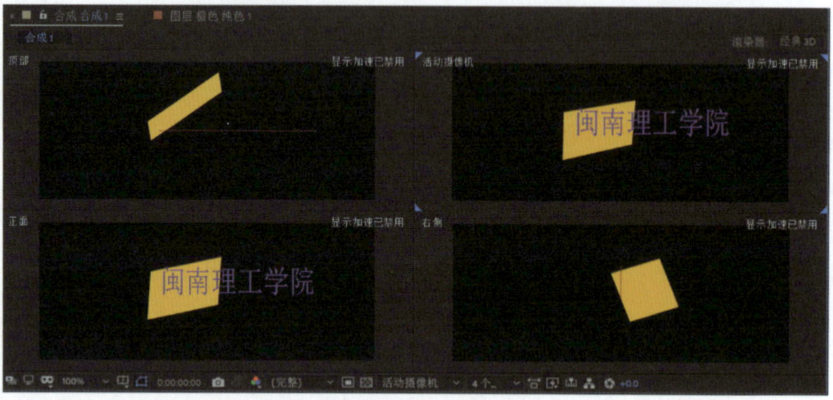

图 4-56

在合成面板中对图层实施移动或旋转等操作时，按住 Alt 键不放，图层在移动时会以线框的方式显示，以方便用户在操作之前进行画面的对比，如图 4-57 所示。按 Esc 键可以快速切换到上一次的视图。

图 4-57

4.6 摄像机的应用

摄像机主要用于观察不同的场景。用户创建一个项目以后，系统会自动建立一个摄像机，即活动摄像机。用户可以在场景中创建多个摄像机，为摄像机设置关键帧可以得到丰富的画面效果。

摄影机可以调节镜头的类型、焦距和景深等，After Effects CC 2018 提供了 9 种常见的摄像机镜头。下面介绍一些典型的镜头类型。

(1)15mm 广角镜头：镜头可视范围极大，但会使看到的物体被拉伸，产生透视上的变形，用这种镜头可以使画面变得很有张力，冲击力很强。

(2)200mm 鱼眼镜头：镜头可视范围极小，不会使看到的物体被拉伸。

(3)35mm 标准镜头：这是常用的标准镜头，和人们正常看到的图像是一致的。

其他的几种镜头都在 15mm～200mm。选用某一镜头，相应的参数也会改变。如图 4-58 所示，在【摄像机设置】对话框中，【视角】控制可视范围的大小，【胶片大小】指定胶片用于合成图像的尺寸面积，【焦距】则指定焦距长度。当一个摄像机在项目里被建立以后，可以在合成面板中调整摄像机的位置参数，可以在【信息】面板中看到摄像机的目标位置、机位等参数，如图 4-59 所示。

要调节这些参数，必须在另一个摄像机视图中进行。工具栏中的摄像机工具可以帮助用户调整视图角度，如图 4-60 所示。

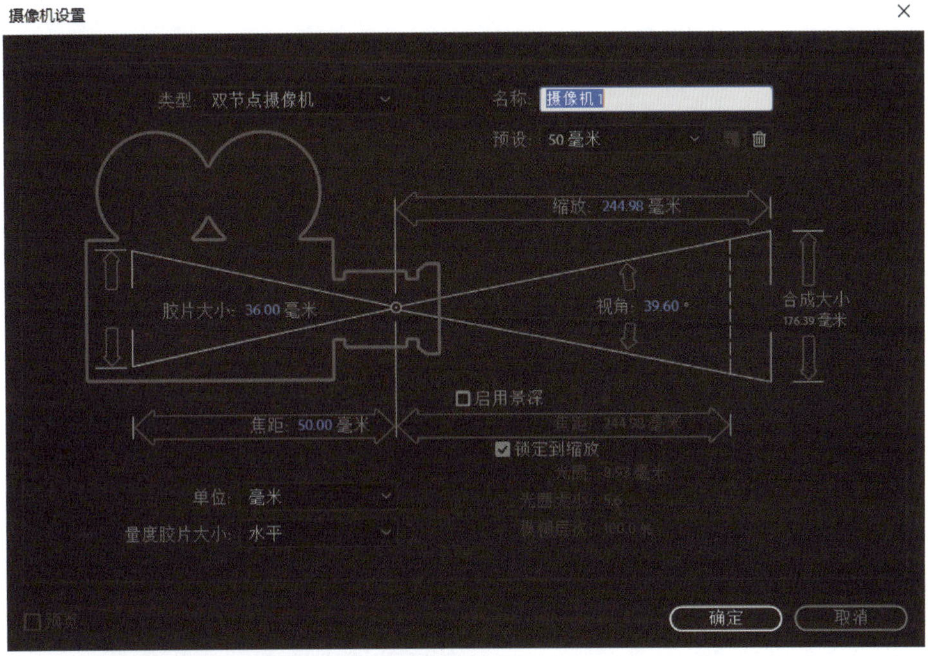

图 4-58

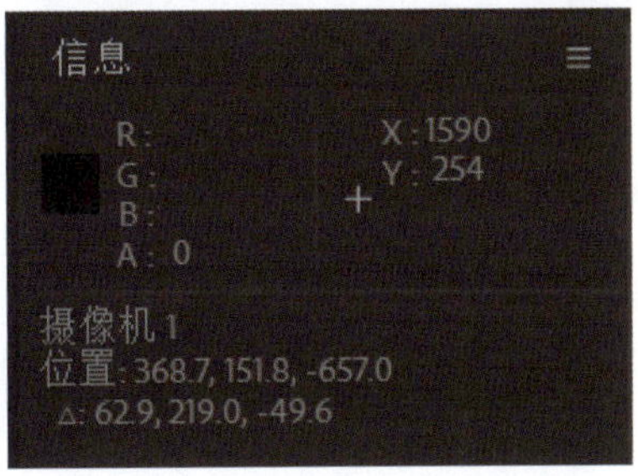

图 4-59

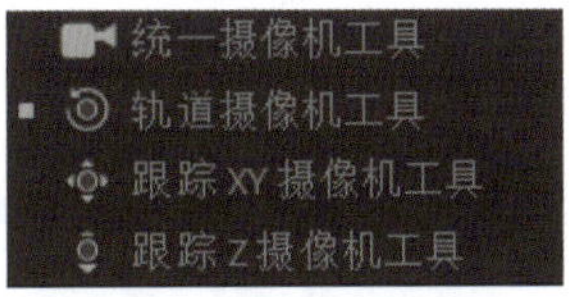

图 4-60

：“统一摄像机”可以配合鼠标键进行不同摄影机的切换。

“轨道摄像机”控制摄影机沿一个轨道运动。

“跟踪 XY 摄像机”水平或垂直移动摄像机视图。

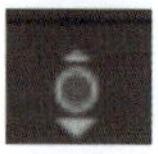“跟踪 Z 摄像机”缩放摄像机视图。

“摄像机选项”可以调节摄像机属性，如图 4-61 所示。

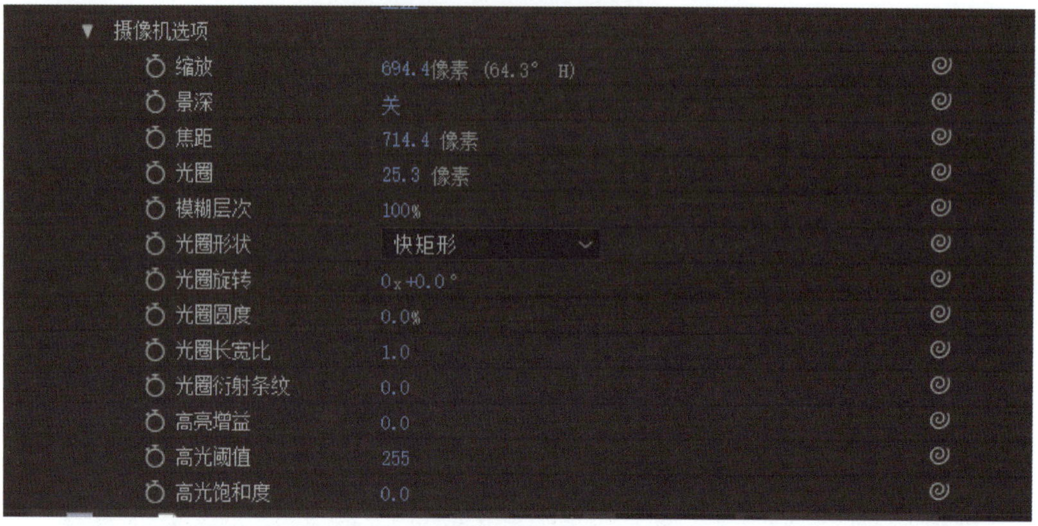

图 4-61

“缩放”控制摄像机镜头到镜头视线框间的距离。

“景深”控制是否开启摄像机的景深效果。

“焦距”控制镜头焦点位置。该属性模拟了镜头焦点处的模糊效果，位于焦点的物体在画面中显得清晰，周围的物体会根据焦点所在位置为半径进行模糊，如图 4-62、图 4-63 所示。

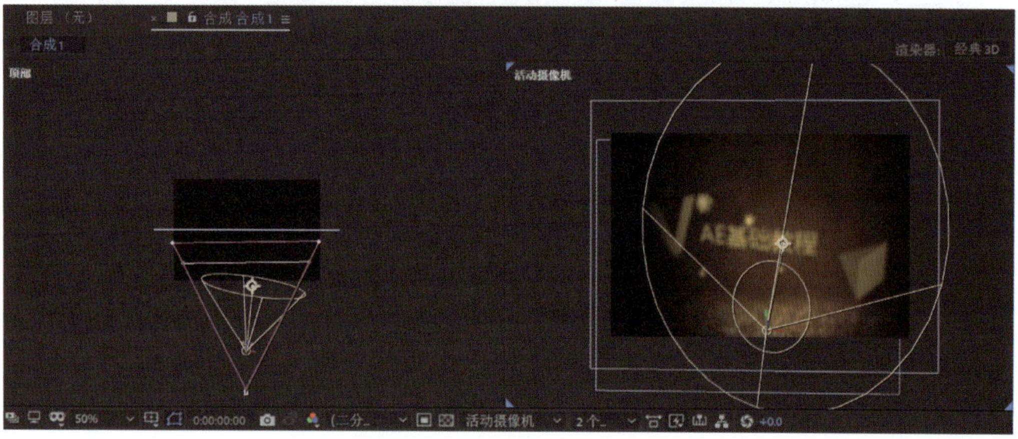

图 4-62

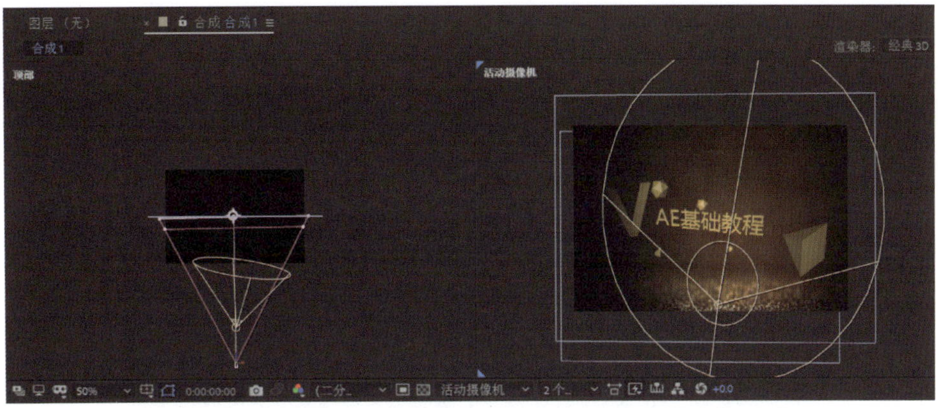

图 4-63

“光圈”控制快门尺寸。镜头快门越大，受焦距影响的像素点就越多，模糊范围就越大。

“模糊层次”控制聚焦效果的模糊程度。

“光圈形状”控制模拟光圈叶片的形状模式，由多边形组成，从三边到十边形。

“光圈旋转”控制光圈旋转的角度。

“光圈圆度”控制模拟光圈形成的圆滑程度。

“光圈长宽比”控制光圈图像的长宽比。

“光圈衍射条纹”“高亮增益”“高亮阈值”“高光饱和度”属性只有在“经典 3D”模式下才会显示，主要用于控制“经典 3D”渲染器中高光部分的细节。

值得注意的是，Adobe After Effects CC 2018 中的 3D 效果在实际制作中都是用来辅助三维软件的，也就是说大部分三维效果都是用三维软件生成的。Adobe After Effects CC 2018 中的 3D 效果多用来完成一些简单的三维效果，同时模拟真实的光线效果，丰富画面的元素，使影片效果更加生动逼真。

4.7　三维综合案例

4.7.1　案例一

首先在 Photoshop 中创建一个文字效果，在文字的表面做出一个样式效果，使其带有一定的金属质感，如图 4-64 所示。

图 4-64

启动 After Effects CC 2018，执行【合成>新建合成】命令，弹出【合成设置】对话框，创建一个新的合成面板，命名为“三维文字”，面板参数设置如图 4-65 所示。

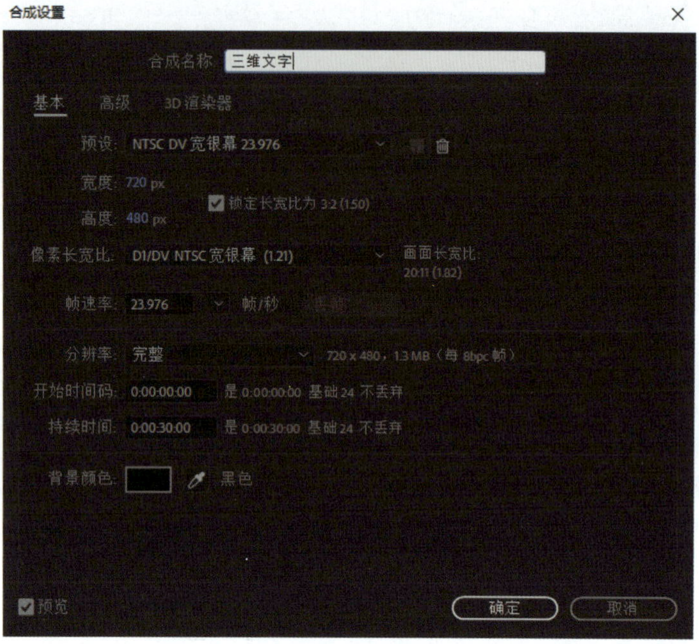

图 4-65

将 Photoshop 保存的图片导入 After Effects CC 2018 中，将图片拖入合成窗口中，在时间轴面板中，单击右键，选择【新建>纯色】命令，创建一个固态图层并命名为“背景”，如图 4-66 所示。

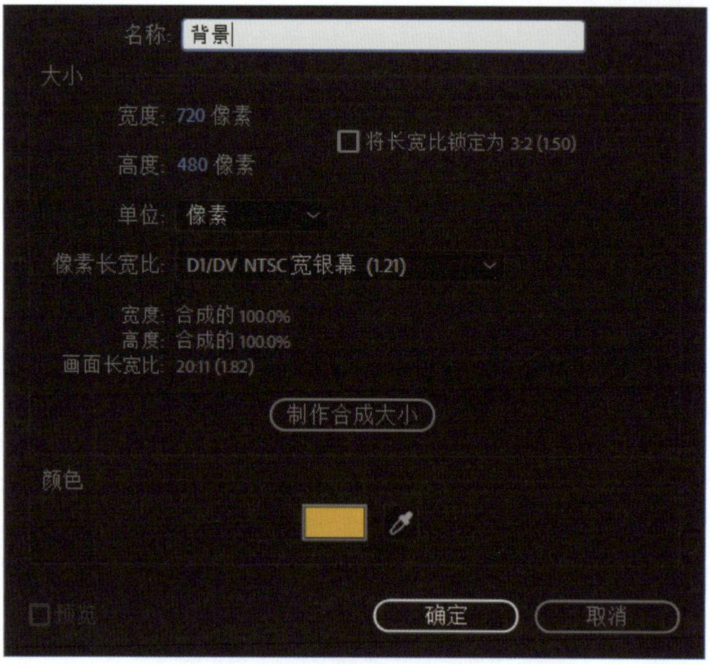

图 4-66

首先需要将文字图层转换为 3D 图层，将该图层的 3D 图标勾选即可，使用旋转工具操作该图层在三维空间中的位置，如图 4-67 所示。

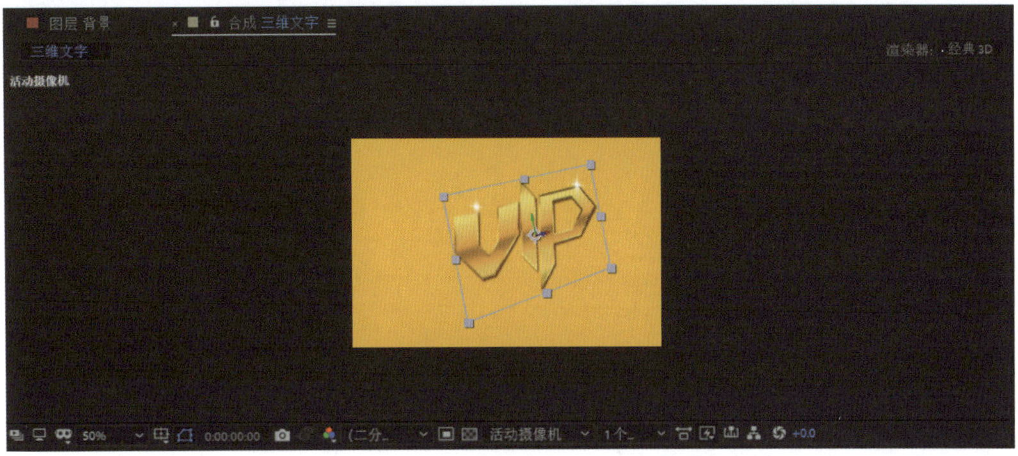

图 4-67

在时间轴面板中，选中文字图层，按下快捷键【Ctrl+D】复制该图层的【变换】属性，修改“位置”及“方向”参数，让文字在纵深轴的方向上有所移动，如图 4-68 所示。

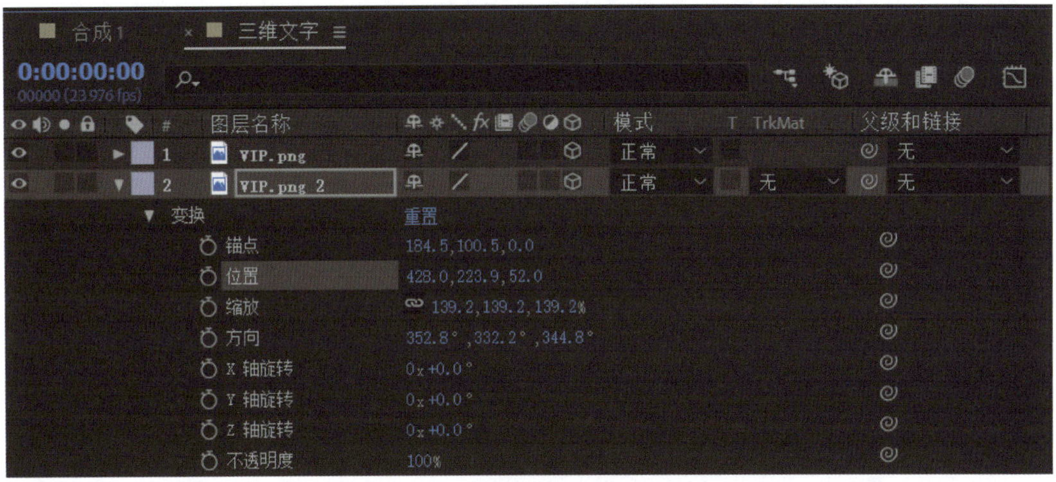

图 4-68

在时间轴面板中，单击右键，执行【新建>摄像机】命令（或【图层>新建>摄像机】命令），创建一个摄像机，如图 4-69 所示。

与其他图层不同，摄像机图层是通过独立的工具控制的，可以在工具栏找到这些工具。

在时间轴面板中，选中文字图层，展开复制图层的时间轴属性，选中“位置”选项，执行【动画>添加表达式】命令，为这个参数添加表达式，如图 4-70 所示。

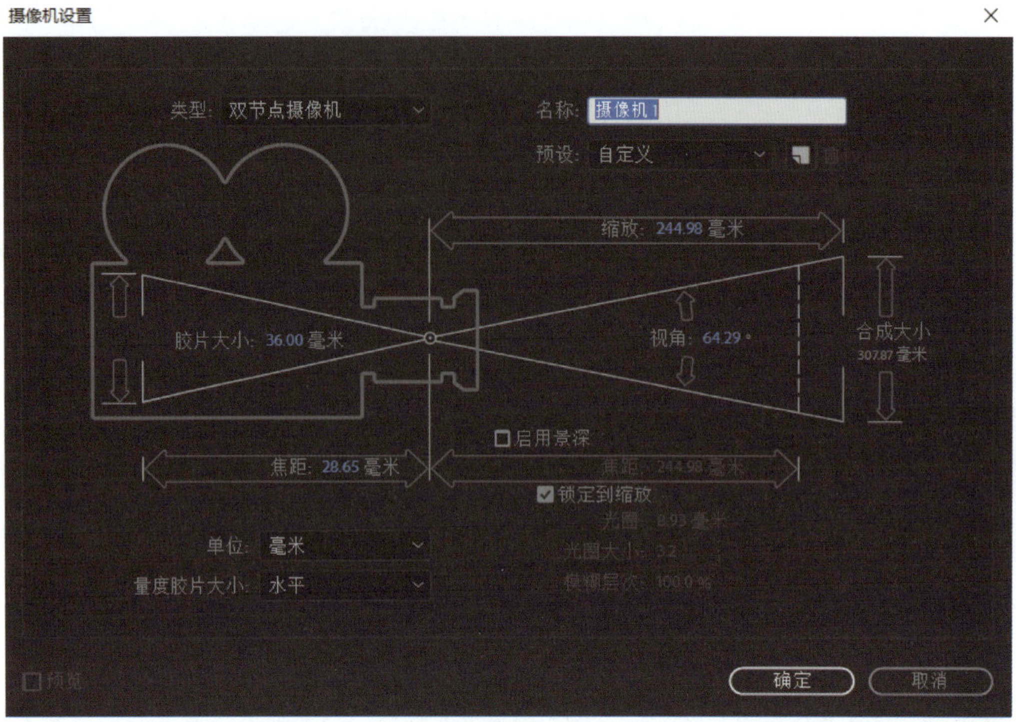

图 4-69

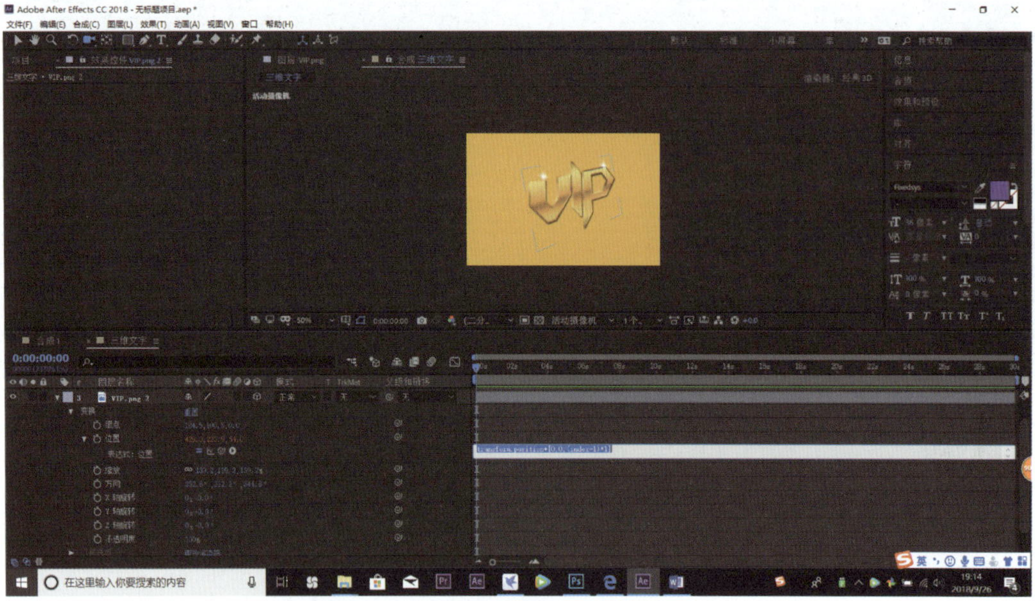

图 4-70

可以看到系统自动为参数设置了起始的语句，在后面的位置输入表达式“transform. position＋[0，0，(index－1）＊1]”。打开时间轴面板的“父级和链接”选项，如图 4-71 所示。

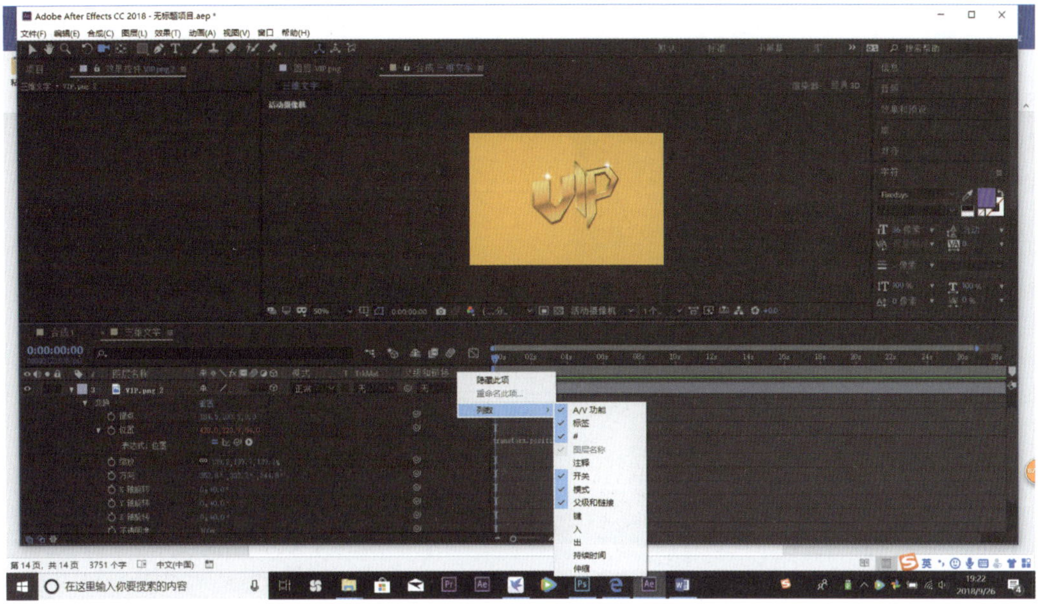

图 4-71

选中文字图层，按下快捷键【Ctrl＋D】复制该图层，选中下面的一个图层，按着“父级”面板上的螺旋图标，拖动图标到上一个文字图层，如图 4-72 所示。

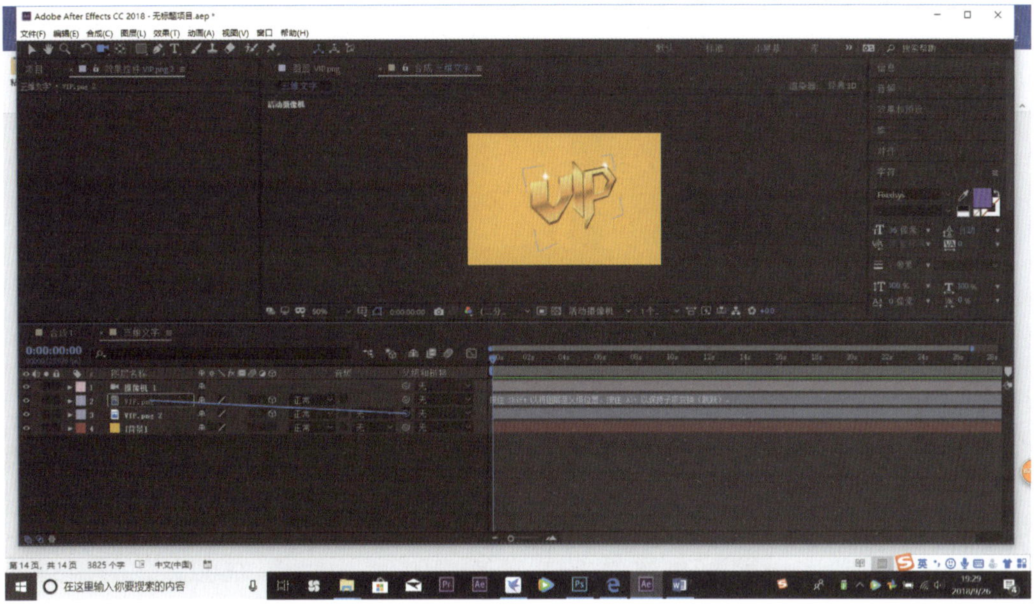

图 4-72

可以看见下面文字图层的“父级”面板中有了上一个图层的名字，这代表了两个图层建立了父子关系，如图 4-73 所示。

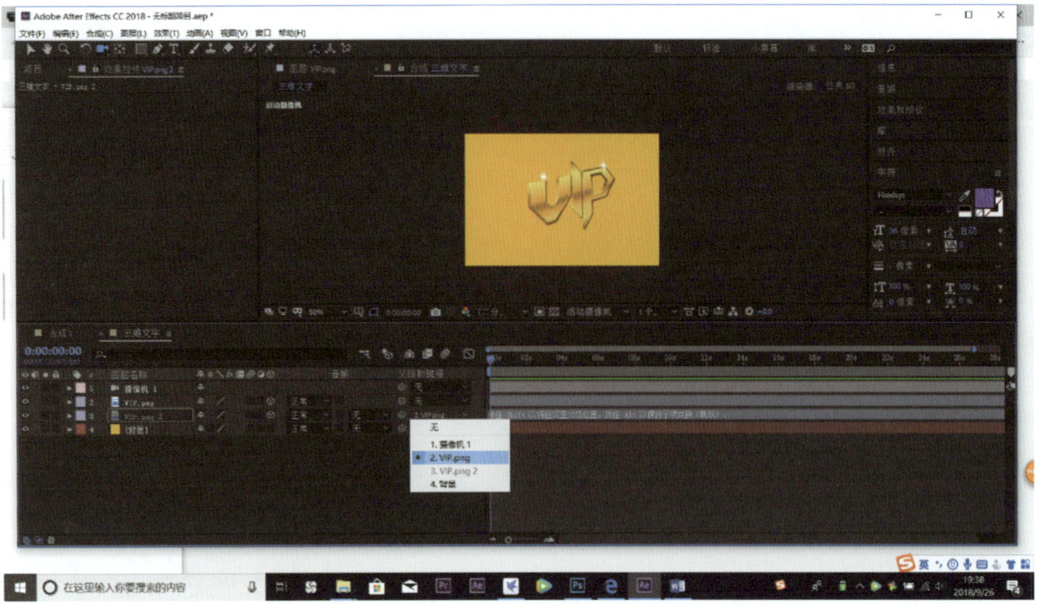

图 4-73

选中下面文字图层，按下快捷键【Ctrl+D】复制该图层，不断复制，如图 4-74 所示。

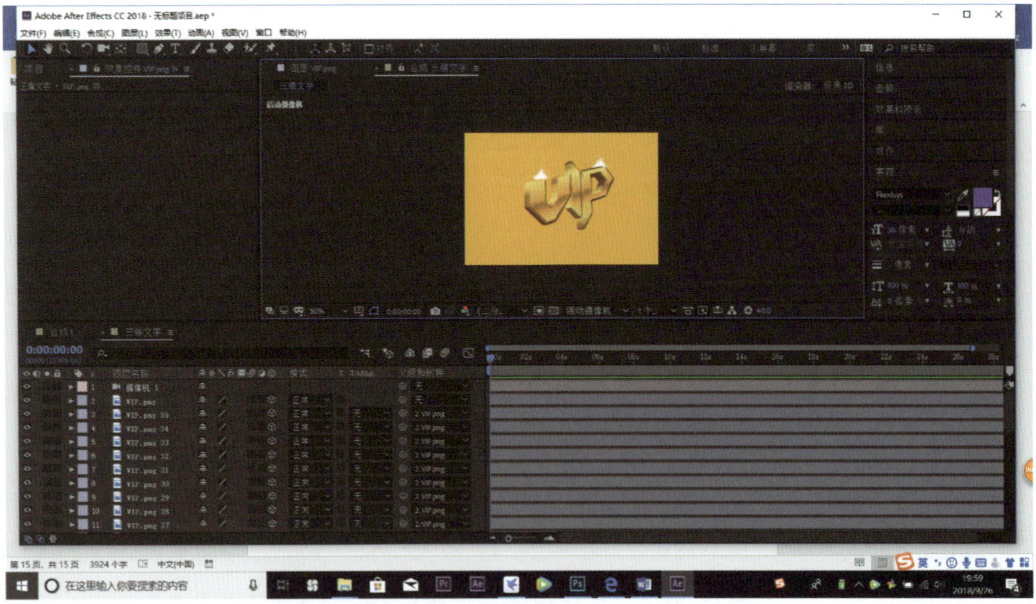

图 4-74

观察合成面板，可以看到立体的文字效果显示出来，并且立体面的过渡是光滑的，如图 4-75 所示。

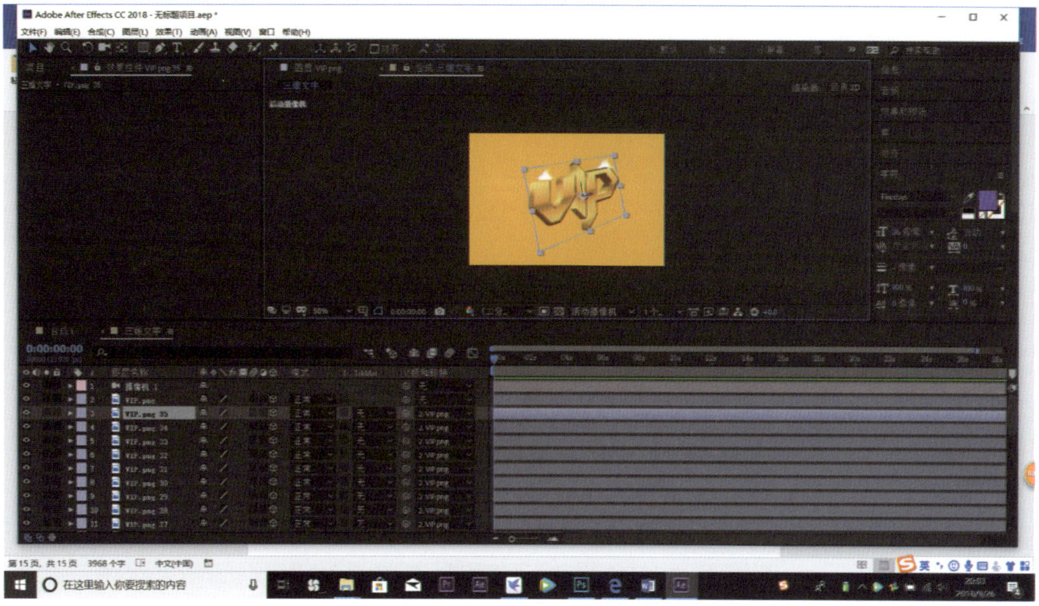

图 4-75

如果认为图层太多，编辑麻烦，可以通过开启“消隐”功能，将图层隐藏起来，如图 4-76、4-77 所示。

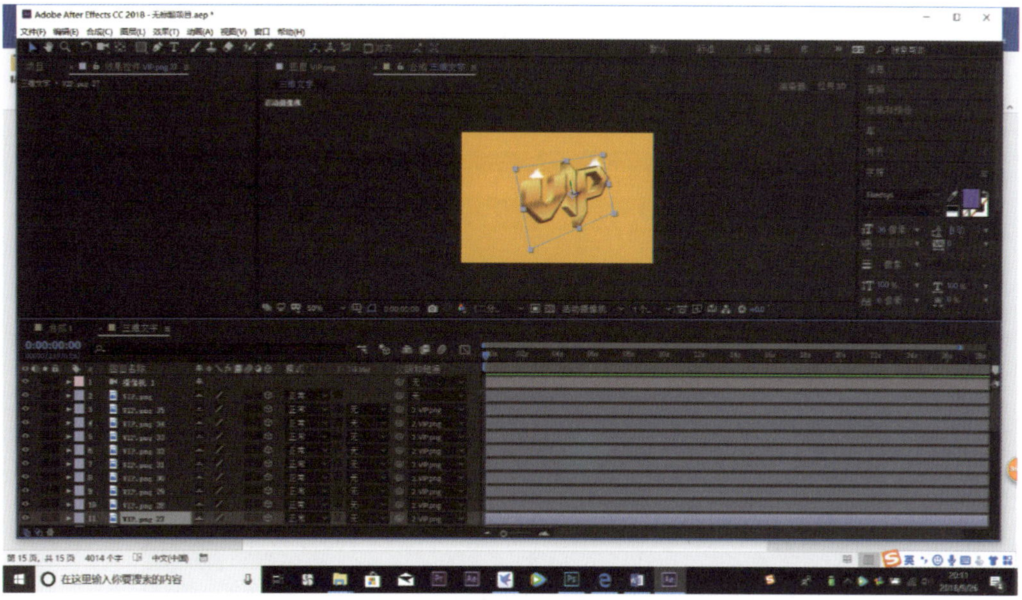

图 4-76

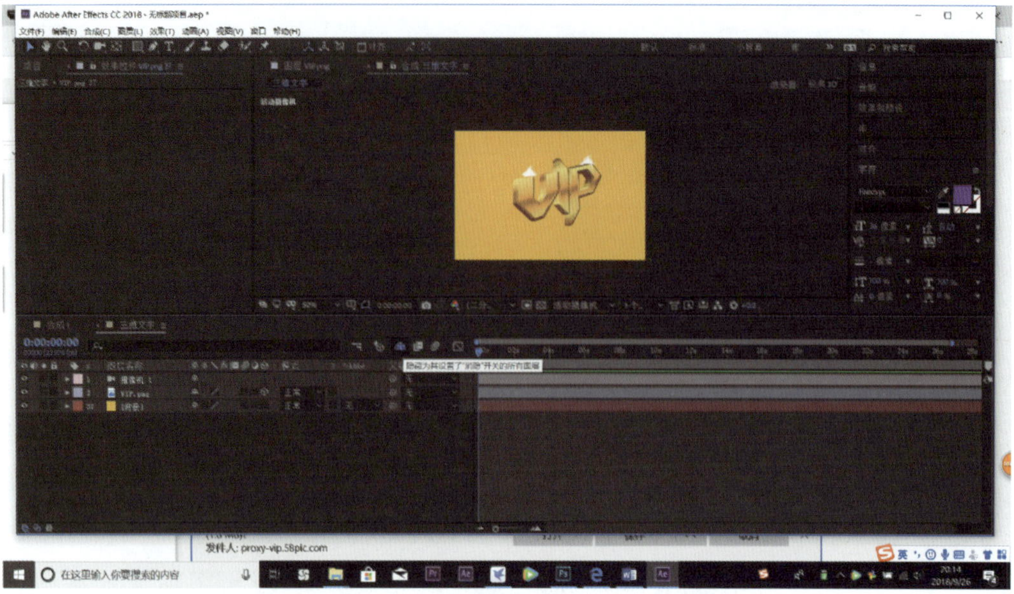

图 4-77

4.7.2　案例二

首先安装三维粒子插件 Plexus。安装方法是将粒子插件安装包复制到 After Effects 安装根目录下的 plus－ins 文件夹中，即可完成安装。

打开 After Effects CC 2018，新建合成，设置如图 4-78 所示。

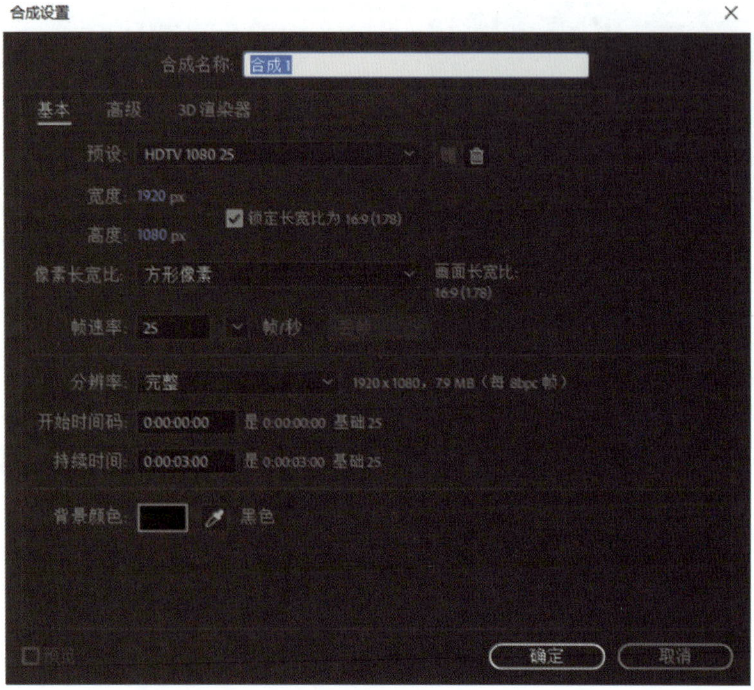

图 4-78

新建纯色图层，如图 4-79 所示。在效果和预设面板中找到 Plexus，拖拽到纯色图层上，如图 4-80 所示。

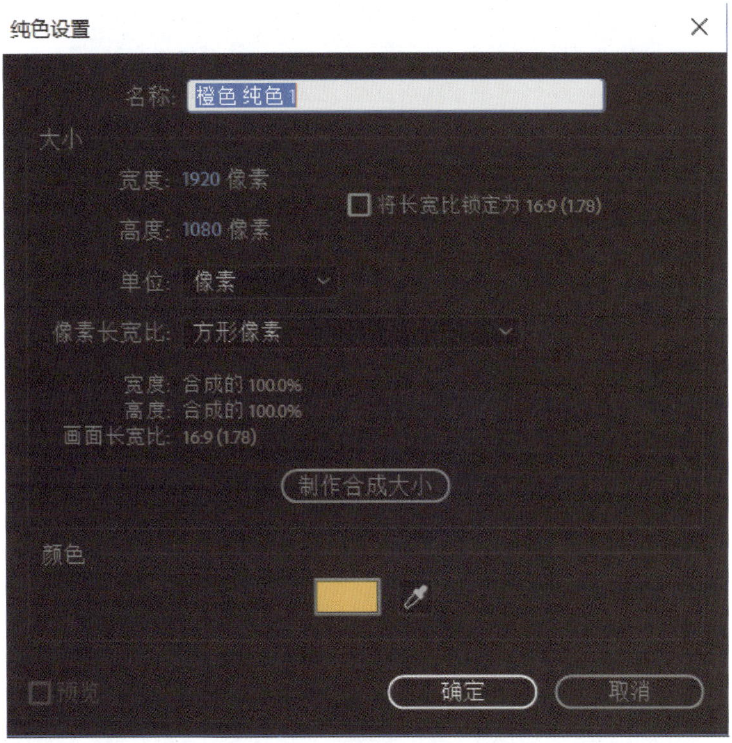

图 4-79

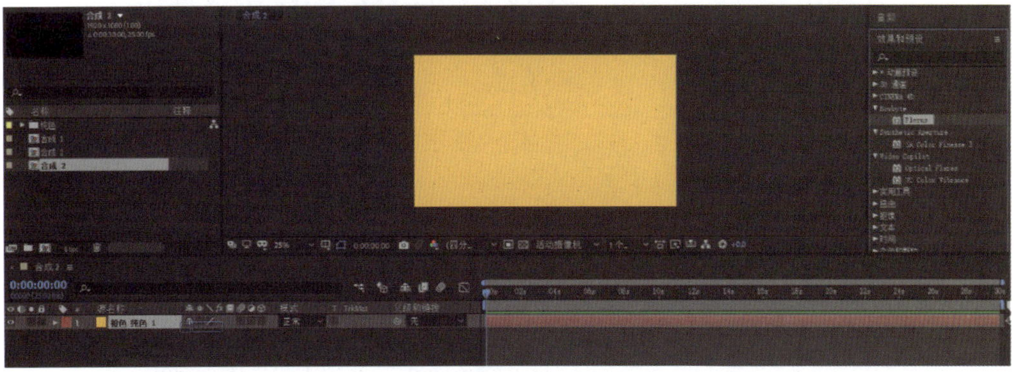

图 4-80

Plexus 形成的粒子效果是一个三维图层，调整粒子效果。在效果控件面板中，添加几何体选择基本体，“基本类型”选择“球面”。如图 4-81、图 4-82 所示。

在“添加效果器”勾选“噪声”，噪声幅度数值设置为 217，点尺寸设置为 6.3，如图 4-83 所示。再给点添加一个噪声，“应用噪声到(顶点)的方式”勾选“缩放”，噪声幅度设置为 363，如图 4-84 所示。

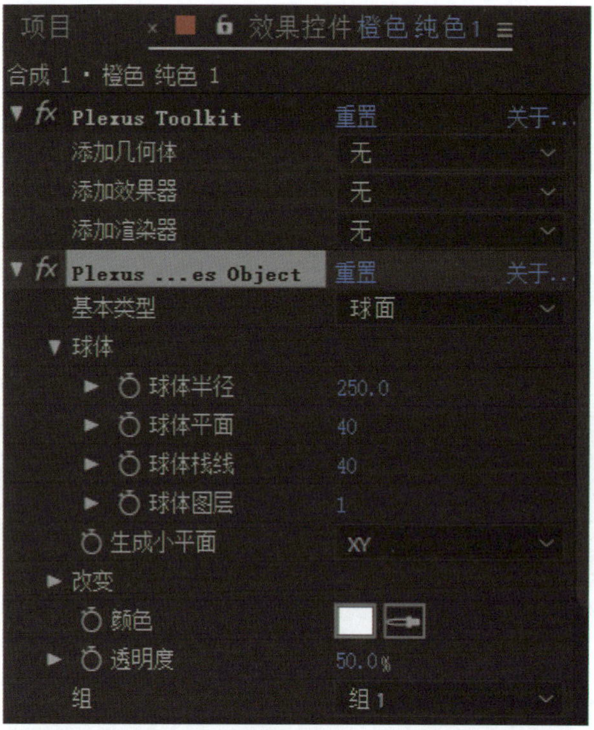
项目
效果控件橙色纯色1
合成 1・橙色 纯色 1
Plexus Toolkit
重置
关于...
添加几何体
无
添加效果器
无
添加渲染器
无
Plexus ...es Object
重置
关于...
基本类型
球面
球体
球体半径
250.0
球体平面
40
球体栈线
40
球体图层
1
生成小平面
XY
改变
颜色
透明度
50.0%
组
组 1

图 4-81

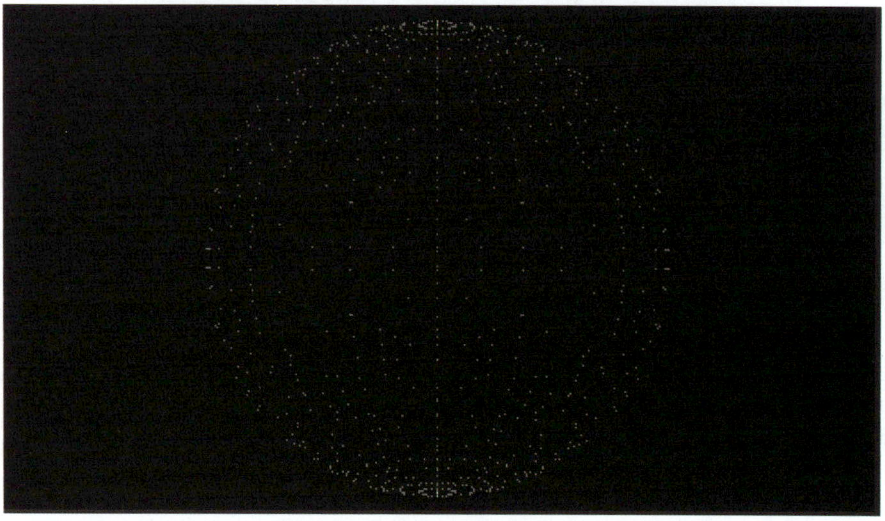

图 4-82

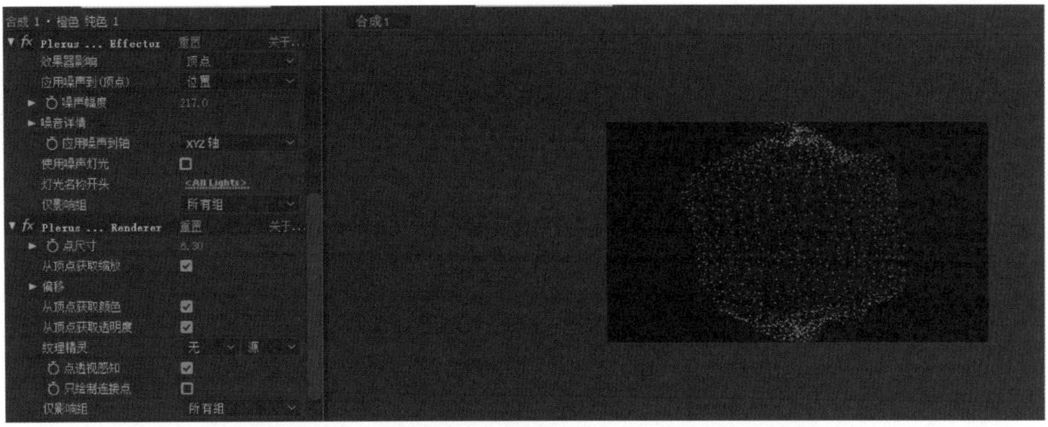

图 4-83

图 4-84

在添加效果器选择“噪声”，添加一个噪声，应用“噪声到(顶点)”的方式选择“颜色”，颜色类型勾选“Alpha”，修改噪声幅度为 248，如图 4-85 所示。

图 4-85

新建一个摄像机，查看效果。选择【合成＞新建＞摄像机】，如图 4-86 所示。

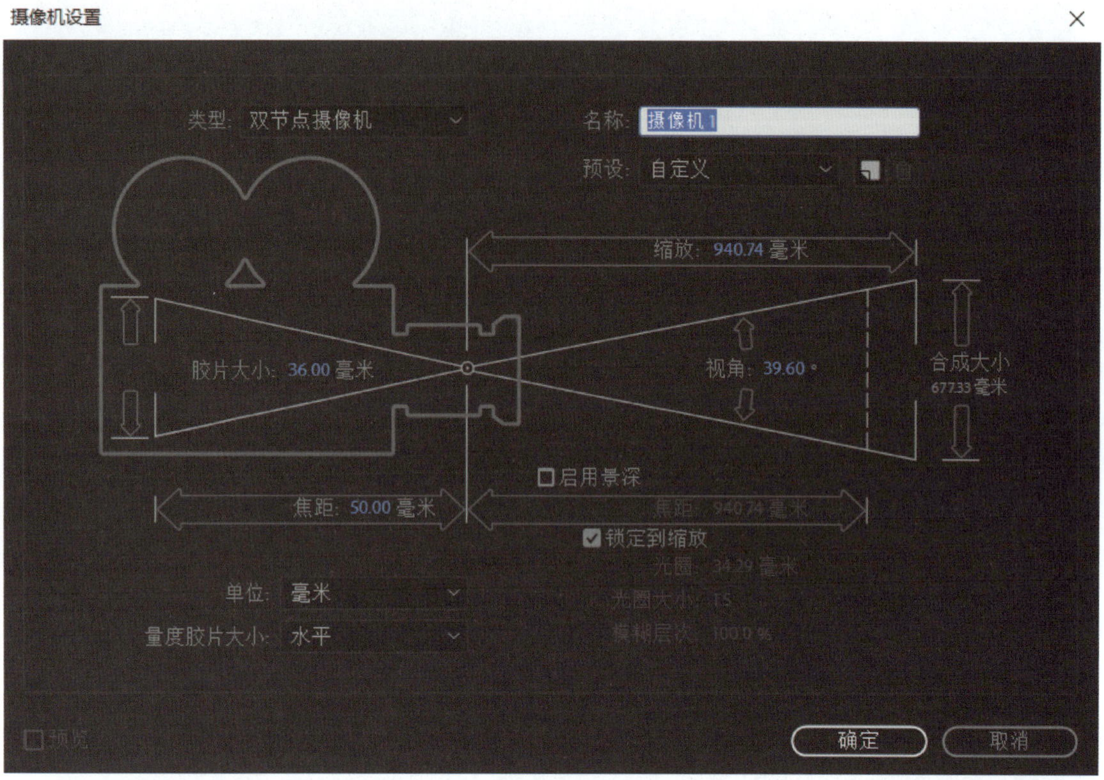

图 4-86

新建一个空对象，选择【合成＞新建＞空对象】，如图 4-87 所示。将摄像机绑定到空对象上，如图 4-88 所示。

图 4-87

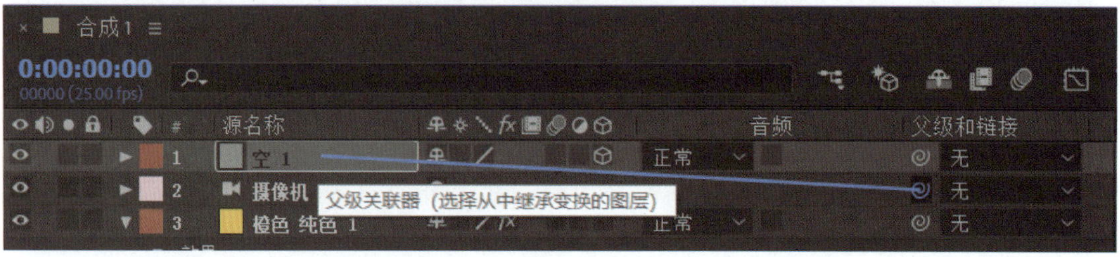

图 4-88

打开空物体的【变换＞方向】，在时间线第一秒处设置一个关键帧，然后将指针拖拽到时间线最后一秒处，修改“方向”数值为 0，40，0，如图 4-89 所示。

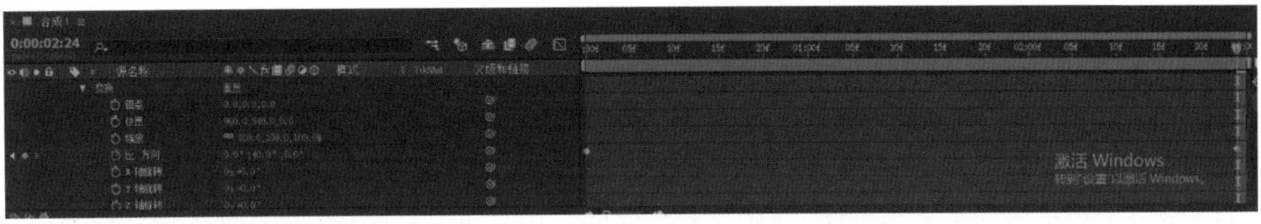

图 4-89

选择“橙色 纯色 1”图层，在“添加效果器”中勾选“球形领域”，“领域 XY 位置”设置为 707，540，“领域 Z 位置”设置为 447，“球体领域半径”设置为 585，“淡出”设置为 18%，效果如图 4-90 所示。

图 4-90

“添加渲染器”中勾选“线条”，设置“最大顶点搜索数值”为 13，设置“最大距离”为 502，设置“线条粗细”为 0.5，设置“线条透明度”为 30%，如图 4-91 所示。

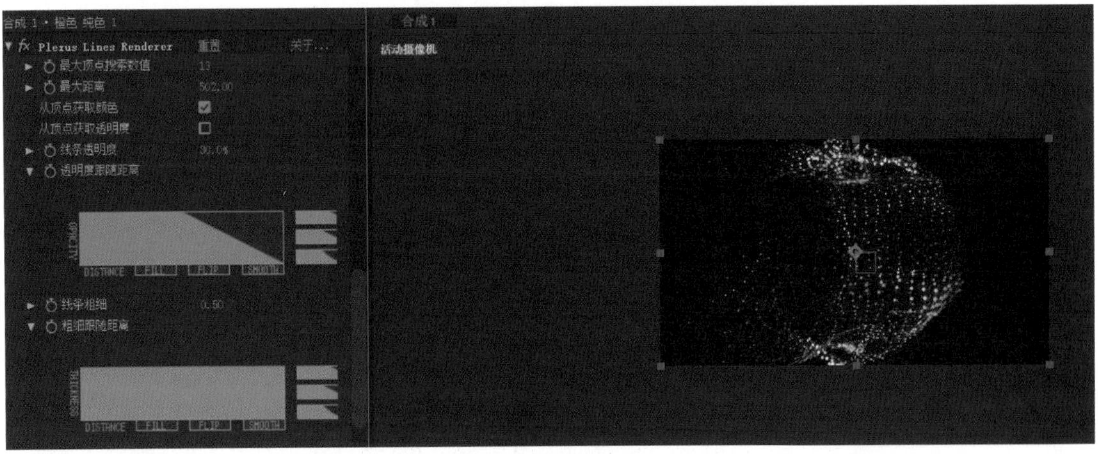

图 4-91

在“添加渲染器”中勾选“平面”，设置“最大距离”为 55，设置“小平面颜色”为 3CBEFB，如图 4-92 所示。

图 4-92

执行【新建>纯色】图层，选中“效果和预设”窗口中的“Optical Flares”，拖拽到该新建图层，命名为“橙色 纯色 2”。【选项>预设浏览>Motion Graphics(19)>Golden Sun】，选择以后，在【Optical Flares>配置模式>来源类型】勾选“3D”，然后在【Optical Flares>运动模糊>渲染模式】勾选“在透明”，设置“亮度”数值为 60，设置“比例”数值为 240，效果如图 4-93 所示。

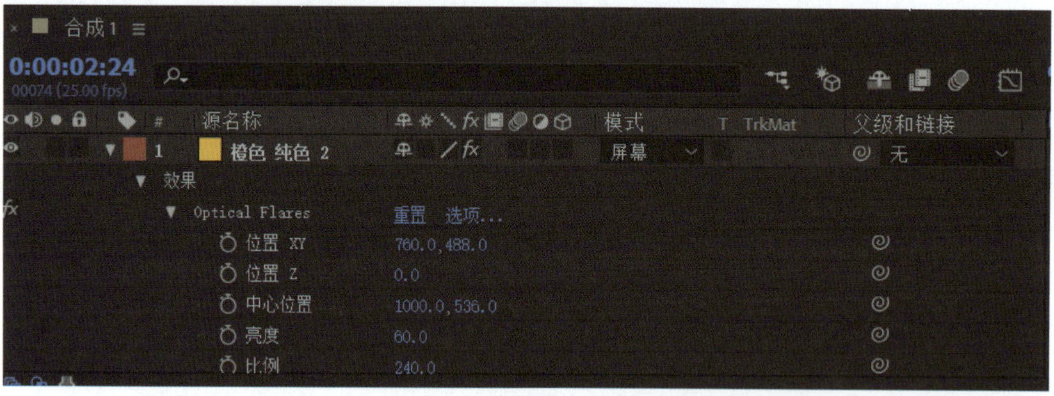

图 4-93

然后将“橙色 纯色 2”图层的叠加模式更改为“屏幕”，如图 4-94 所示。

图 4-94

在【效果和预设>风格化】当中找到“发光”，拖拽到“橙色 纯色 1”图层上，“发光半径”设置为 67,“发光强度”设置为 1.7,如图 4-95 所示。

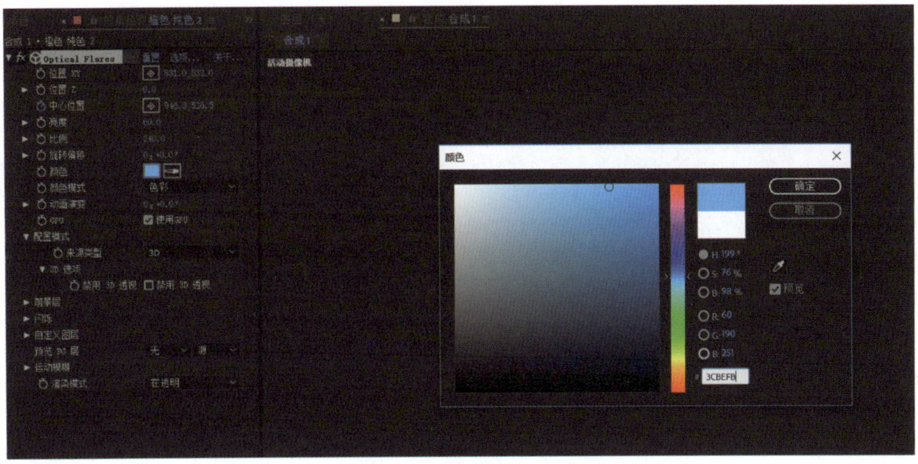

图 4-95

在【效果和预设】中找到【VC Color Vibrance】,拖拽到“橙色 纯色 1”图层上,将【color】颜色设置为 3CBEFB,如图 4-96 所示。

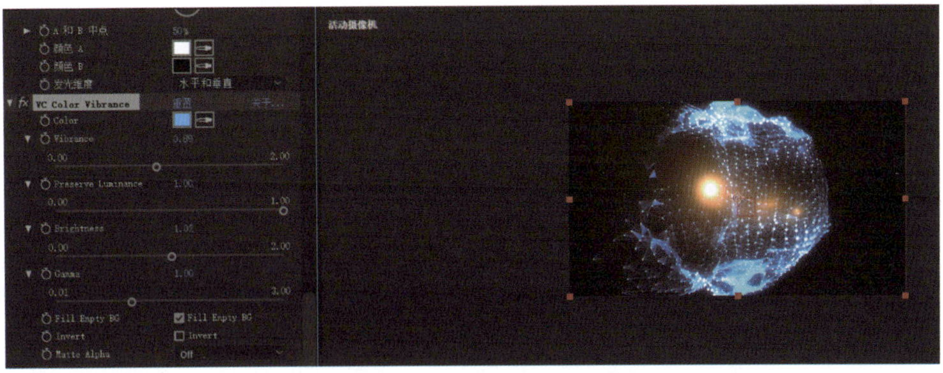

图 4-96

设置【Vibrance】数值为 0.89,设置【Brightness】为 1.02,并勾选【Fill Empty BG】,如图 4-97 所示。

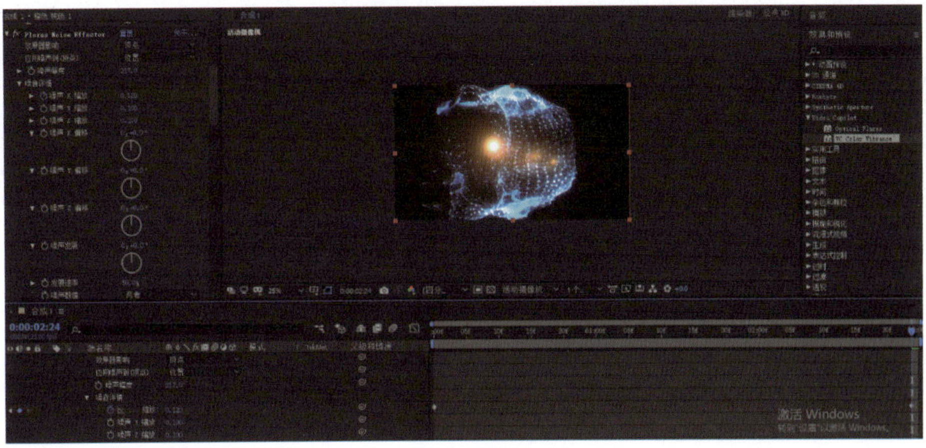

图 4-97

找到【Plexus Noise Effector】下的“噪声详情”，在时间线的入点处打一个关键帧，“噪声X缩放”数值设置为0.1，在时间线的出点处打一个关键帧，“噪声X缩放”数值设置为0.12，播放动画预览，最终效果如图4-98所示。

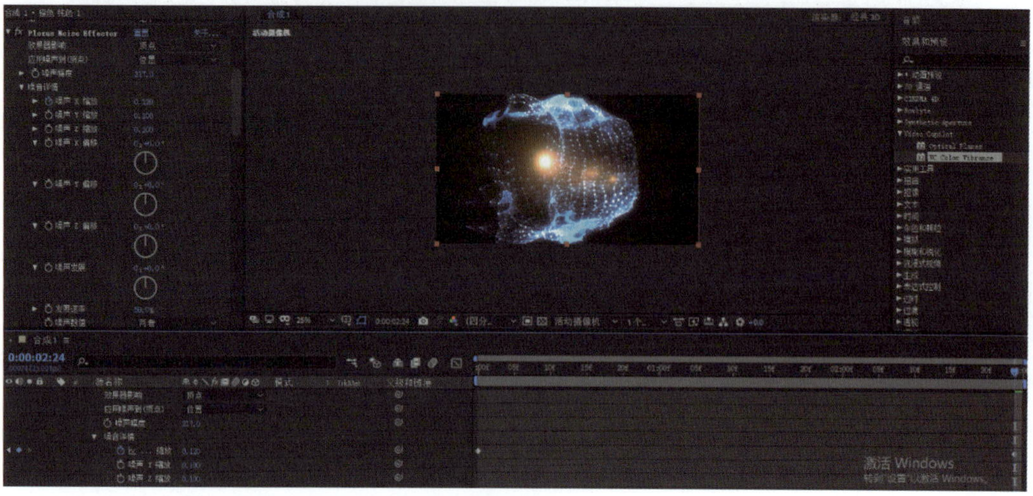

图 4-98

选择“橙色 纯色 2”图层，【Optical Flares】/【中心位置】的数值设置为528，并在时间线上第一帧加入一个关键帧，然后将时间线播放指针调节到时间线最后一帧，修改“中心位置”为880，528。如图4-99所示。

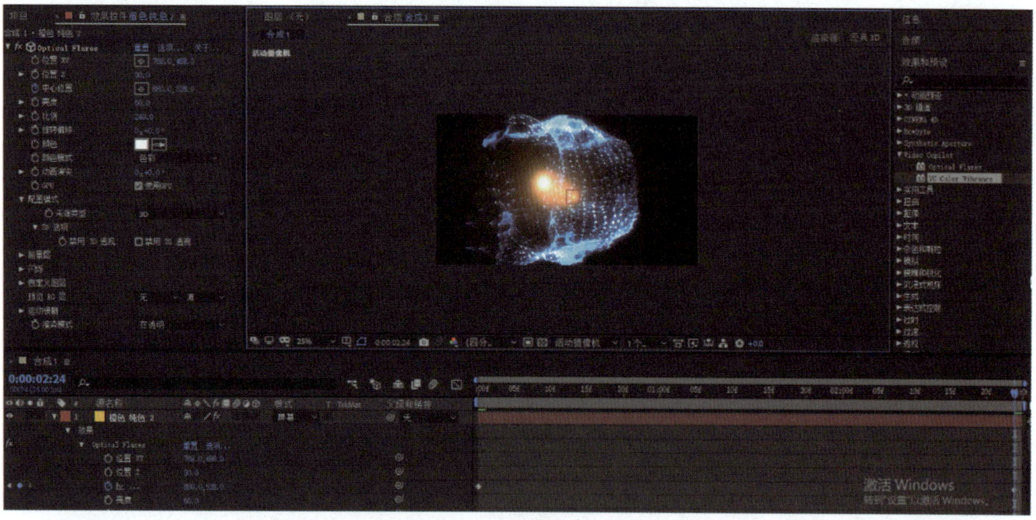

图 4-99

【新建】/【纯色】图层，重命名为“背景”，给背景图层添加一个【梯度渐变】的效果，并打开“橙色 纯色 1”的【VC Color Vibrance】/【Matte Alpha】，选择“on”，如图4-100所示。

然后回到背景图层的【梯度渐变】效果窗口，“渐变形状”勾选“径向渐变”，“渐变起点”数值设置为872，548，“渐变终点”数值设置为912，1200，然后再设置一个暖色的“起始颜色”和一个冷色的“结束颜色”，如图4-101所示。

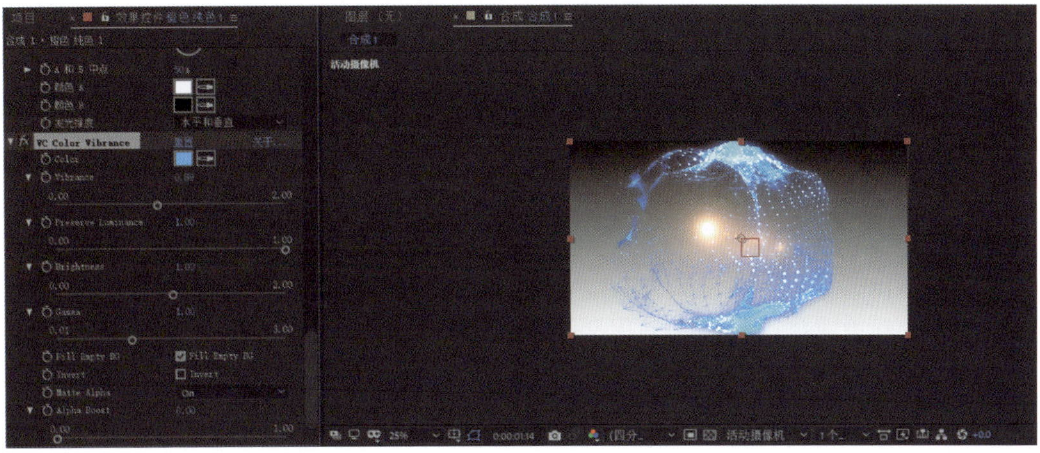

图 4-100

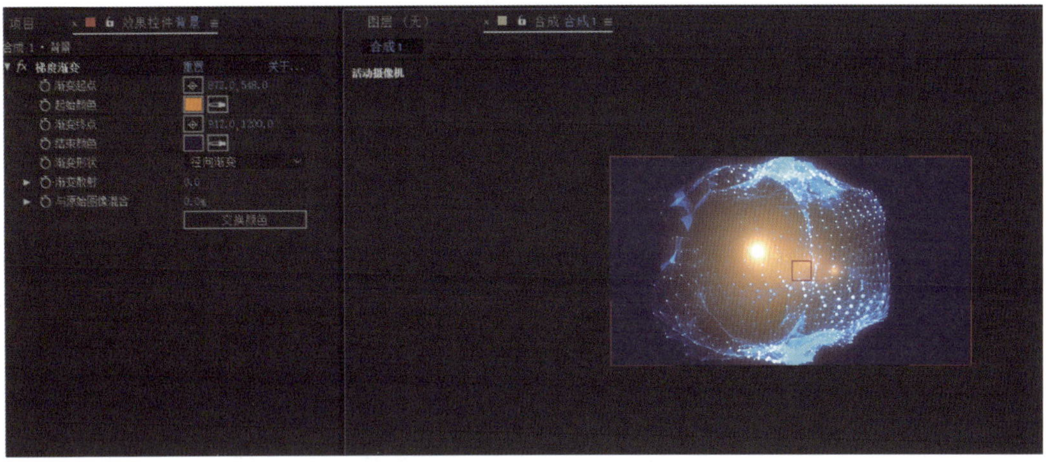

图 4-101

至此动画已经制作完毕。最后，点击空格键，进行动画预览。

第 5 章　抠像技术与色彩调整

抠像技术可以分为视频抠像和图片抠像两个大类。视频抠像是为了在制作视频剪辑合成时把前景完美地融合到背景中,利用抠像技术抠掉背景,实现和新的背景合成剪辑,达到单一拍摄不容易得到的效果,一般选用蓝色或绿色为背景在摄影棚里进行拍摄。图片抠像比视频要简单一些,图片背景与演员的服装、皮肤的颜色反差越大越好,抠起来比较容易。

5.1　抠像技术

"抠像"一词来源于早期的影视制作,英文为 Key。意思是吸取画面当中的某一种固定颜色(通常为蓝、绿色),将该颜色所在区域从画面中完全抠除,从而使下方图层透过抠除的区域显现出来。由于抠像技术可以极大地扩展影视制作的空间,所以抠像技术成为影视制作学习过程中的一项重要内容。

在以往的影像制作过程中,抠像技术对前期拍摄时画面的背景颜色与光线有严格要求,而我们目前使用的 After Effects CC 版本的抠像功能非常强大,可以在画面处理方法方面提供更多选择方案,如图 5-1 所示。

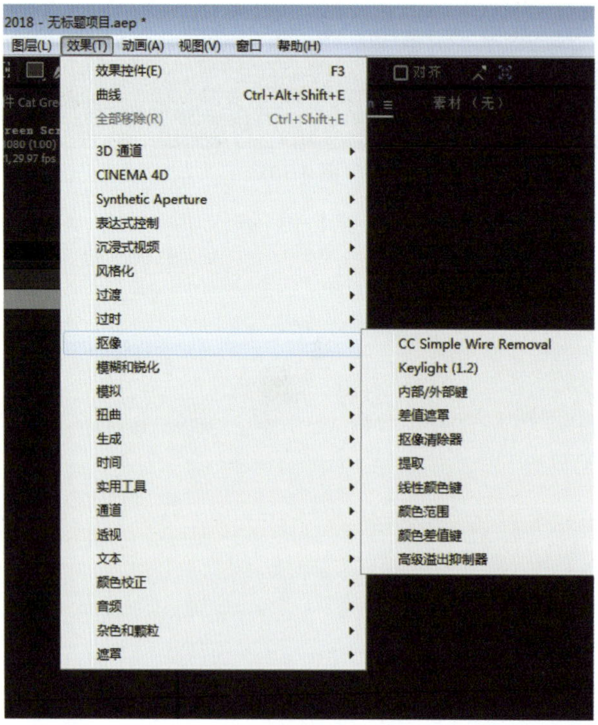

图 5-1

5.1.1　颜色差值键抠像

颜色差值键是将指定的颜色(默认为蓝色)分为 A、B 两个部分进行抠像操作。其中,在 A 图像中将要变为透明区域的色彩,用吸管工具来指定;而在 B 图像中也同样指定抠像区域的色彩,但是这个色彩要与 A 中的色彩不同。通过上述设置使蒙版 B 中指定的抠像色彩变为透明,蒙版 A 的图像中不包含其他色彩的区域变为透明。这两种效果组合起来得到第三种蒙版效果,构成最终的透明效果。颜色差值键适用于透明或者半透明区域的抠像,如烟、云、阴影、玻璃等。

1. 启动 After Effects 软件,执行菜单【合成＞新建合成】命令,将合成命名为“颜色差异抠像”,预设选择 HDTV 1080 29.97,宽度选择 1920px,高度选择 1080px,像素长宽比为方形像素,帧速率设置为 29.97,持续时间设置为 8 秒,背景色设置为默认的黑色,如图 5-2 所示。

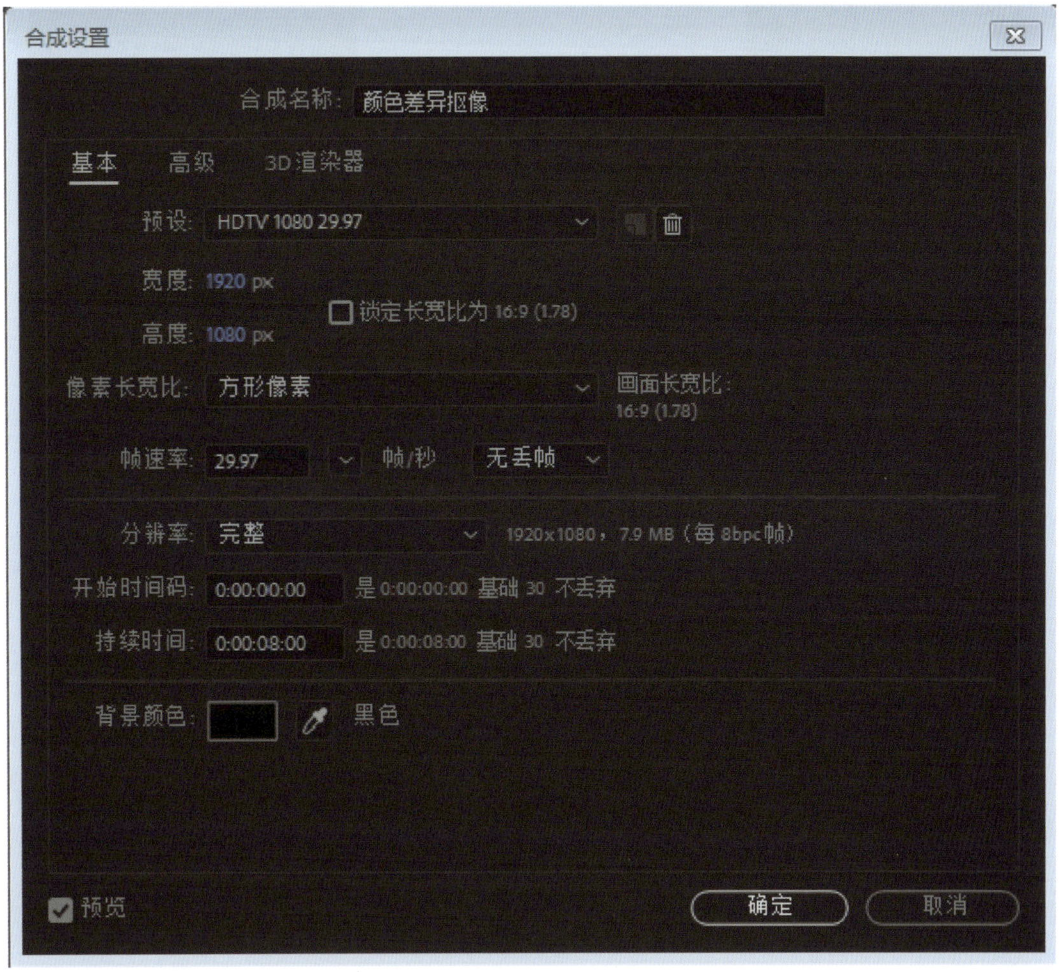

图 5-2

2. 执行【文件＞导入＞文件】命令,导入素材“示例文件/第五章/yun. mov”并把“yun. mov”素材拖入时间线面板中,如图 5-3 所示。

图 5-3

3. 选中时间线面板中的“yun. mov”，执行菜单【效果＞抠像＞颜色差值键】命令，如图 5-4 所示。

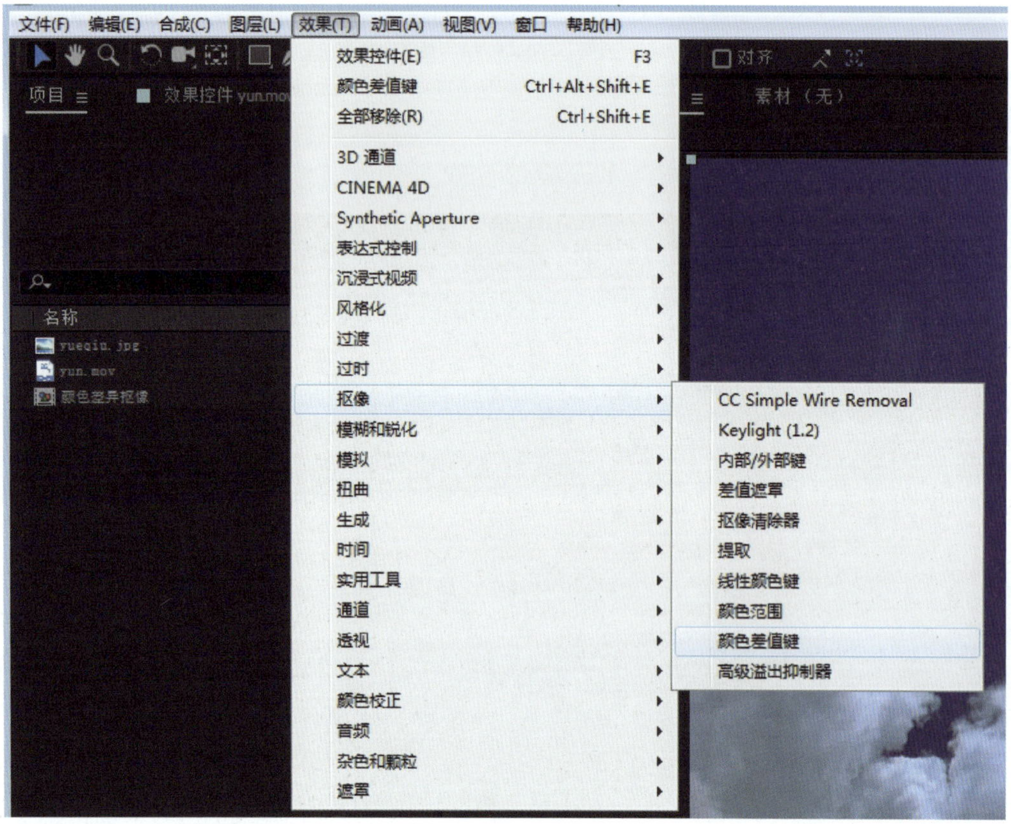

图 5-4

4. 在效果控件窗口点击打开“颜色差值键”下的“预览”下拉菜单，并选择遮罩 A，运用吸管工具，对遮罩 A 效果进行调整，显示效果如图 5-5 所示。左侧的缩略图表示原始素材图像，右侧的缩略图表示蒙版效果。在原始图像缩略图中吸取颜色使用  吸管工具，在蒙版缩略图当中吸取透明区域颜色使用  吸管工具，在蒙版缩略图当中吸取不透明区域颜色使用  吸管工具。参数设置如图 5-5 所示。

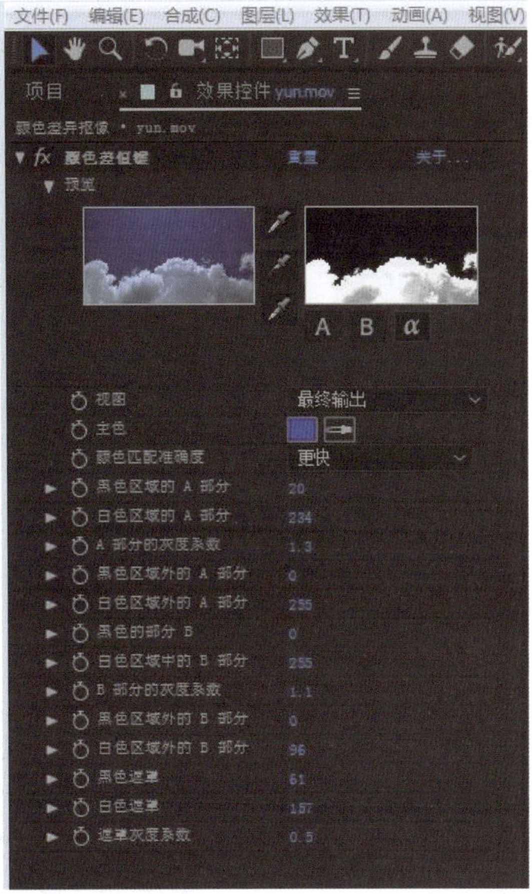

图 5-5

5. 执行菜单【文件>导入>文件】命令，导入素材“示例文件/第五章/yueqiu. jpg”并把“yueqiu. jpg”素材拖入时间线面板，置于“yun. mov”图层下方，如图 5-6 所示。

图 5-6

6. 选中时间线面板中的“yun. mov”图层，执行【效果>颜色校正>曲线】命令，如图 5-7 所示。在效果控件面板中将“曲线”下拉菜单下的“通道”设置为 RGB 模式，利用【选择工具】调整曲线，如图 5-8 所示。

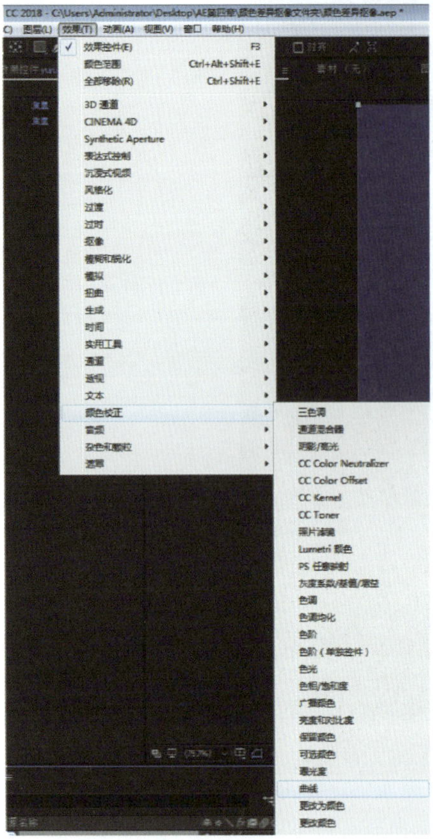

图 5-7

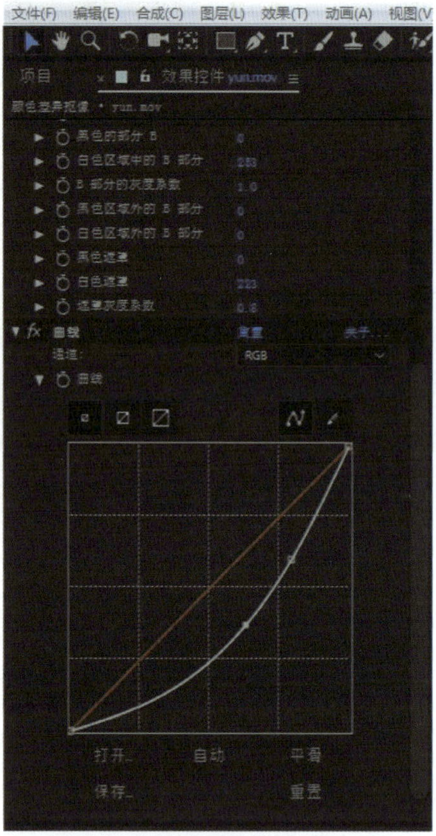

图 5-8

7. 本示例制作完成，按下数字键盘的 0 键进行预览，效果如图 5-9 所示。

图 5-9

5.1.2　颜色范围抠像

颜色范围效果是通过使用 RGB、Lab、YUV 色彩模式下指定的颜色范围来抠除背景的效果。经常用于非统一背景颜色的画面中，如包含同样颜色阴影的蓝色或绿色背景。高级溢出抑制器可以去除抠像后光线从幕布反射到图像物体上残留的颜色，对删除图像抠像后留下的溢出颜色痕迹效果较好。

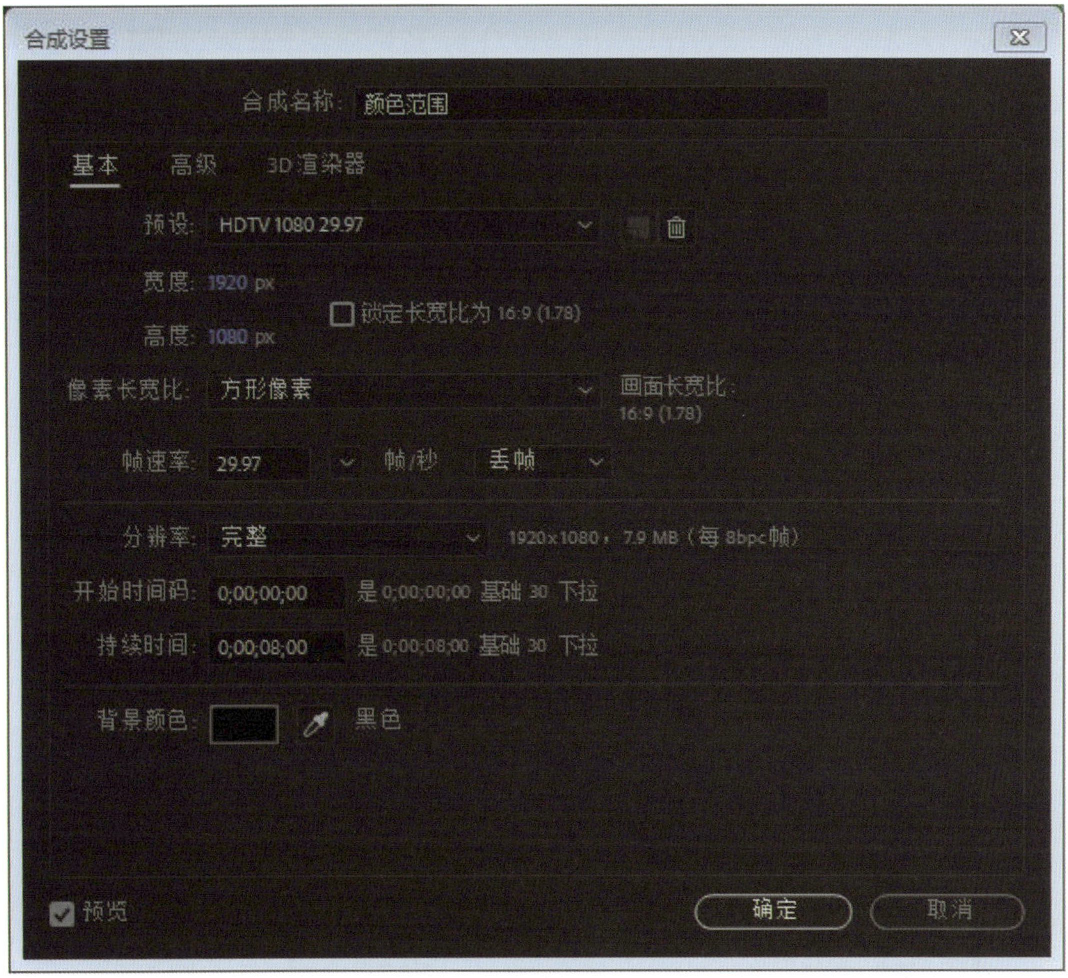

图 5-10

1. 启动 After Effects 软件，执行【合成＞新建合成】命令，新建合成命名为“颜色范围”，预设选择 HDTV 1080 29.97，宽度选择 1920px，高度选择 1080px，像素长宽比为“方形像素”，帧速率设置为 29.97，持续时间设置为 8 秒，背景色设置为默认黑色，如图 5-10 所示。

2. 执行【文件＞导入＞文件】命令，导入素材“示例文件/第五章/nvsheng.mov”并把“nvsheng.mov”素材拖入时间线面板，如图 5-11 所示。

图 5-11

3. 选中时间线面板中的“nvsheng. mov”图层，执行【效果>抠像>颜色范围】命令，如图 5-12 所示。在效果控件窗口点击打开“颜色范围”下的“预览”下拉菜单并选择吸管工具，吸取背景颜色，选择吸管工具，重复吸取背景多余的绿色直至完全透明，其余参数设置如图 5-13 所示。

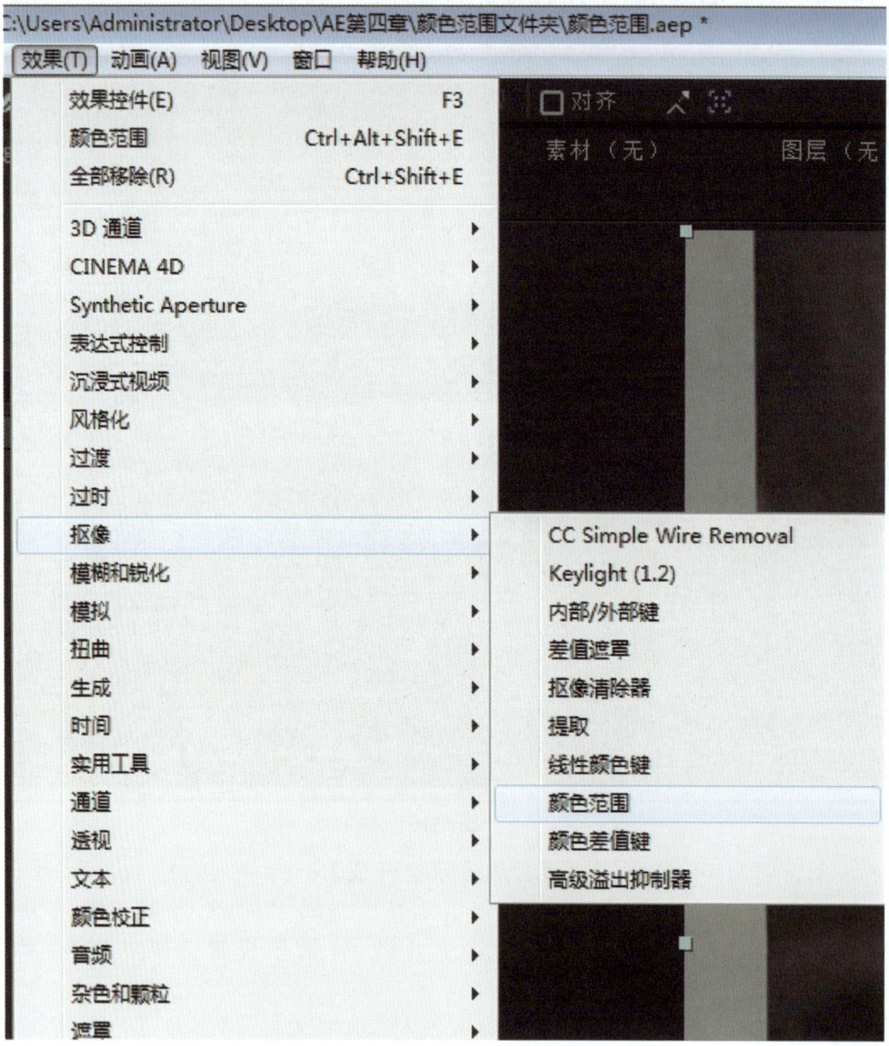

图 5-12

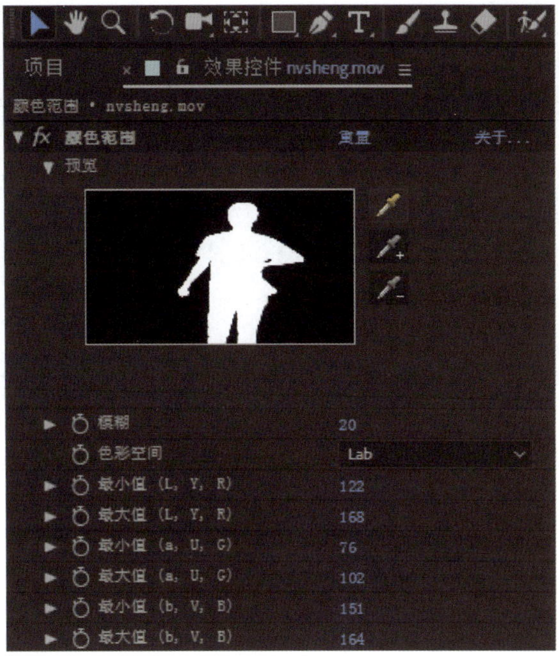

图 5-13

4. 选中时间线面板中的“nvsheng. mov”，执行【效果＞抠像＞高级溢出抑制器】命令，如图 5-14 所示。在效果控件窗口点击打开“高级溢出抑制器”下拉菜单，将“方法”设置为“极致”，其余参数设置如图 5-15 所示。

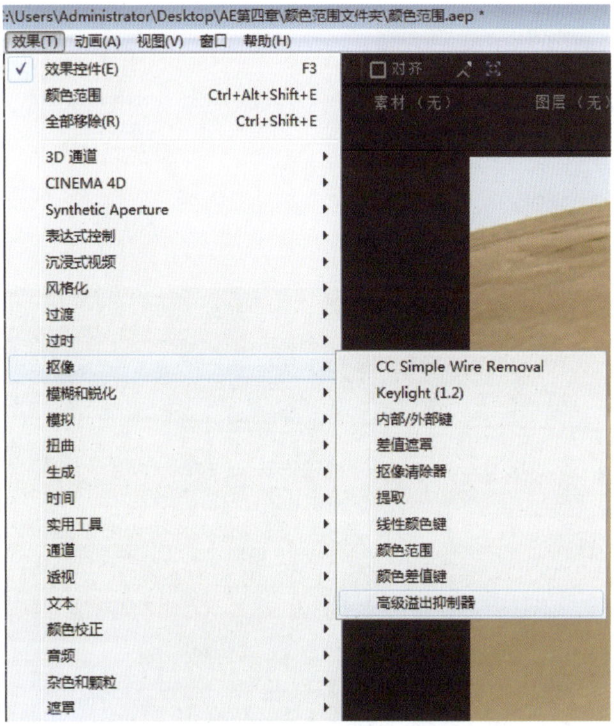

图 5-14

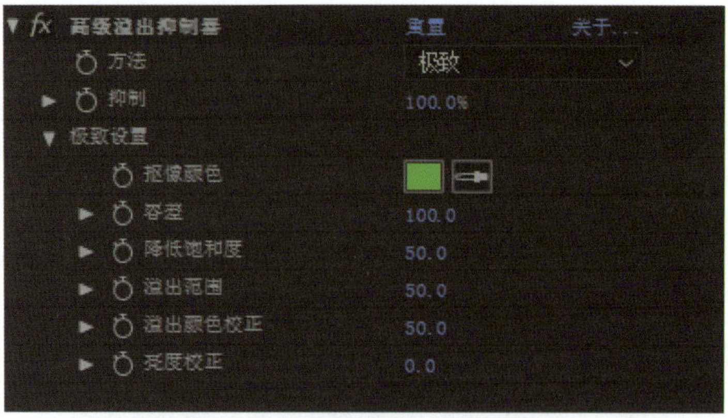

图 5-15

5. 选中时间线面板中的“nvsheng. mov”，点击菜单栏下的矩形遮罩工具，如图 5-16 所示。画矩形遮罩蒙版 1，并点开时间线面板中“nvsheng. mov”图层下拉菜单下的蒙版下拉菜单，将蒙版 1 右边的列表设置为“相加”去除多余的背景，如图 5-17 所示。

图 5-16

图 5-17

6. 执行【文件>导入>文件】命令，导入素材“示例文件/第五章/shamo. jpg”并把“shamo. jpg”素材拖入时间线面板，置于“nvsheng. mov”图层下方，如图 5-18 所示。

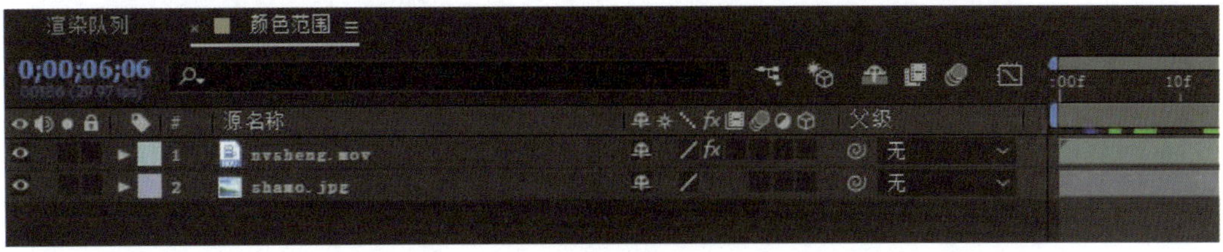

图 5-18

7. 本示例制作完成，按下数字键盘的 0 键进行预览，效果如图 5-19 所示。

图 5-19

5.1.3　差值遮罩抠像

差值遮罩抠像的方法是通过对两段不同的素材画面进行比较，将两段图像中相同像素区域抠除，使其变成透明区域。一般情况下，可以运用于抠除运动物体的背景，也可以根据在同样背景图像上的两个图像差值进行抠像，即通过对比原始图像层和对比层的颜色值，将原始图像层中与对比层颜色相同的像素抠除，从而创建透明的效果。对比层一般采用原始图像层的背景图像，如原始图像的静态背景、固定摄影机和曝光影像的操作，只需要其中一帧的背景素材。【抠像清除器】为拍摄的不够好的蓝色、绿色背景影像素材进行去背景的操作，并且保留精细的细节。【高级溢出抑制器】可以去除抠像后光线从幕布反射到图像物体上残留的颜色，对删除图像抠像后留下的溢出颜色痕迹效果较好。

1. 启动 After Effects 软件，执行菜单【合成>新建合成】命令，新建合成窗口并命名为“差值遮罩”，预设选择 HDTV 1080 29. 97，宽度选择 1920px，高度选择 1080px，像素长宽比为“方形像素”，帧速率设置为 29. 97，持续时间设置为 21 秒，背景色设置为默认黑色，如图 5-20 所示。

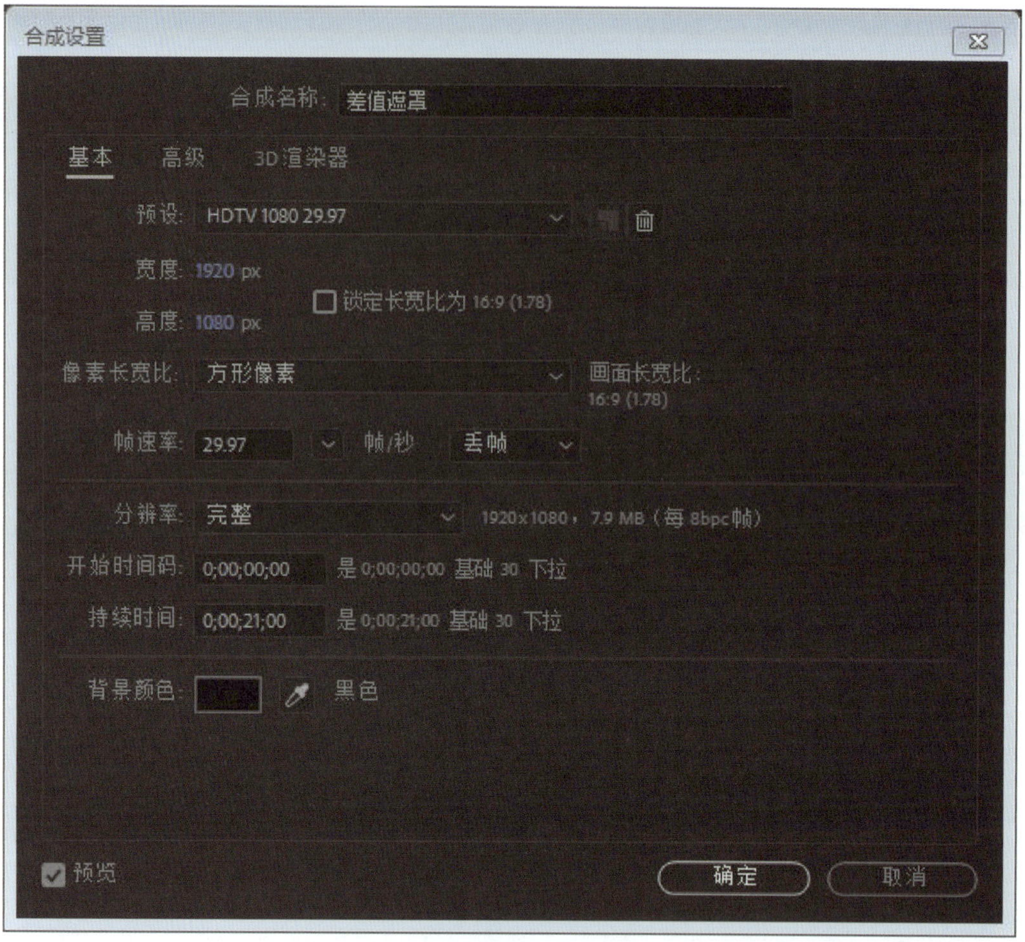

图 5-20

2. 执行菜单【文件>导入>文件】命令，导入素材“示例文件/第五章/zoudong. mov”，并把“zoudong. mov”素材拖入时间线面板中，如图 5-21 所示。

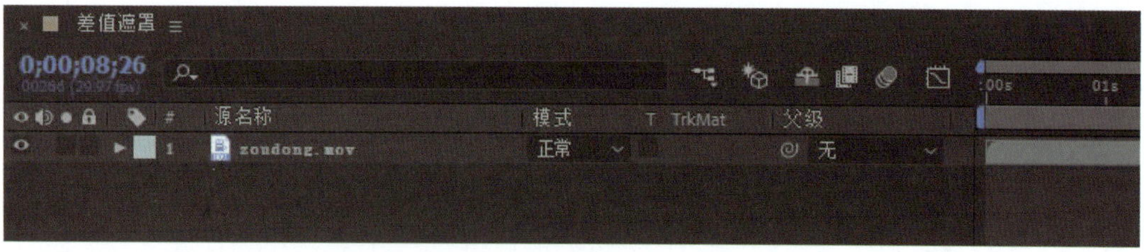

图 5-21

3. 执行菜单【文件>导入>文件】命令，导入素材“示例文件/第五章/绿背景. jpg”，并把“绿背景. jpg”素材拖入时间线面板中“zoudong. mov”图层下方作为对比层，勾选该图层最左侧的眼镜，将该图层隐藏，如图 5-22 所示。

图 5-22

4. 选中时间线面板中的“zoudong. mov”，执行菜单【效果＞抠像＞差值遮罩】命令，如图 5-23 所示。在效果控件窗口点击打开“差值图层”右边的下拉菜单，将差值图层设置为“2. 绿背景. jpg”，如图 5-24 所示。其余参数设置如图 5-25 所示。按下数字键盘的 0 键进行预览，效果如图 5-26 所示。

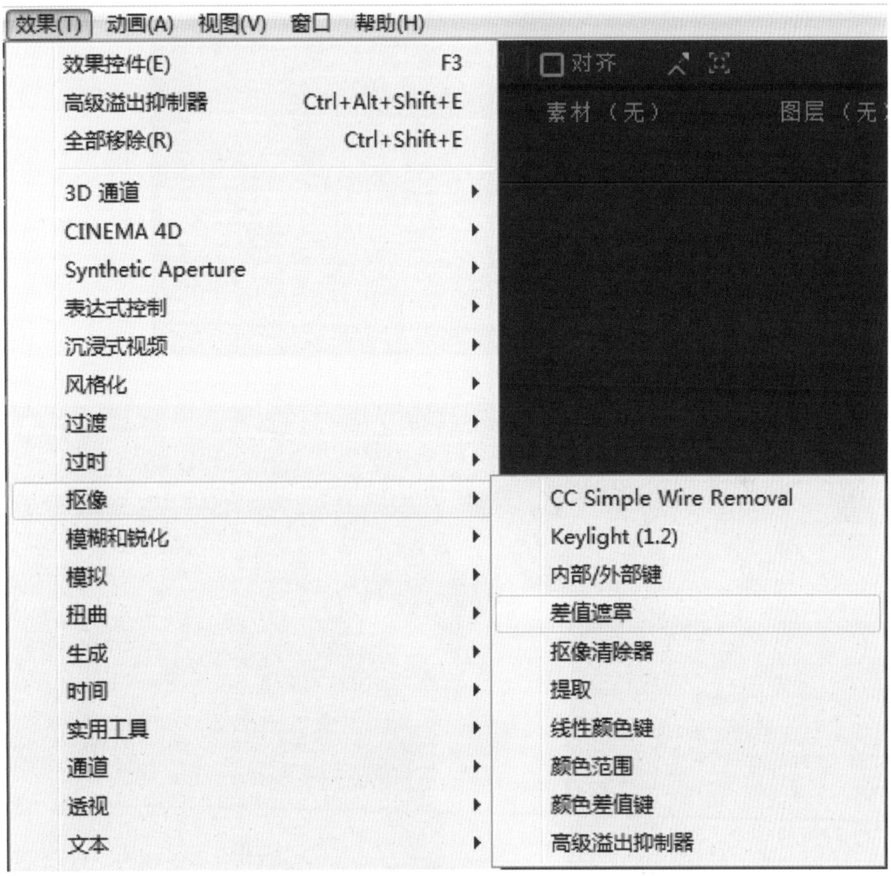

图 5-23

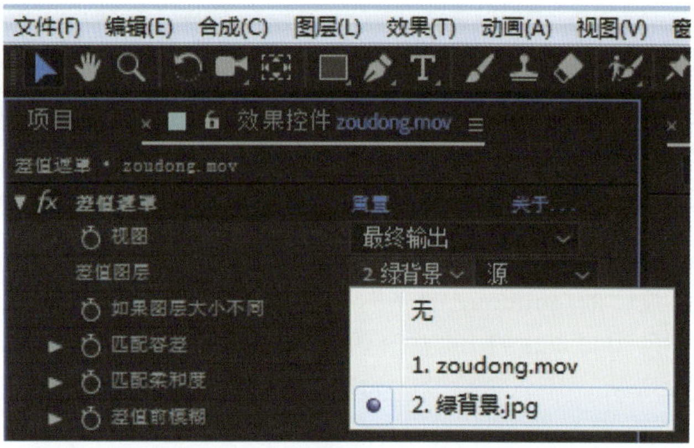

图 5-24

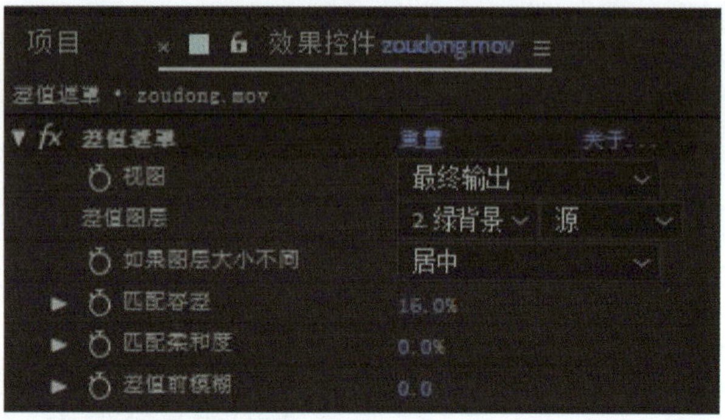

图 5-25

图 5-26

5. 如图 5-26 所示，设置“差值遮罩”后，画面还有一些绿边没有抠除干净，选中时间线面板中的“zoudong. mov”，执行【效果>抠像>抠像清除器】命令，如图 5-27 所示，参数设置如图 5-28 所示。执行【效果>抠像>高级溢出抑制器】命令，如图 5-29 所示，抠除多余的绿边，参数设置如图 5-30 所示。

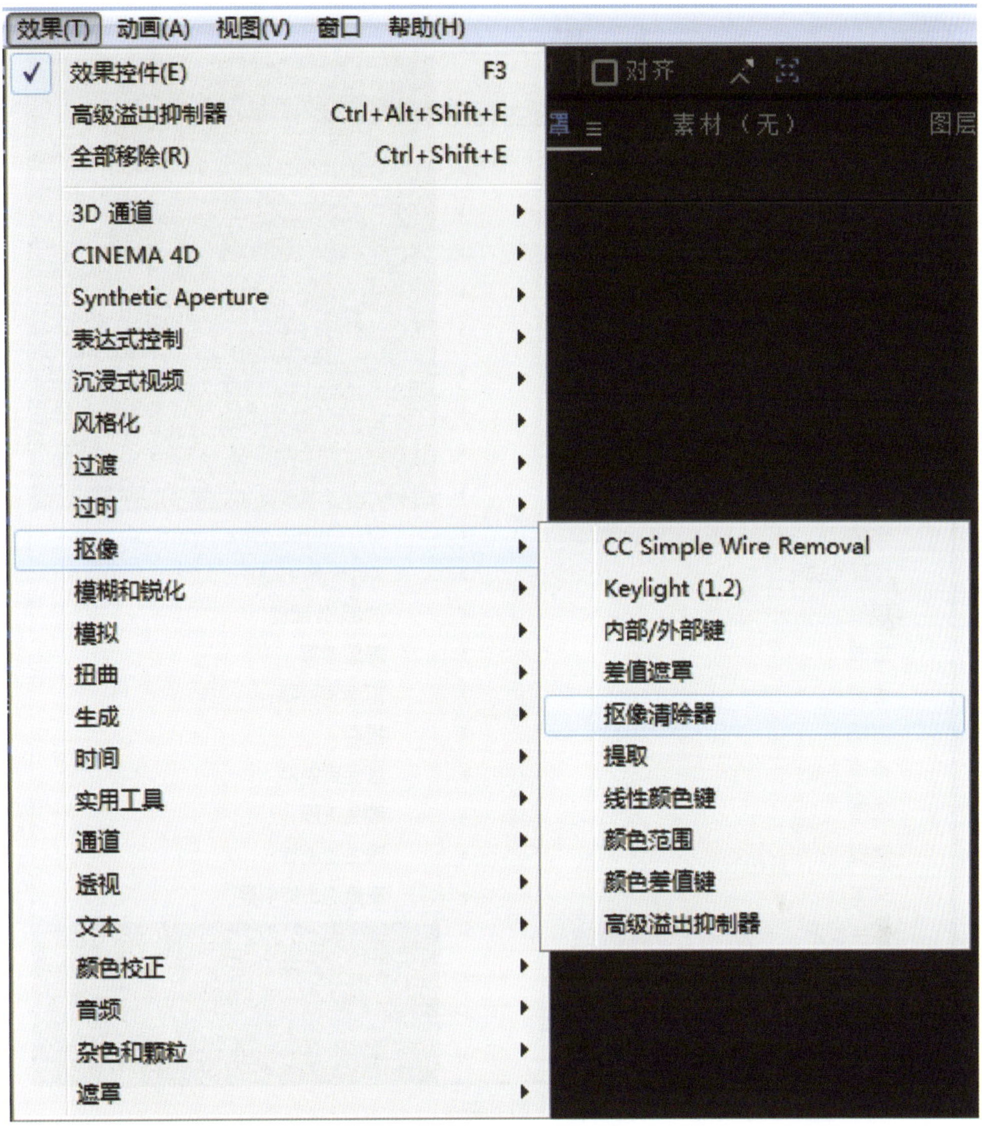
效果(T)
动画(A)
视图(V)
窗口
帮助(H)
效果控件(E) F3
高级溢出抑制器 Ctrl+Alt+Shift+E
全部移除(R) Ctrl+Shift+E
3D 通道
CINEMA 4D
Synthetic Aperture
表达式控制
沉浸式视频
风格化
过渡
过时
抠像
模糊和锐化
模拟
扭曲
生成
时间
实用工具
通道
透视
文本
颜色校正
音频
杂色和颗粒
遮罩
CC Simple Wire Removal
Keylight (1.2)
内部/外部键
差值遮罩
抠像清除器
提取
线性颜色键
颜色范围
颜色差值键
高级溢出抑制器
对齐
素材（无）
图层

图 5-27

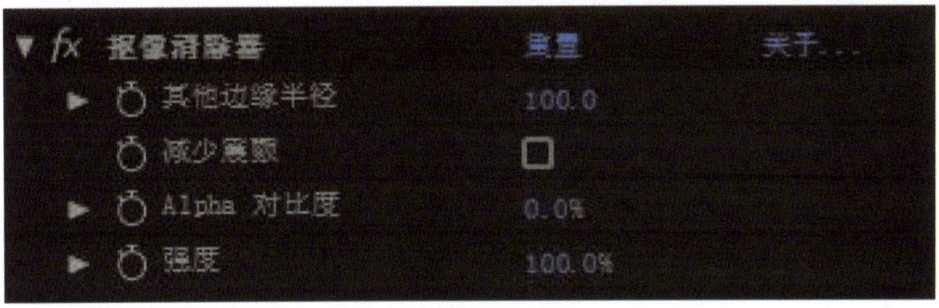
抠像清除器
重置
关于...
其他边缘半径
100.0
减少震颤
Alpha 对比度
0.0%
强度
100.0%

图 5-28

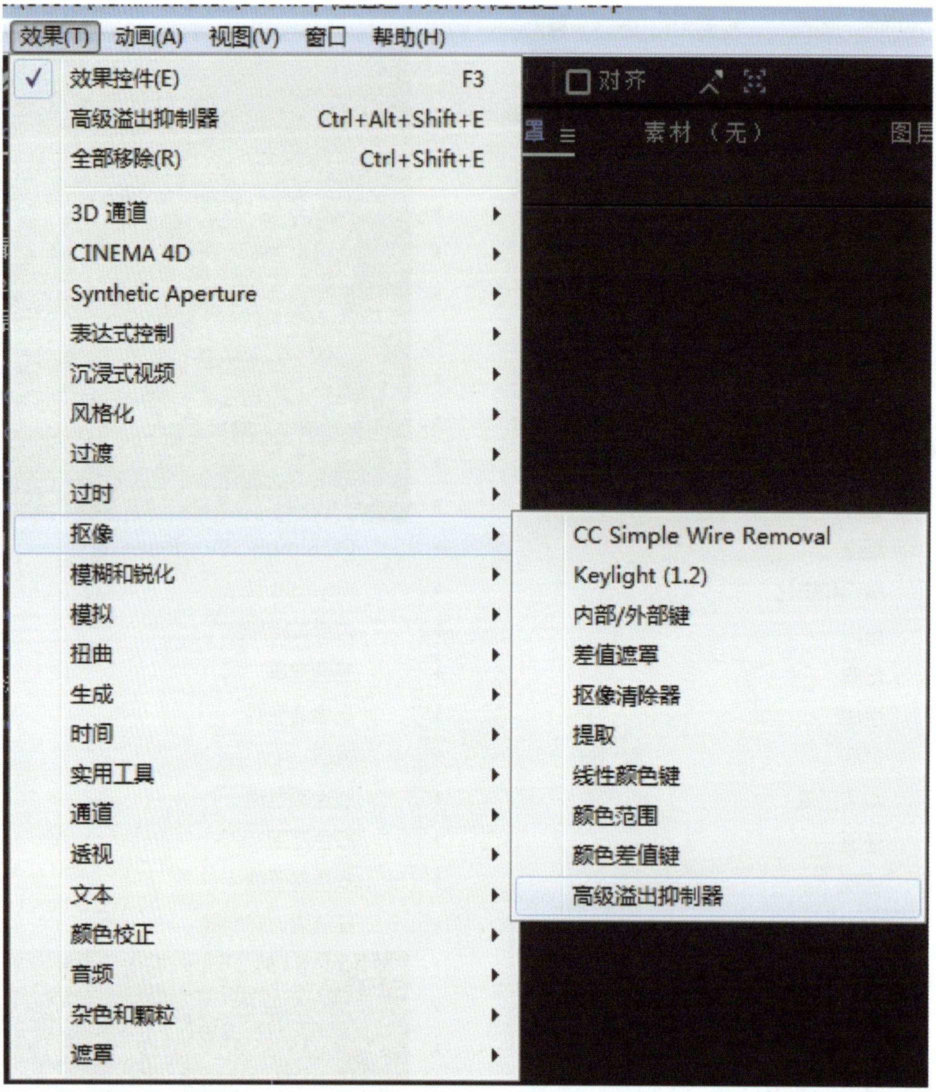

图 5-29

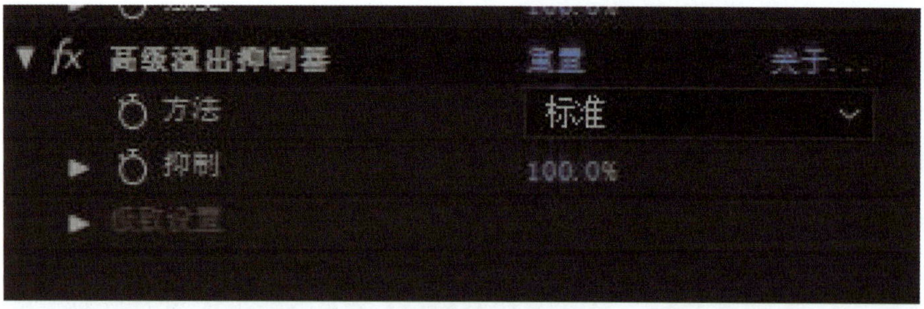

图 5-30

6. 执行【文件>导入>文件】命令，导入素材“示例文件/第五章/beijing. jpg”，并把“beijing. jpg”素材拖入时间线面板中最下方作为背景层，调整位置，如图 5-31 所示。

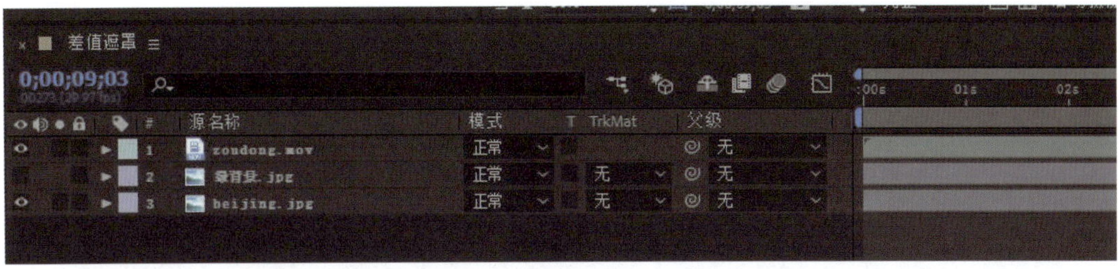

图 5-31

7. 本示例制作完成，按下键盘的数字 0 键进行预览，效果如图 5-32 所示。

图 5-32

5.1.4　内部/外部键抠像

内部/外部键特效是 After Effects 中一种比较高级的特效，运用在一些局部及细节表现上可以得到较好的抠像效果，常常被运用在处理衣服褶皱、头发等较复杂的镜头里。内部/外部键通过图层的遮罩路径来确定需要隔离抠像的物体边缘，从而把影像中的前景物体从背景当中隔离出来，所使用的遮罩路径比较粗略，不必精细地匹配到物体的边缘。

1. 启动 After Effects 软件，执行【合成>新建合成】命令，新建合成命名为“内部外部键抠像”，预设选择 HDTV 1080 25，宽度选择 1920px，高度选择 1080px，像素长宽比为“方形像素”，帧速率设置为 25，持续时间设置为 3 秒 19 帧，背景色设置为默认黑色，如图 5-33 所示。

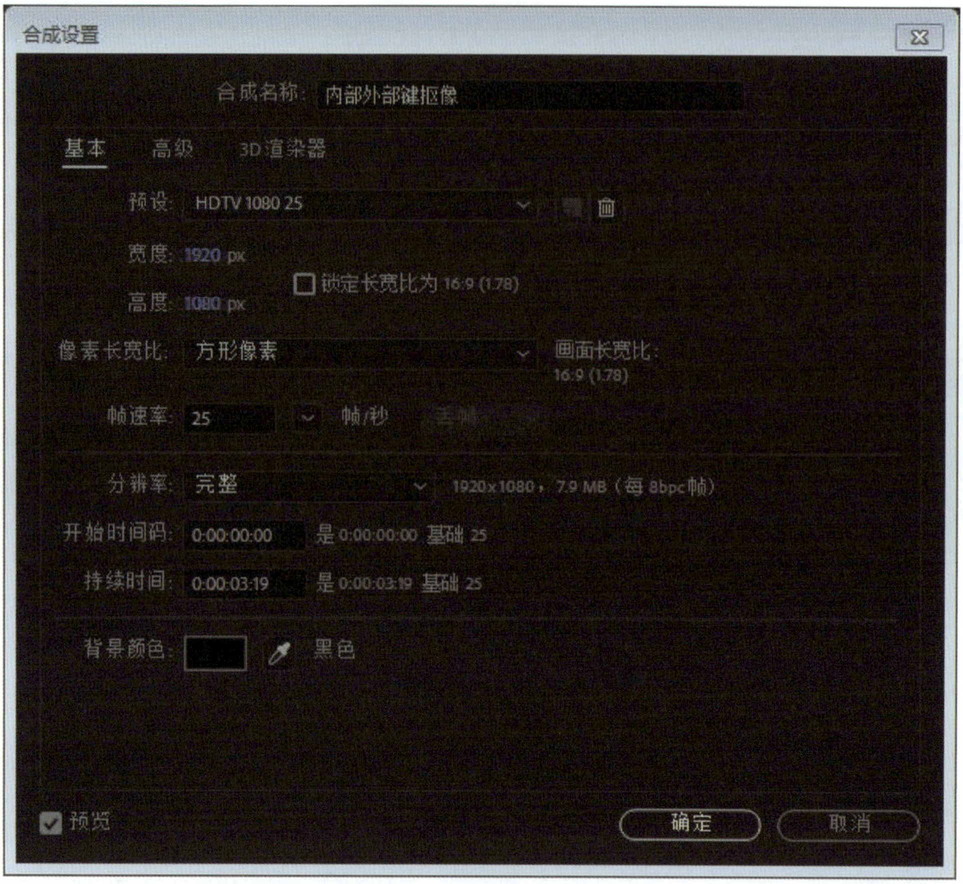

图 5-33

2. 执行【文件>导入>文件】命令，导入素材“示例文件/第五章/特写女孩.mov”并把“特写女孩.mov”素材拖入时间线面板中，如图 5-34 所示。

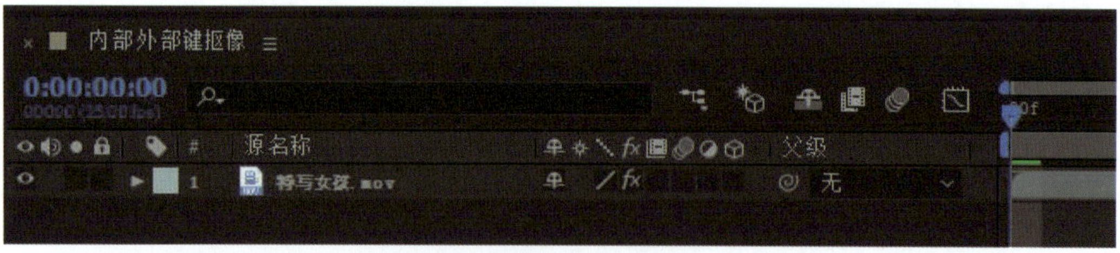

图 5-34

3. 将时间指针拖到开头 0 秒 0 帧位置，选中时间线面板中的“特写女孩.mov”，点击菜单栏下的钢笔工具，如图 5-35 所示。沿人物及画板轮廓画粗略地遮罩“蒙版 1”抠除要保留的部分，如图 5-36 所示。在时间线面板中将“特写女孩.mov”下的“蒙版 1”设置为“相加”，如图 5-37 所示。

图 5-35

图 5-36

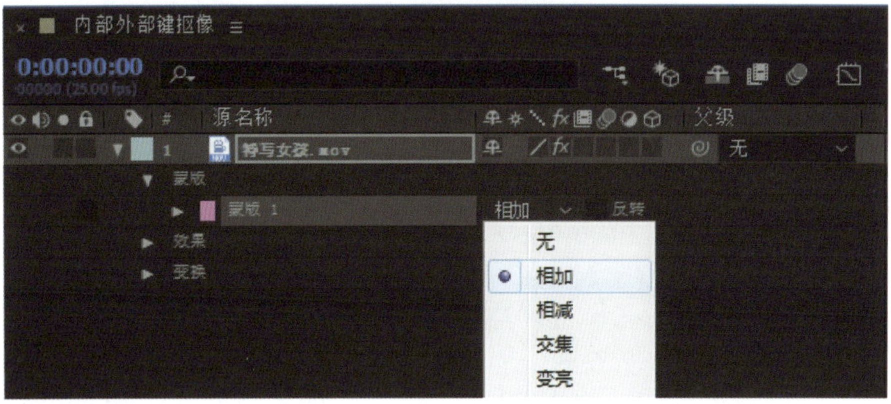

图 5-37

4. 将时间指针拖到 0:00:00:02 位置，选中时间线面板中的“特写女孩. mov”，点击打开“蒙版 1”下拉菜单前面的时间码表，如图 5-38 所示。根据人物移动方向调整“蒙版 1”的路径制作路径动画，如图 5-39 所示，将时间指针拖到 0:00:00:04 位置，根据人物移动方向调整“蒙版 1”的路径制作路径动画，如图 5-40 所示。每间隔 2 帧重复以上步骤，根据人物移动方向调整“蒙版 1”的路径制作路径动画，如图 5-41 所示。

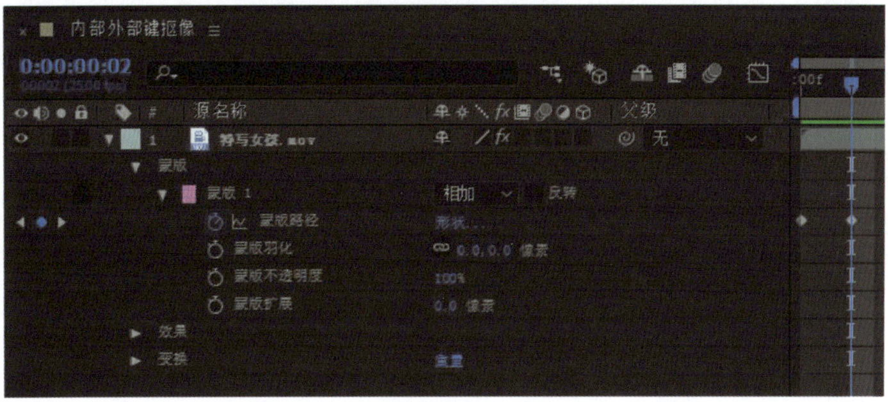

图 5-38

图 5-39

文件(F) 编辑(E) 合成(C) 图层(L) 效果(T) 动画(A) 视图(V) 窗口 帮助(H)
项目
名称
类型
QuickTime
0:00:00:04
内部外部键抠像

图 5-40

图 5-41

5. 选中时间线面板中的“特写女孩. mov”，执行【效果＞抠像＞颜色范围】命令，如图 5-42 所示。选择效果控件中的“颜色范围”，打开下拉菜单，在“预览”下拉菜单下选择吸管工具，吸取女孩轮廓周围多余的蓝色背景色，效果及参数设置如图 5-43 所示，预览窗口效果如图 5-44 所示。

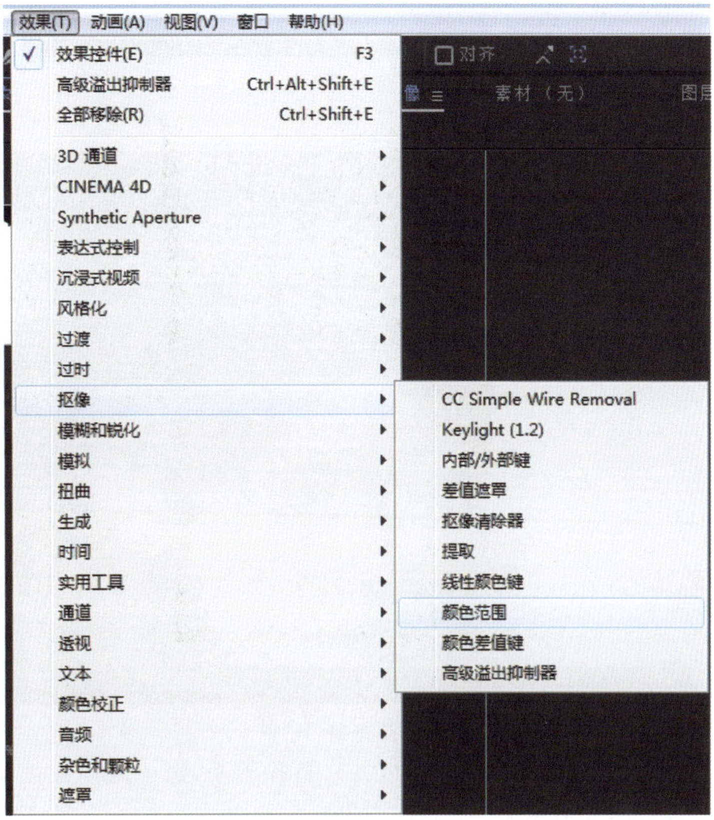

图 5-42

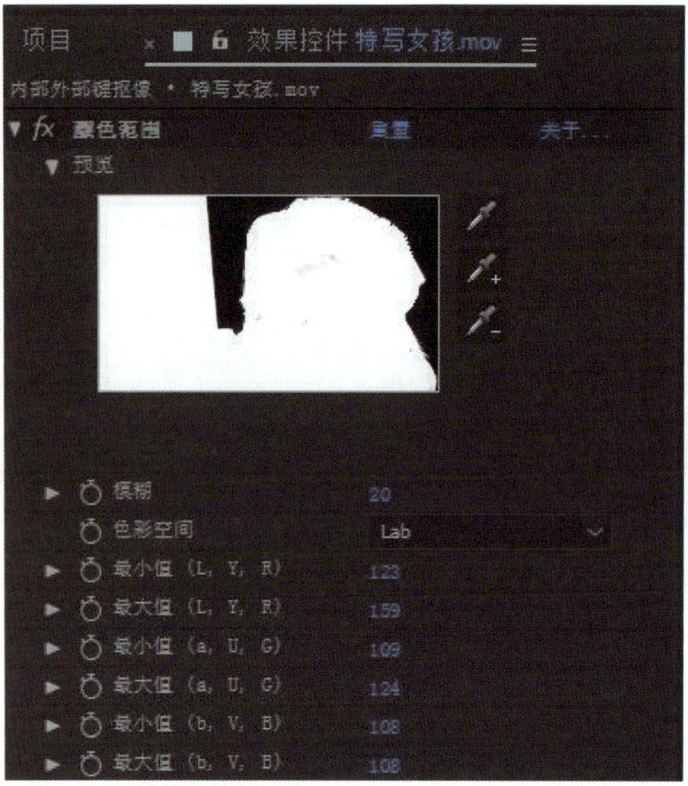

图 5-43

图 5-44

6. 如图 5-44 所示，人物边缘残留的蓝色并未抠除干净，选中时间线面板中的“特写女孩. mov”图层，执行【效果＞抠像＞抠像清除器】命令，如图 5-45 所示。在效果控件窗口中打开“抠像清除器”下拉菜单，具体参数设置如图 5-46 所示。

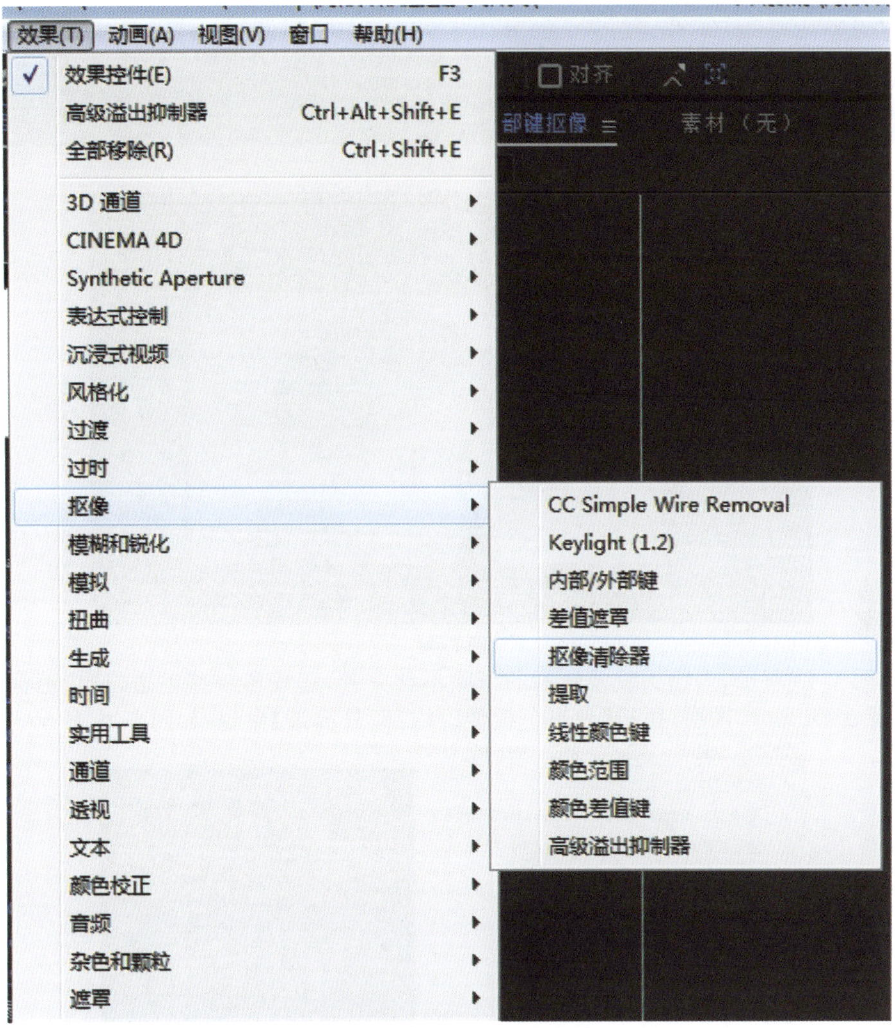

图 5-45

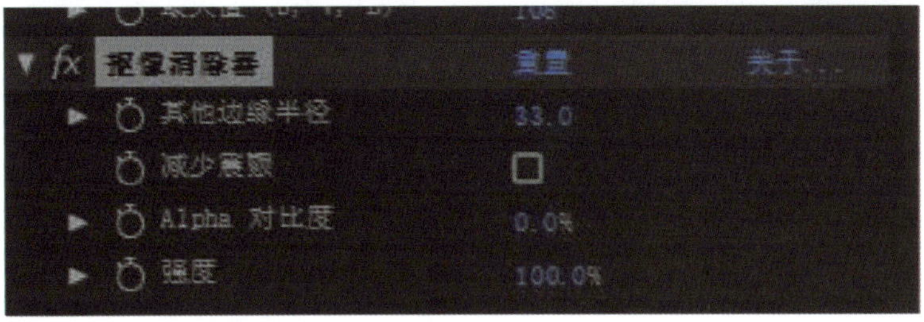

图 5-46

7. 执行【文件>导入>文件】命令，导入素材“示例文件/第五章/云海. mov”，并把“云海. mov”素材拖入时间线面板，置于“特写女孩. mov”图层下方，如图 5-47 所示。选择“云海. mov”图层，点击菜单栏下的【选择工具】，按住 Shift 键在预览窗口等比例放大，调整“云海. mov”背景素材大小，如图 5-48 所示。

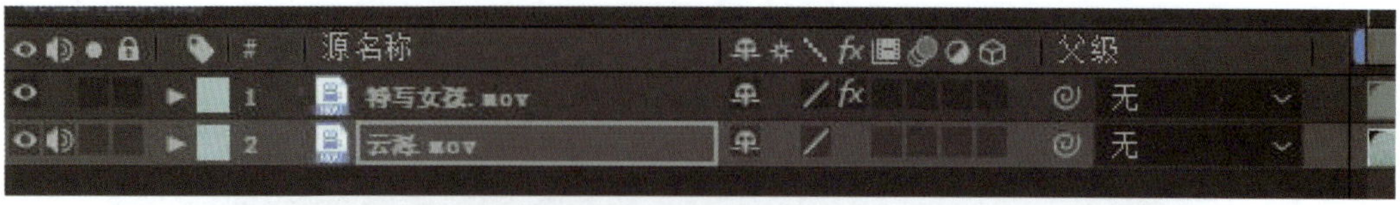

图 5-47

图 5-48

8. 如图 5-48 所示，人物头发及轮廓的抠除不够完善，还残留一些毛边，选中时间线面板中的“特写女孩. mov”图层，执行【效果＞抠像＞内部/外部键】命令，如图 5-49 所示。

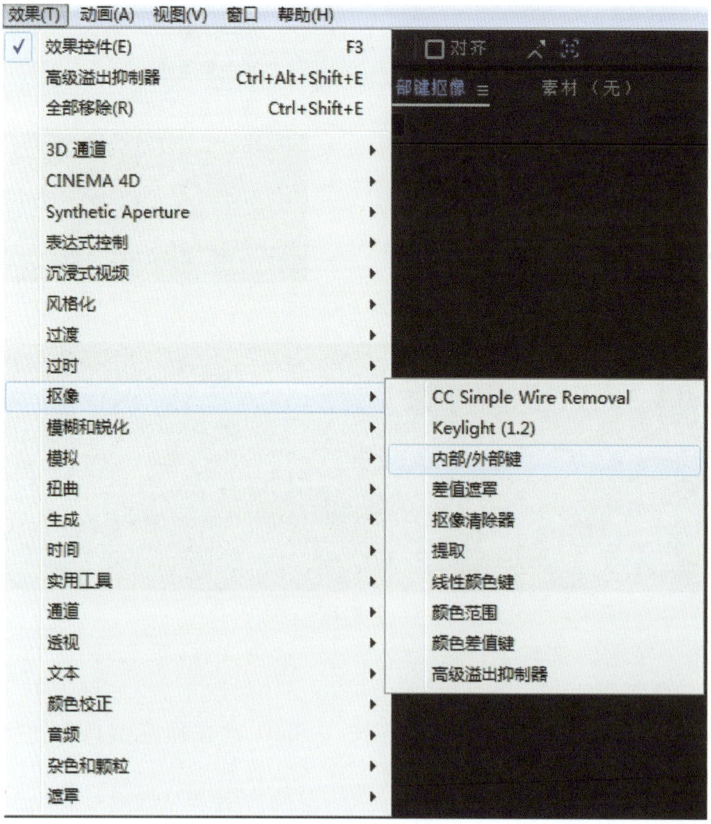

图 5-49

9. 将效果控件面板中“内部/外部键”下拉菜单下的“前景(内部)”设置为“蒙版 1”,如图 5-50 所示。打开效果控件面板中“内部/外部键”下拉菜单,调整其余参数,设置如图 5-51 所示。

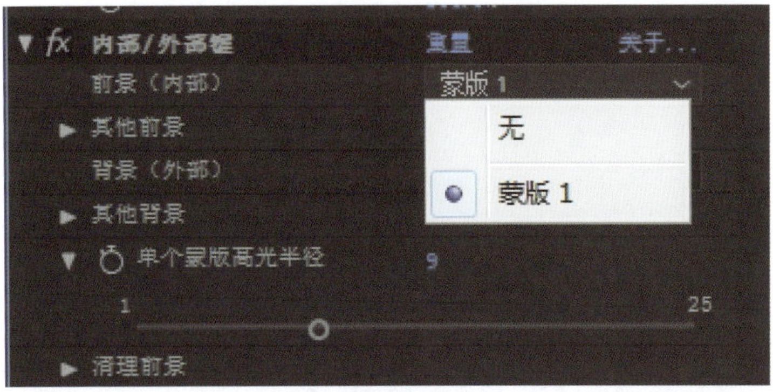

图 5-50

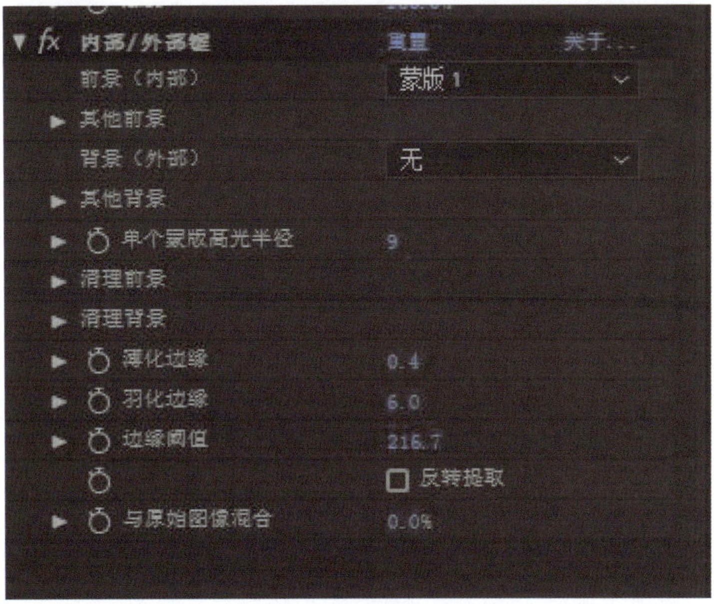

图 5-51

10. 本案例制作完成,按下键盘的数字 0 键进行预览,效果如图 5-52 所示(根据最终抠像预览效果,可选择菜单栏下的【选择工具】对“蒙版 1”路径动画进行逐帧精细调整)。

图 5-52

5.1.5 Keylight 抠像

1. 启动 After Effects 软件，执行【合成>新建合成】命令，将新建合成命名为“Keylight 抠像”，预设选择 HDTV 1080 29.97，宽度选择 1920px，高度选择 1080px，像素长宽比为“方形像素”，帧速率设置为 29.97，持续时间设置为 7 秒 29 帧，背景色设置为默认黑色，如图 5-53 所示。

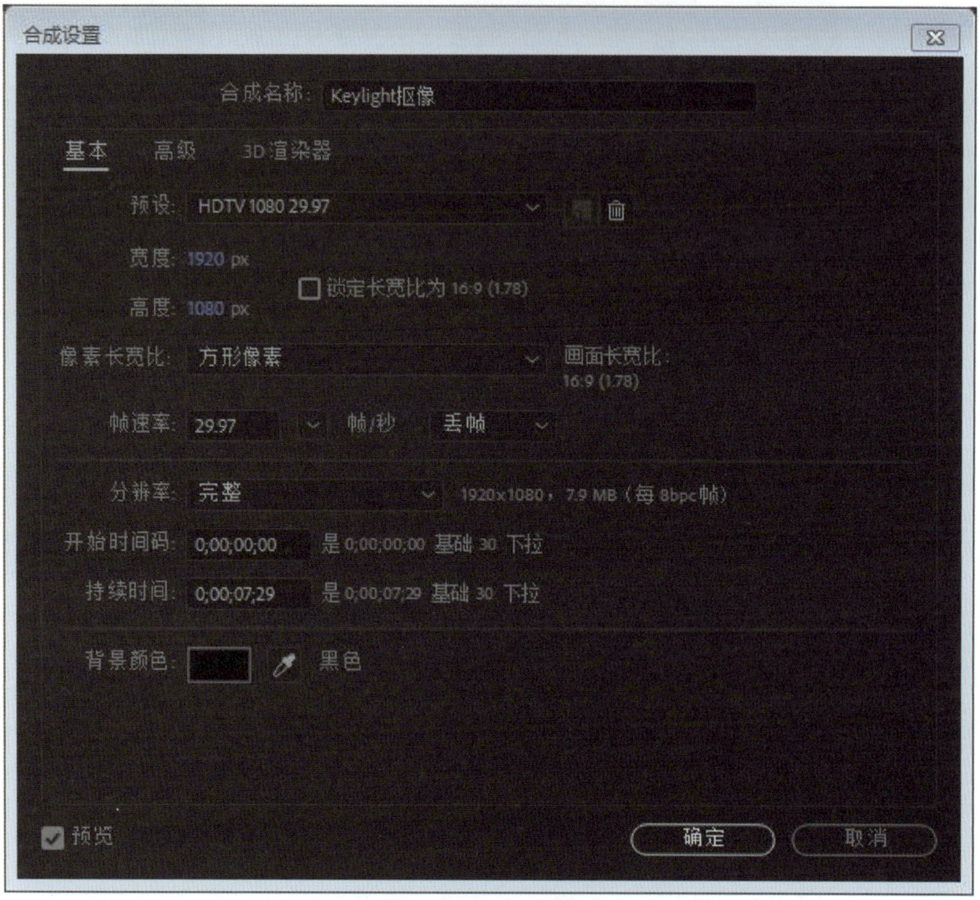

图 5-53

2. 执行【文件>导入>文件】命令，导入素材“示例文件/第五章/nanren. mov”，将“nanren. mov”素材拖入时间线面板中，如图 5-54 所示。

图 5-54

3. 选中时间线面板中的“nanren. mov”图层，执行菜单【效果＞抠像＞Keylight(1. 2)】命令，如图 5-55 所示。在效果控件窗口中点击“Keylight(1. 2)”下拉菜单中的“Screen Colour (屏幕颜色)”右边的吸管工具吸取绿幕颜色，如图 5-56 所示。

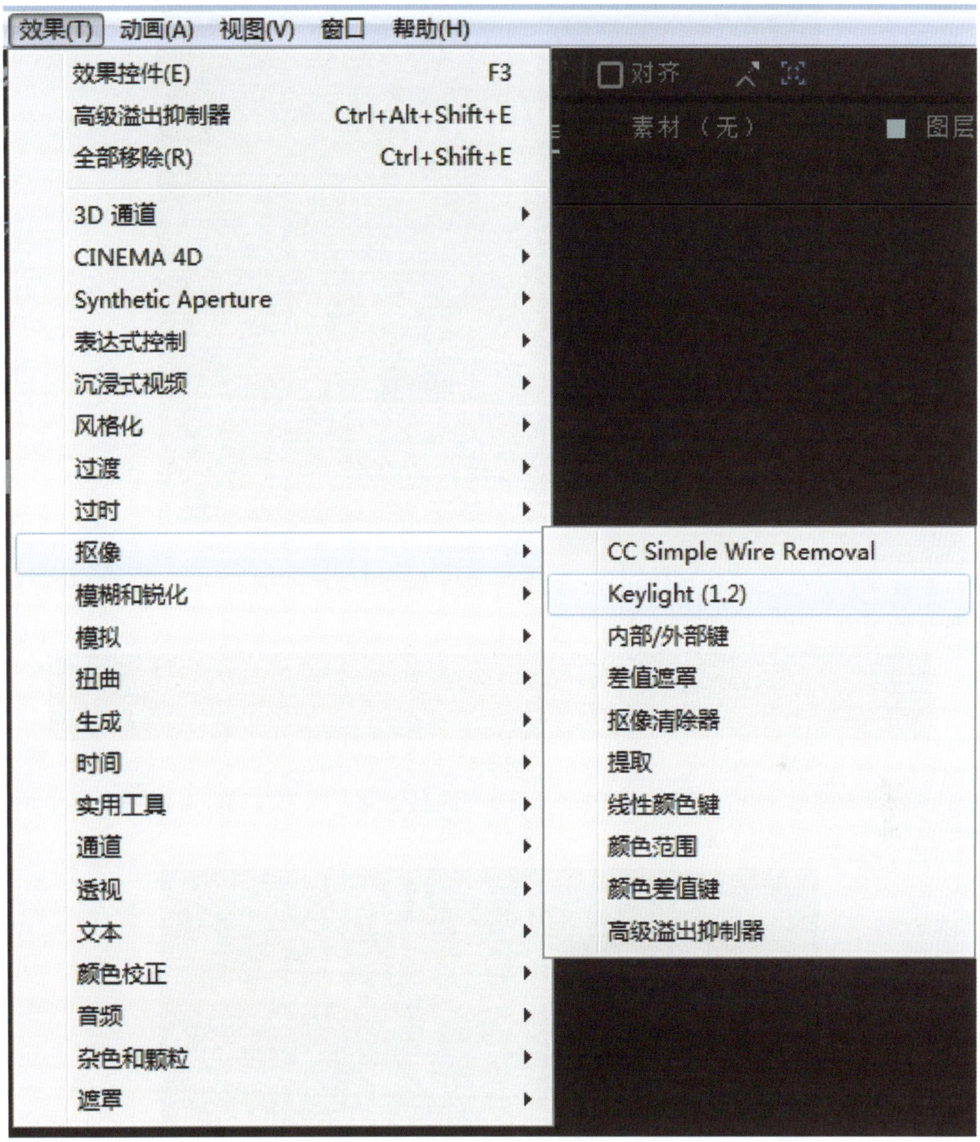

图 5-55

图 5-56

4. 在效果控件窗口点击“Keylight(1.2)”下拉菜单中的“Screen Pre-blur(屏幕模糊)”,将参数设置为 0.5,如图 5-57 所示。

图 5-57

5. 在效果控件窗口点击打开“Screen Matte(屏幕遮罩)”下拉菜单,调整下拉菜单中的参数,设置如图 5-58 所示。

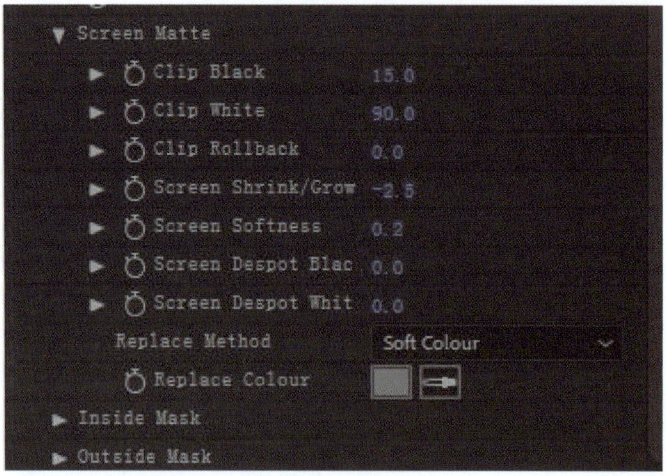

图 5-58

6. 选中时间线面板中的“nanren.mov”图层,执行【效果>颜色校正>曝光度】命令,在效果控件面板中调整“曝光度”下拉菜单的参数,设置如图 5-59 所示。

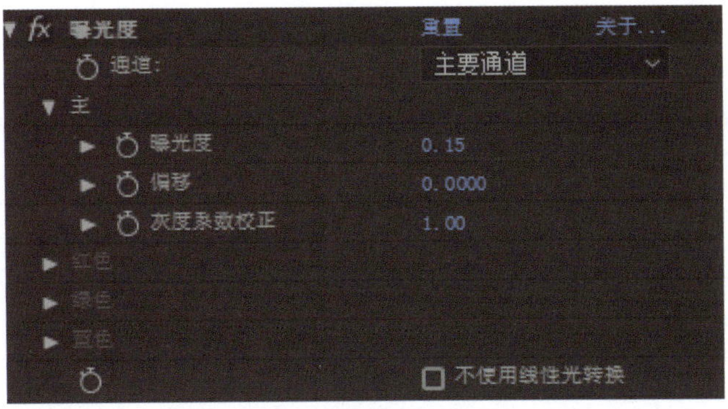

图 5-59

7. 执行【文件＞导入＞文件】命令，导入素材“示例文件/第五章/lukou. mov”，将“lukou. mov”素材拖入时间线面板，置于“nanren. mov”图层下方作为背景，如图 5-60 所示。

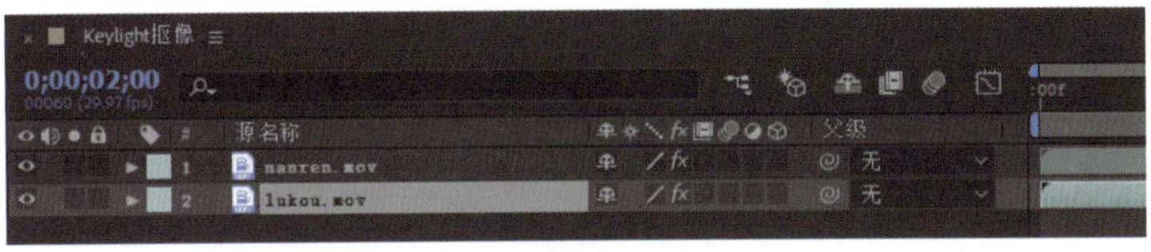

图 5-60

8. 点击软件窗口左下方的（展开或折叠“入点”/“出点”/“持续时间”/“伸缩”窗格）按钮，展开“入点/出点/持续时间/伸缩”窗格，选中时间线面板中的“lukou. mov”，将时间线面板中的“伸缩”设置为 5%，如图 5-61 所示。

图 5-61

9. 选中时间线面板中的“lukou. mov”图层，执行【效果＞时间＞时间扭曲】命令，在效果控件面板中设置“时间扭曲”下拉菜单中的参数，如图 5-62 所示。

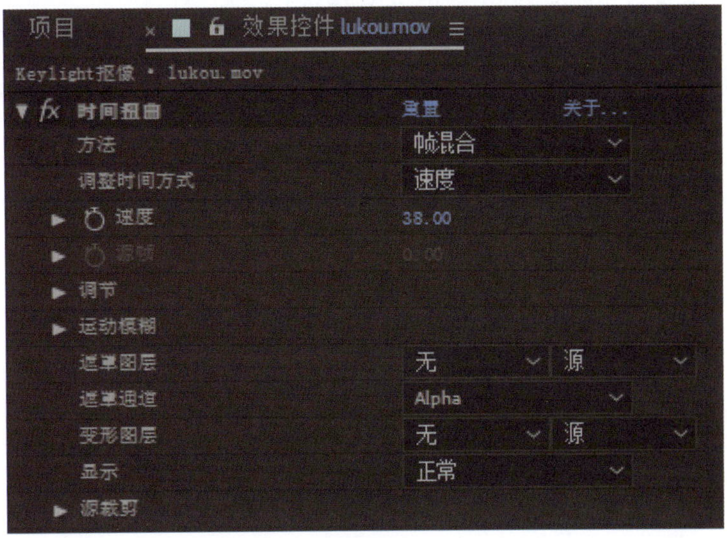

图 5-62

10. 选中时间线面板中的“lukou. mov”图层，执行【效果>时间>CC Force Motion Blur】命令，在效果控件面板中设置“CC Force Motion Blur”下拉菜单中的参数，如图 5-63 所示。

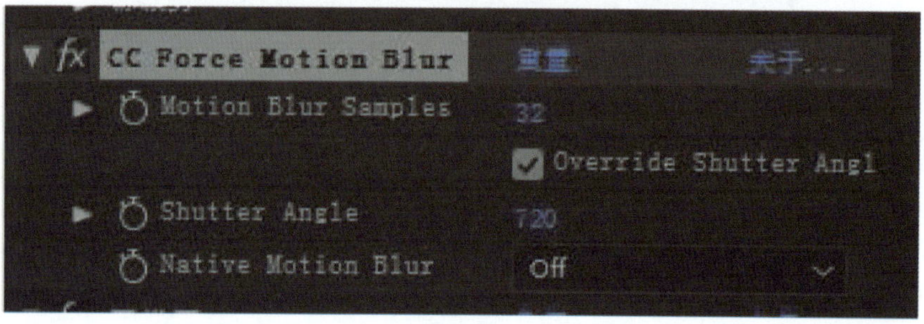

图 5-63

11. 选中时间线面板中的“lukou. mov”图层，执行【效果>色彩校正>曝光度】命令，在效果控件面板中设置“曝光度”下拉菜单中的参数，如图 5-64 所示。

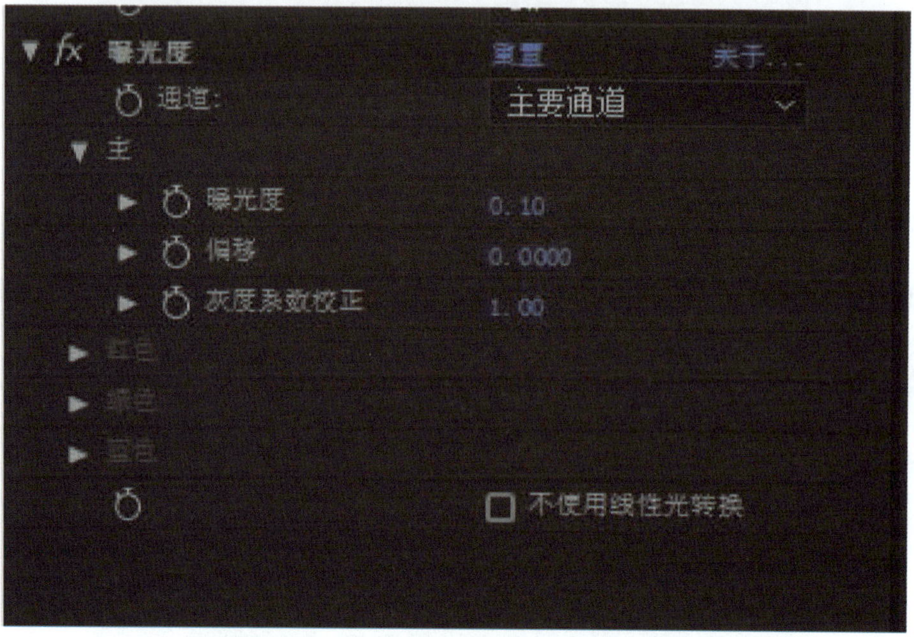

图 5-64

12. 选中时间线面板中的“nanren. mov”图层，点击菜单栏下的钢笔工具，如图 5-65 所示，沿绿色背景板轮廓画的遮罩“蒙版 1”抠除要保留的部分，如图 5-66 所示。在时间线面板中将“nanren. mov”下的“蒙版 1”设置为“相加”，如图 5-67 所示。

图 5-65

图 5-66

图 5-67

13. 本案例制作完成，按下键盘的数字 0 键进行预览，效果如图 5-68 所示。

图 5-68

5.2 人物抠像综合案例

抠像清除器在为拍摄或压缩得不够好的蓝色、绿色背景影像素材进行去背景操作时，还可保留精细的细节。由于本案例所用到的视频素材人物画面及背景饱和度较低，前景及后景区分不够明显，所以本案例还涉及一些基本的调色技巧和遮罩运用。

1. 启动 After Effects 软件，执行【合成>新建合成】命令，新建合成命名为“人物抠像综合案例”，预设选择 HDTV 1080 29.97，宽度选择 1920px，高度选择 1080px，像素长宽比为“方形像素”，帧速率设置为 29.97，持续时间设置为 7 秒 28 帧，背景色设置为默认黑色，如图 5-69 所示。

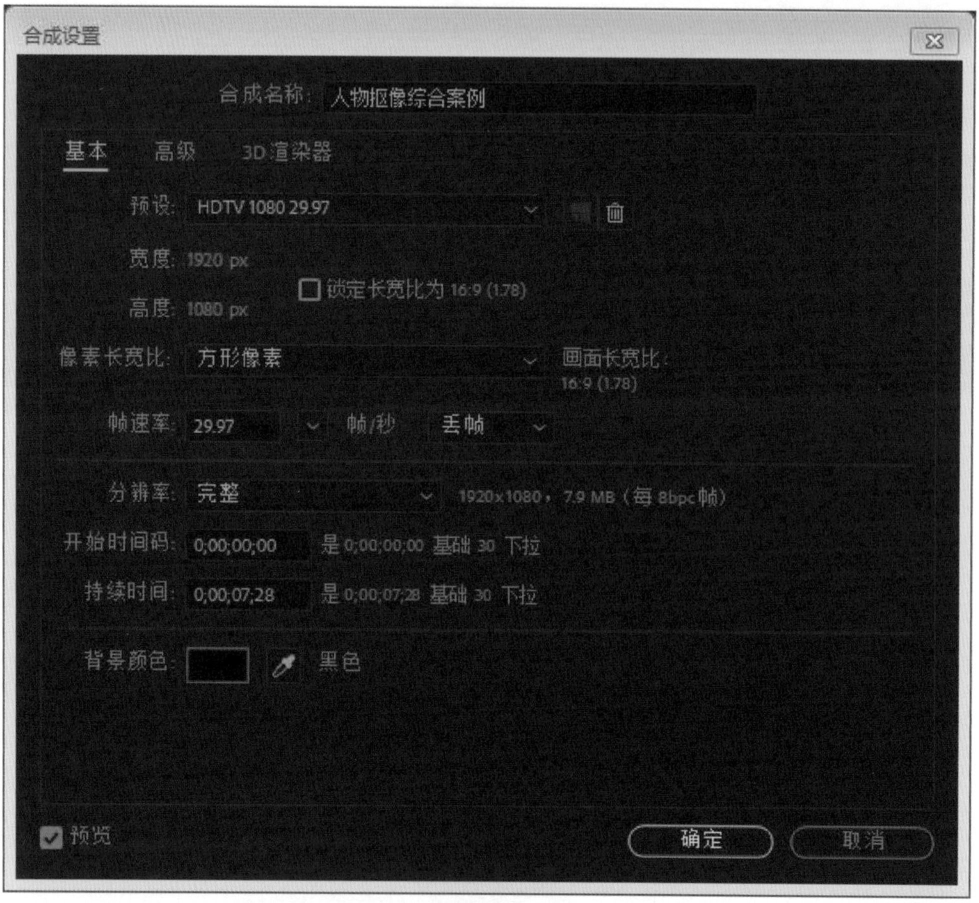

图 5-69

2. 执行【文件>导入>文件】命令，导入素材“示例文件/第五章/huahua. mov”将“huahua. mov”素材拖入时间线面板，如图 5-70 所示。

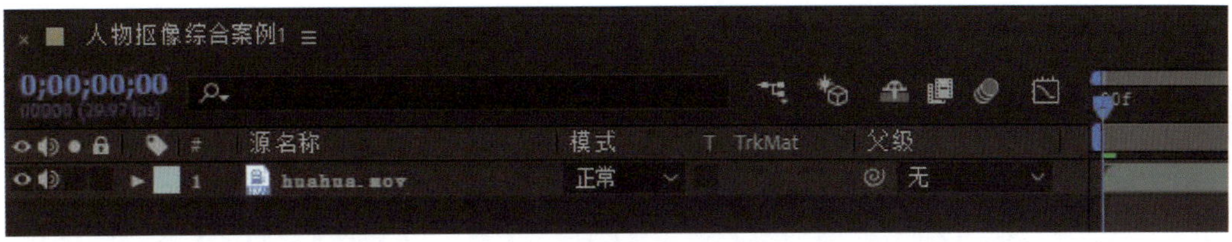

图 5-70

3. 由于该视频素材的色彩饱和度较低，前景色和背景色区别不大，所以先选中时间线面板中的“huahua. mov”图层，执行【效果>颜色校正>lumetri 颜色】命令，如图 5-71 所示。在效果控件窗口点击打开“基本校正”下拉菜单，在“输入 LUT”栏选择“AlexaV3_K1S1_LogC2Video_Rec709_EE”，如图 5-72 所示。

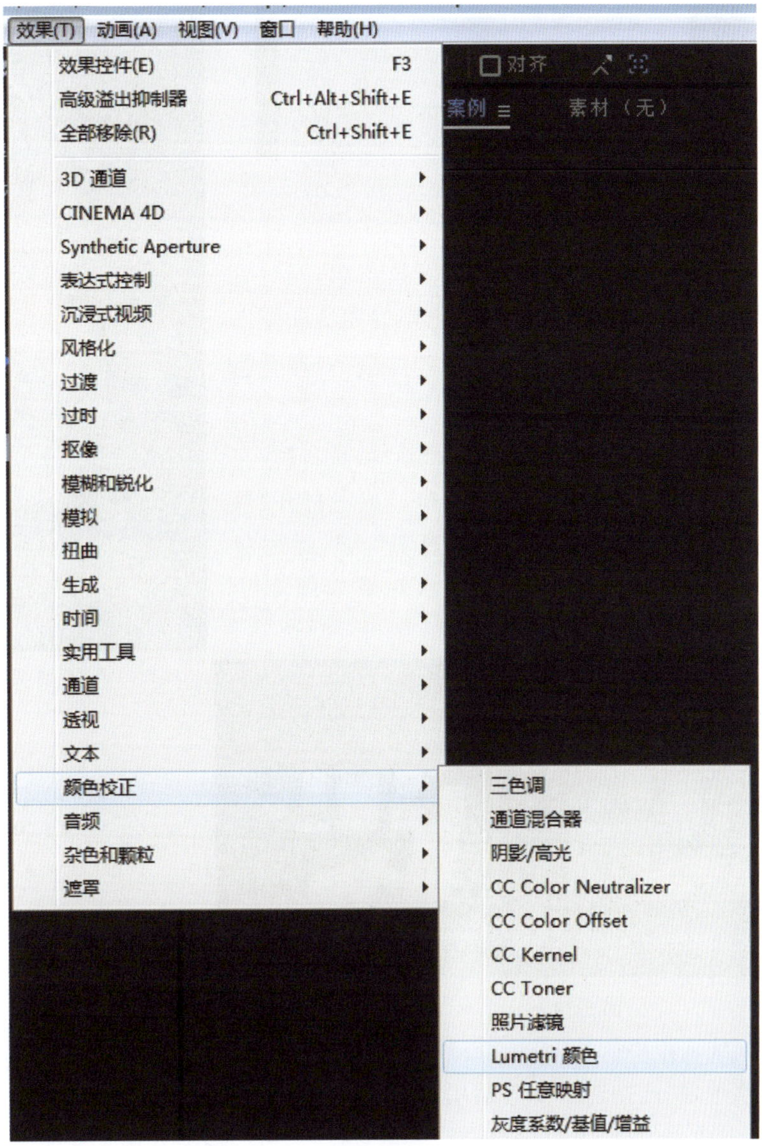

图 5-71

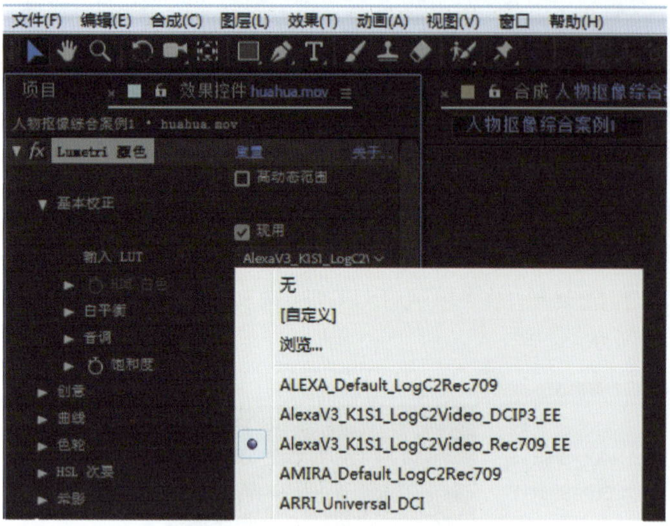

图 5-72

4. 在效果控件窗口点击打开“曲线”下拉菜单，同时打开“曲线”下拉菜单下的“RGB 曲线”及“色相饱和度曲线”，运用菜单栏下的【选择工具】调整其中的曲线，对颜色进行调整，参数设置如图 5-73 所示。

5. 选中时间线面板中的“huahua. mov”图层，执行【效果>抠像>颜色差值键】命令，在效果控件窗口点击打开“颜色差值键”下的“预览”下拉菜单并选择遮罩“A”，运用吸管工具，对遮罩“A”效果进行调整，显示效果如图 5-74 所示。

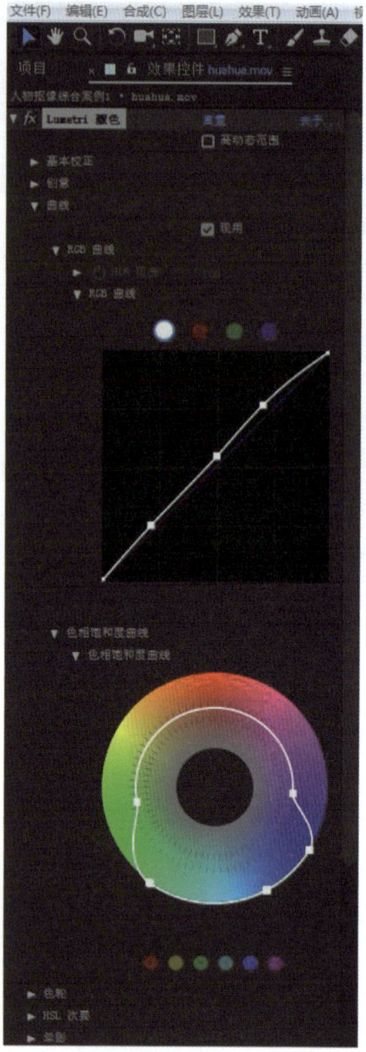

图 5-73

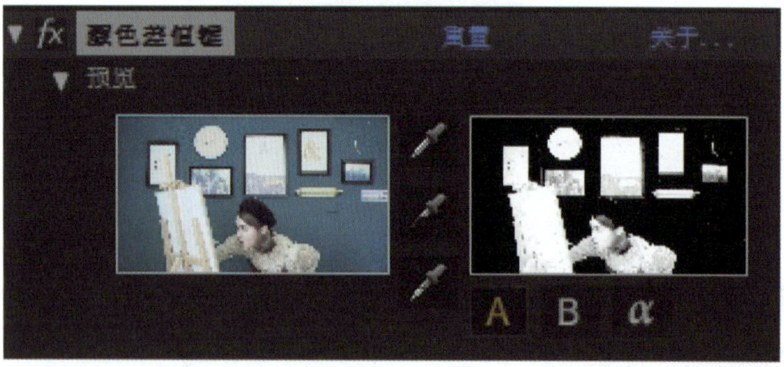

图 5-74

6. 选中时间线面板中的“huahua. mov”图层，在效果控件窗口点击打开“颜色差值键”下的“预览”下拉菜单，并选择遮罩“B”，运用吸管工具对遮罩“B”效果进行调整，显示效果如图 5-75 所示。对“颜色差值键”下拉菜单下的其余参数进行设置，参数设置如图 5-76 所示。

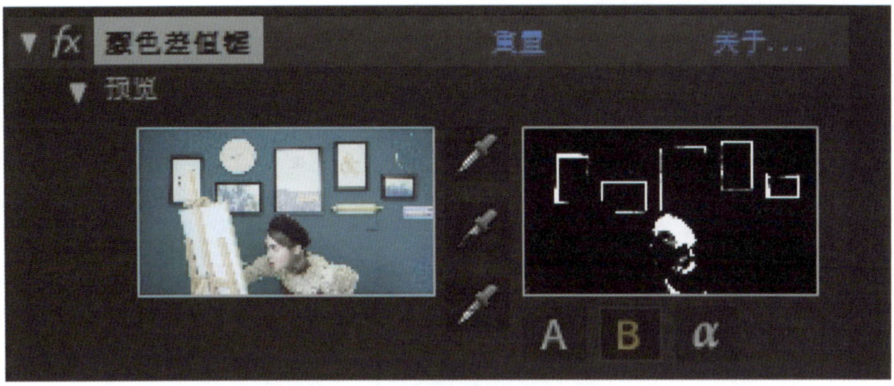
颜色差值键
重置
关于...
预览
A
B
α

图 5-75

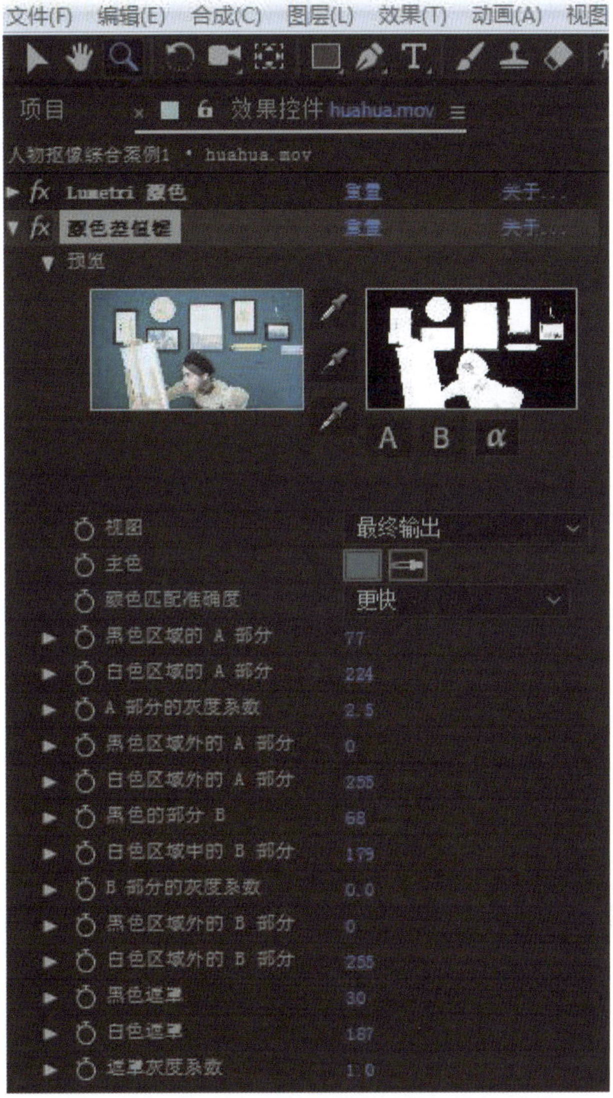
文件(F)
编辑(E)
合成(C)
图层(L)
效果(T)
动画(A)
视图
项目
效果控件 huahua.mov
人物抠像综合案例1 • huahua.mov
Lumetri 颜色
重置
关于...
颜色差值键
重置
关于...
预览
A
B
α
视图
最终输出
主色
颜色匹配准确度
更快
黑色区域的 A 部分
77
白色区域的 A 部分
224
A 部分的灰度系数
2.5
黑色区域外的 A 部分
0
白色区域外的 A 部分
255
黑色的部分 B
68
白色区域中的 B 部分
179
B 部分的灰度系数
0.0
黑色区域外的 B 部分
0
白色区域外的 B 部分
255
黑色遮罩
30
白色遮罩
187
遮罩灰度系数
1.0

图 5-76

7. 选中时间线面板中的"huahua. mov"图层，执行【效果>抠像>抠像清除器】命令，在效果控件面板中打开"抠像清除器"下拉菜单并设置参数，如图 5-77 所示。

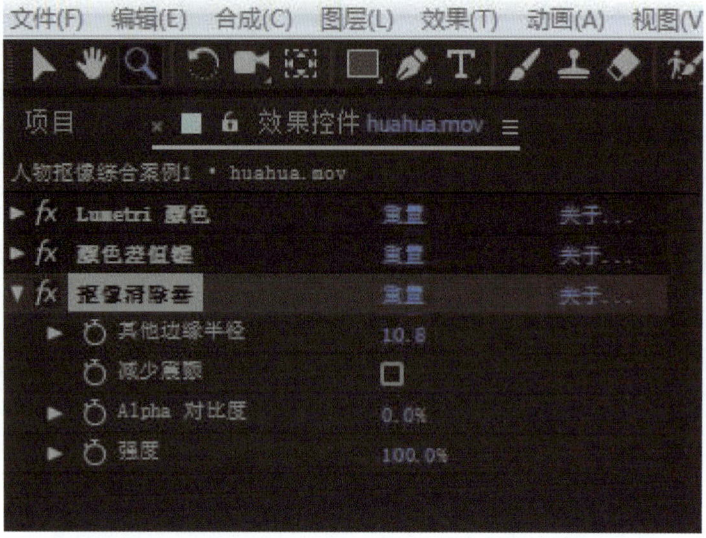

图 5-77

8. 执行菜单【文件>导入>文件】命令，导入素材"示例文件/第五章/tiankongyun. mov"，将"tiankongyun. mov"素材拖入时间线面板，置于"huahua. mov"图层下方，如图 5-78 所示。

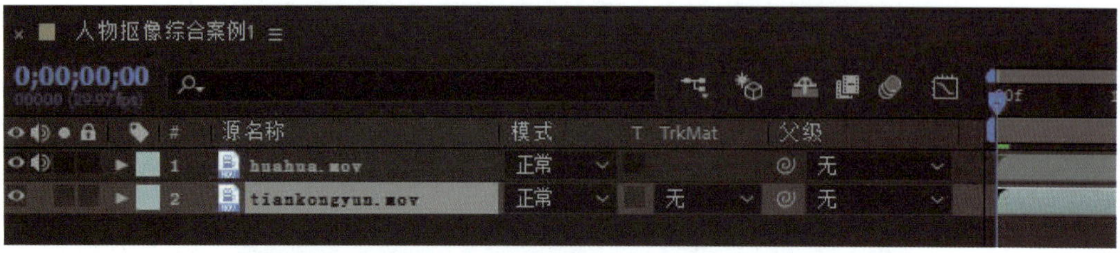

图 5-78

9. 选中时间线面板中的"huahua. mov"图层，点击菜单栏下的【钢笔工具】，如图 5-79 所示，画遮罩蒙版 1、蒙版 2、蒙版 3，去除多余的背景，并在时间线面板中将"huahua. mov"图层下拉菜单中的"蒙版 1""蒙版 2""蒙版 3"设置为"相减"，如图 5-80 所示。

图 5-79

图 5-80

10. 本案例制作完成，按下键盘的数字 0 键进行预览，效果如图 5-81 所示。

图 5-81

5.3　色彩调整

调色技术是伴随胶片电影产生的。在胶片电影时代，药水配比所调制出来的胶片颜色总会有所偏差。在数码时代，调色是影视后期处理常见的操作，学习调色主要是学习调色流程和思路。

调色流程通常分为一级调色和二级调色，也称初级调色和深度调色。初级调色的主要任务是把影片中的所有镜头进行统一配比、逐一调整，比如曝光、对比度、计划影调（冷、暖等）。初级调色就是对每一个镜头都进行颜色校对，通过参数设置，使整部影片的色彩看上去相对协调、完整和统一。二级调色就是深度调色，是对画面经过一级调色后再度调整的统称。即便是随后进行多次颜色调整，也称为二级调色。在二级调色中，通常是对画面作局部的颜色处理，或加入一些人为的颜色修饰，如提高画面的锐度、突出主题人物等，必要时也会大量使用动作的跟踪捕捉功能。

所有的一级调色与二级调色都是根据相应的影片需要而进行定制的，没有绝对的规范操作。但是通过分级调色有一些显而易见的优势，比如更好地控制全片影调更改颜色，更容易提高调色的整体工作效率等。

在开始学习调色之前，要先熟悉 After Effects 的颜色界面。打开 After Effects 软件后，可以在菜单栏中选择【窗口】，在下拉菜单中选择【工作区】中的“颜色”，After Effects 的工作界面就会切换到以调色为主的工作区域中，如图 5-82 所示。此时要调整颜色的视频就会出现在合成面板中。

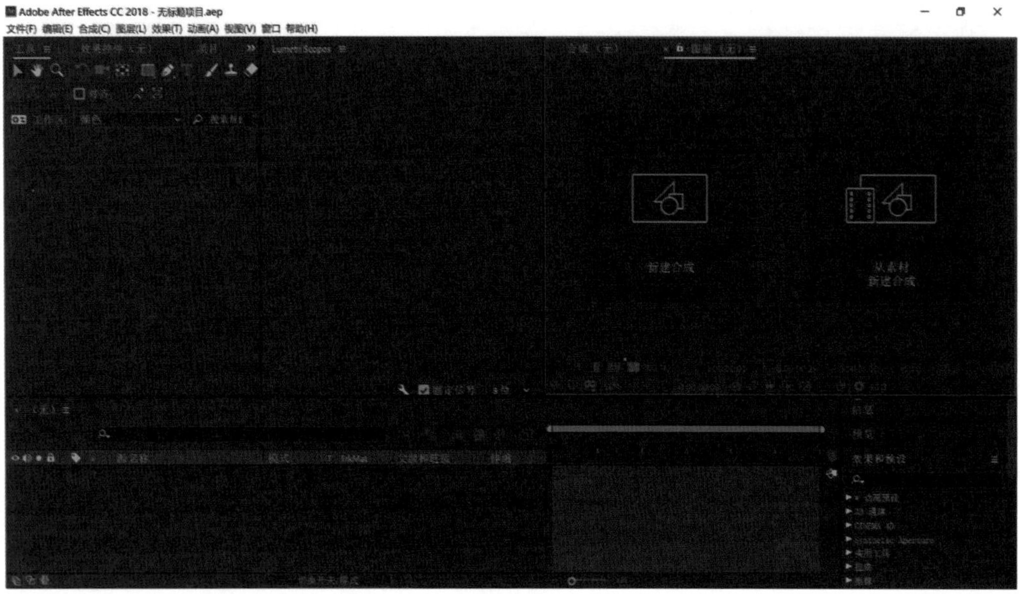

图 5-82

5.3.1　Lumetri Scopes 工具

一级调色最常用的就是 Lumetri Scopes 中的各项工具（如图 5-83），主要应学会观察矢量示波器、直方图、分量图、波形图。示波器在一级调色中有无可替代的作用，有助于更精准地调配颜色，不会因为素材量过大而导致眼睛疲劳和色彩混乱。波形图、直方图、分量图在一级调色中核心功能是一致的，只需要精通其中一个就可以完成一级调色的任务。

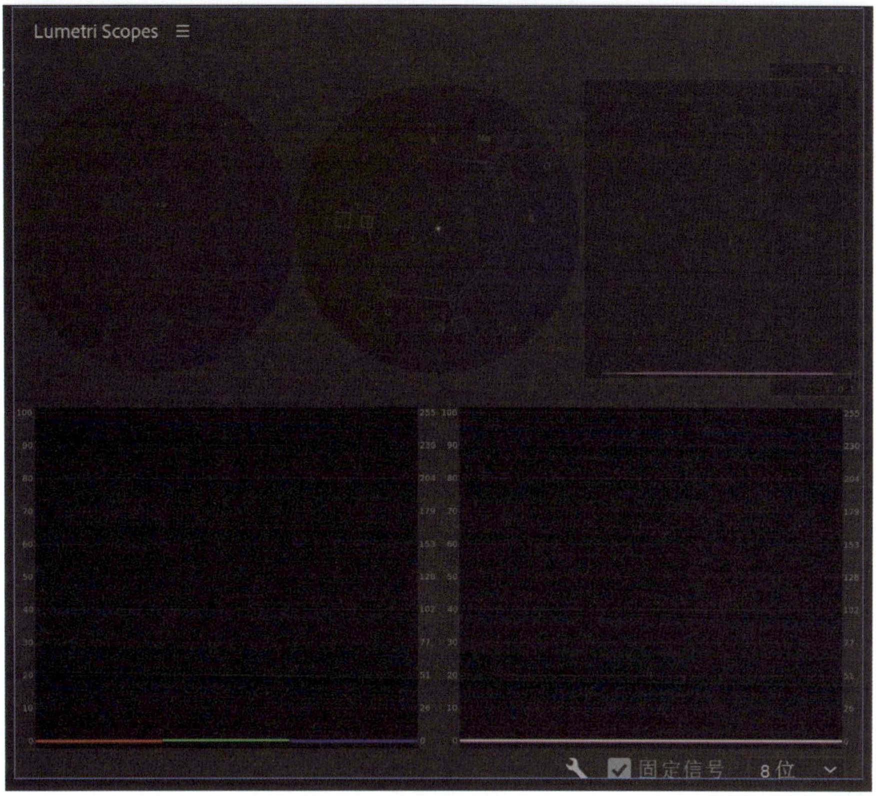

图 5-83

在导入一个素材时，会发现不同的示波器颜色分布，可以根据需要按示波器的数据进行调节，如图 5-84 所示。

图 5-84

这里的示波器就会有所显示，核心技术点有两个：

一是观察分量(RGB)或波形(RGB)，上方代表亮部，下方代表暗部。通过调整曝光、对比度，可以做到亮部不会过曝，暗部不会死黑，从而保存所有的画面细节。如果不是特殊影调要求，有时会出现单独颜色偏暗或过曝，可以单独调节某一种颜色使其颜色均衡。观察示波器第一步调节的方法也很简单，让 3 个颜色均衡地接触顶部与底部即可。

二是观察矢量示波器，以中心点为圆心的圆形图案，饱和度越大扩散范围也就越大，根据影片需求可自行调节。但是在矢量示波器中，圆心的 10 点钟与 4 点钟连线位置为肤色线所在，通常的影视剧颜色会围绕肤色线展开。所以，很多有经验的调色师会选择以肤色线为主扩散颜色。

5.3.2 常用调色工具的使用

After Effects 调节颜色需要找到【效果和预设】面板，如图 5-85 所示，点开后在下拉菜单中找到“颜色校正”选项，如图 5-86 所示。本节择要介绍常用的调色工具，如曝光度、对比度、饱和度等。

图 5-85

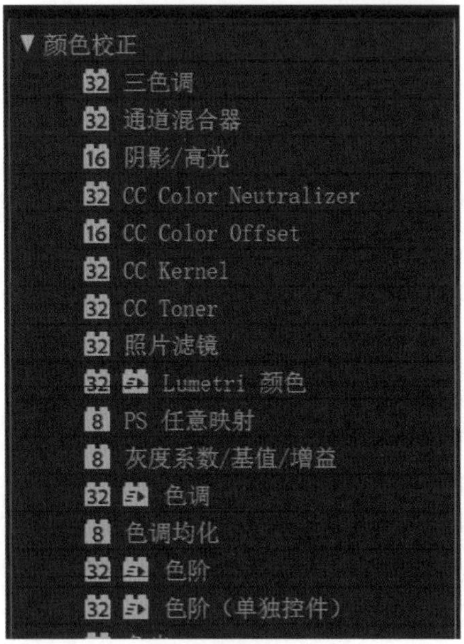

图 5-86

影片的颜色需要根据影片的整体风格定位进行后期修改。如果所有的画面颜色都使用自动化处理，最后会因为拍摄场景的变换导致每个镜头的颜色都有偏差，后期调整反而更加烦琐。所以，在实际工作中，不提倡使用“自动颜色”“自动对比度”和“自动色阶”这 3 个工具选项。

1. 曝光度

曝光度是调色最重要的第一步，因为只有曝光准确了才能进行后面的调整。除特殊影片风格化处理外，曝光度一般调整至颜色在波形示波器与分量示波器中接近顶部与底部位置。如果颜色比较均衡，可以选择【通道】选项里的“主要通道”，如图 5-87 所示，调整曝光度来获得均衡的曝光。如果颜色不均衡，可以再加一个曝光度的效果控件，然后点击【通道】下的“单个通道”，对红、绿、蓝 3 种颜色分别进行调整，使其色彩在画面中均衡。

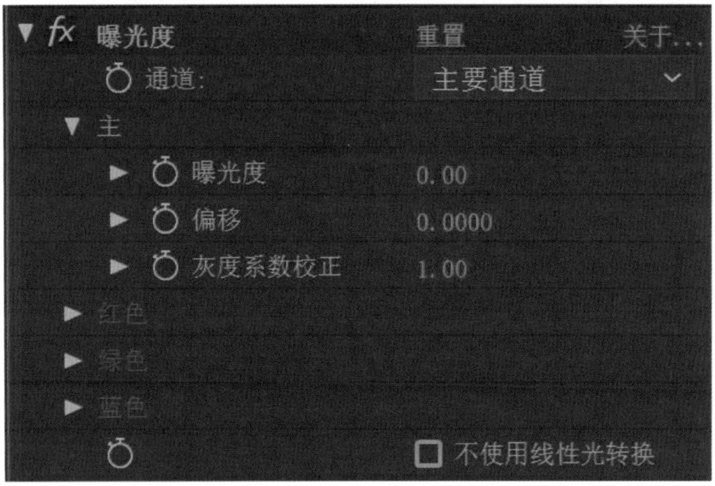

图 5-87

2. 亮度对比度

目前的摄影机拍摄相对比较稳定，后期的亮度问题不会很严重，只需要看是否要添加或降低对比度。有一些影片追求弱对比效果，就需要在初期调色时将所有的镜头统一到一个对比度范围内，调色结束后画面不会出现不匹配的问题。

这里有一个小技巧，如果想给某一个镜头加一个闪动效果，可以在短时间内给一个高亮度，通过调整“亮度”参数并设置关键帧来完成，如图 5-88 所示。

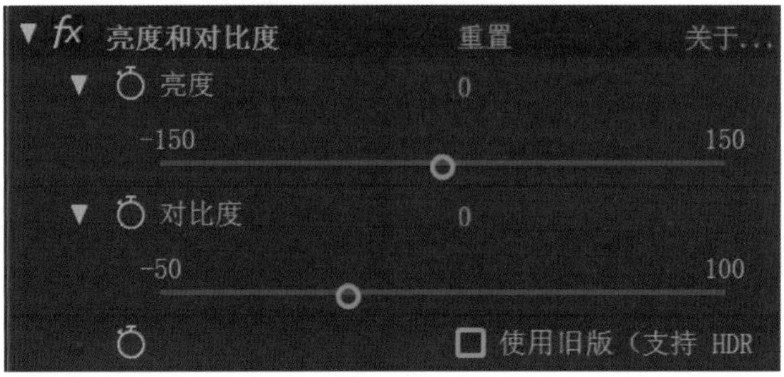

图 5-88

3. 色相饱和度

通常只要调整饱和度，而色相一般不要求调整，除非是画面有特殊需要。如果需要一个由黑白到彩色再到黑白的渐变过程，可以通过设置“饱和度”的参数，并配合关键帧设置来完成操作，如图 5-89 所示。很多颜色选项有通道控制与亮度调节，如果在其他的效果控件中调整过，不需要重复调节。

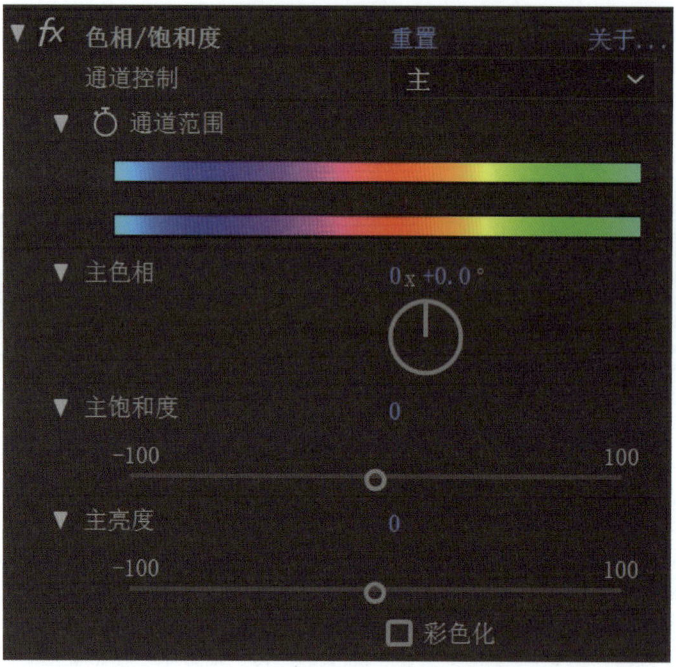

图 5-89

4. 三色调

三色调是一个可以快速给出影调的效果控件，通常只设置“中间调”来调整整体气氛，再适当调整“高光”部分。高光部分与中间调部分的颜色通常在一个色系或临近色系中选择，只是亮度、纯度不同。需要注意的是，一定要调整“与原始图像混合”，一般会设置为 60%～80%，根据画面需要进行调整，使其融合在一起，不然会很生硬，如图 5-90 所示。

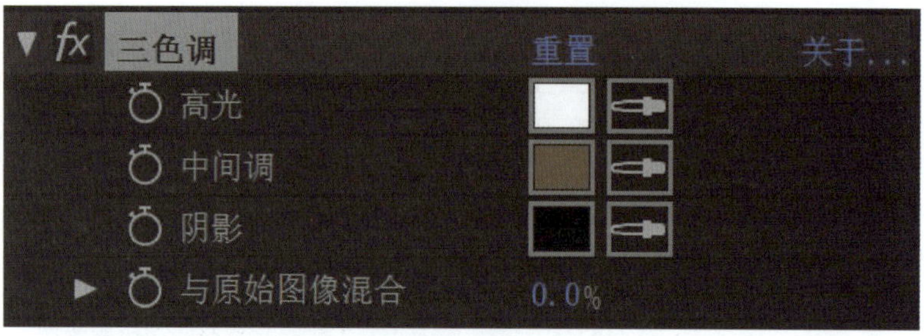

图 5-90

5. 曲线

通过调整曲线形状可以快速完成光比的整体调整。在图 5-91 中，方形左下角代表暗部，右上角代表亮部。上下轴方向拉动是对图像灰度系数的调整，左右轴方向拉动是对黑白效果的调整。但需要注意，这里的调整不等同于平面图形的曲线调整，因为平面图形是静态图像，动态图像的每一步调整都要考虑到前后镜头的衔接，这一点尤为重要。

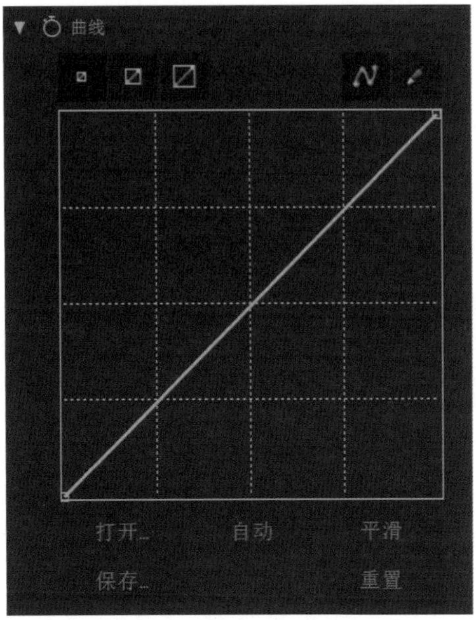

图 5-91

第 6 章　After Effects 综合应用案例

本章为综合应用案例，是前 5 章知识点的综合运用，包括文字动画、镜头跟踪、三维空间合成、调色等。

1. 启动 After Effects 软件，新建项目，执行【文件>导入>文件】命令，导入素材“示例文件/第六章/magic. mp4”，将“magic. mp4”素材拖入项目窗口中下方的【新建合成】按钮上，新建合成“magic”，如图 6-1 所示。

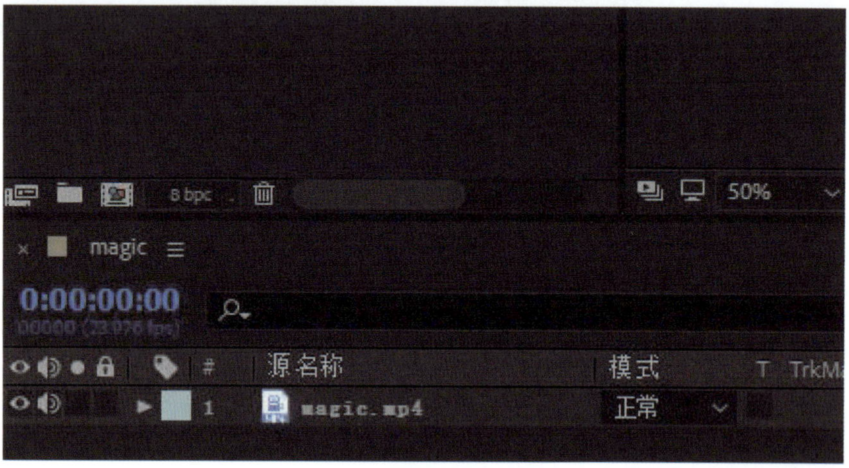

图 6-1

2. 选中时间线面板中的“magic. mp4”，执行菜单【效果>色彩校正>曲线】命令，调整视频素材颜色，如图 6-2 所示。在效果控件窗口中调整“曲线”参数设置，如图 6-3 所示。

3. 选中时间线面板中的“magic. mp4”，执行【效果>色彩校正>三色调】命令，继续调整视频素材的颜色，如图 6-4 所示。在效果控件窗口中调整“三色调”中的“中间调”颜色及“与原始图像混合”透明度，参数设置如图 6-5 所示。

4. 执行【合成>新建合成】命令，新建合成“咒语”，设置如图 6-6 所示。

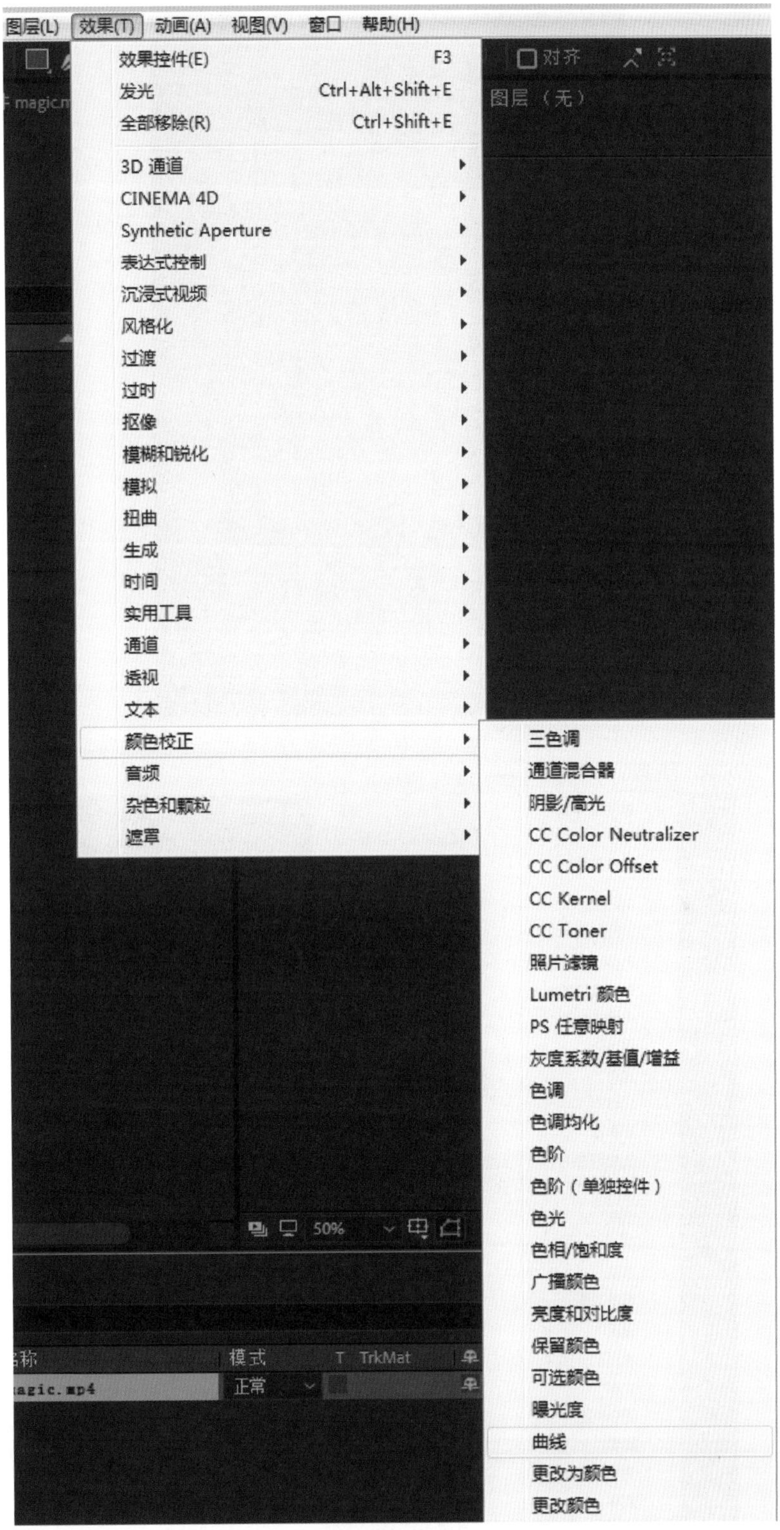
图层(L)
效果(T)
动画(A)
视图(V)
窗口
帮助(H)
效果控件(E) F3
发光 Ctrl+Alt+Shift+E
全部移除(R) Ctrl+Shift+E
3D 通道
CINEMA 4D
Synthetic Aperture
表达式控制
沉浸式视频
风格化
过渡
过时
抠像
模糊和锐化
模拟
扭曲
生成
时间
实用工具
通道
透视
文本
颜色校正
音频
杂色和颗粒
遮罩
对齐
图层（无）
三色调
通道混合器
阴影/高光
CC Color Neutralizer
CC Color Offset
CC Kernel
CC Toner
照片滤镜
Lumetri 颜色
PS 任意映射
灰度系数/基值/增益
色调
色调均化
色阶
色阶（单独控件）
色光
色相/饱和度
广播颜色
亮度和对比度
保留颜色
可选颜色
曝光度
曲线
更改为颜色
更改颜色
50%
模式
TrkMat
正常
图 6-2

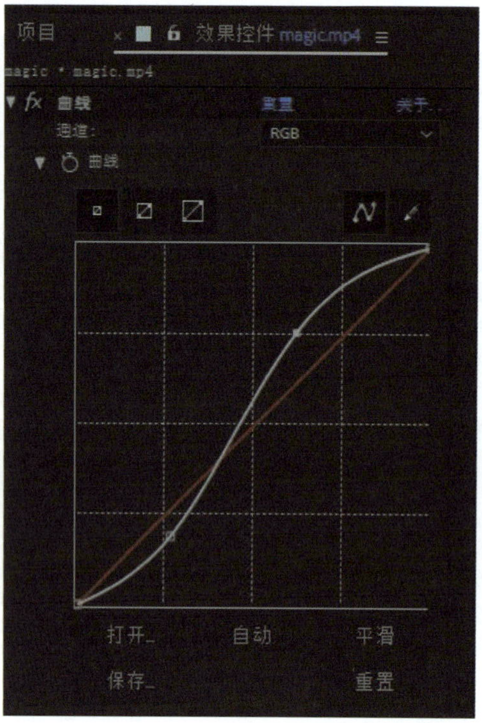
项目
效果控件 magic.mp4
曲线
重置
通道：
RGB
曲线
打开...
自动
平滑
保存...
重置

图 6-3

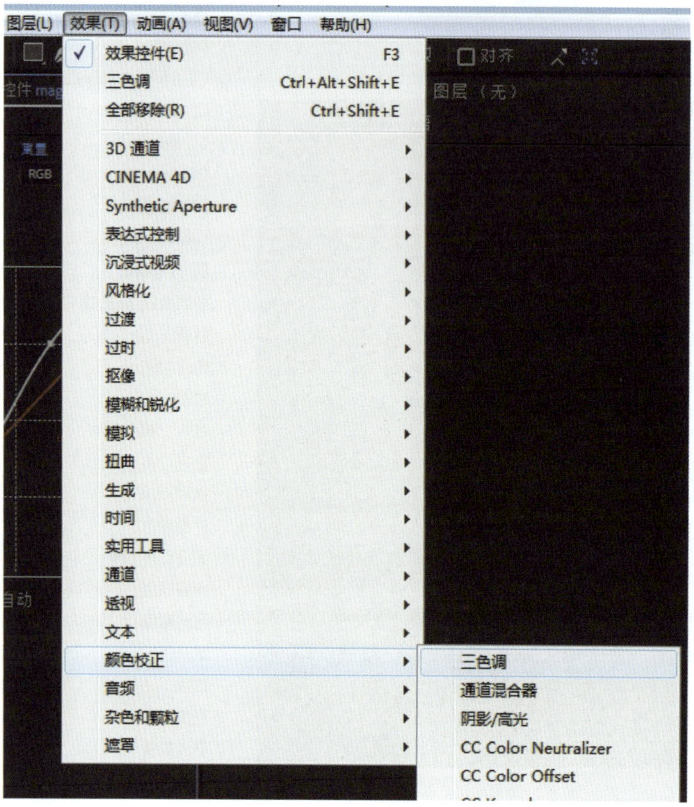
图层(L)
效果(T)
动画(A)
视图(V)
窗口
帮助(H)
效果控件(E) F3
三色调 Ctrl+Alt+Shift+E
全部移除(R) Ctrl+Shift+E
3D 通道
CINEMA 4D
Synthetic Aperture
表达式控制
沉浸式视频
风格化
过渡
过时
抠像
模糊和锐化
模拟
扭曲
生成
时间
实用工具
通道
透视
文本
颜色校正
音频
杂色和颗粒
遮罩
三色调
通道混合器
阴影/高光
CC Color Neutralizer
CC Color Offset
对齐
图层（无）
RGB
自动

图 6-4

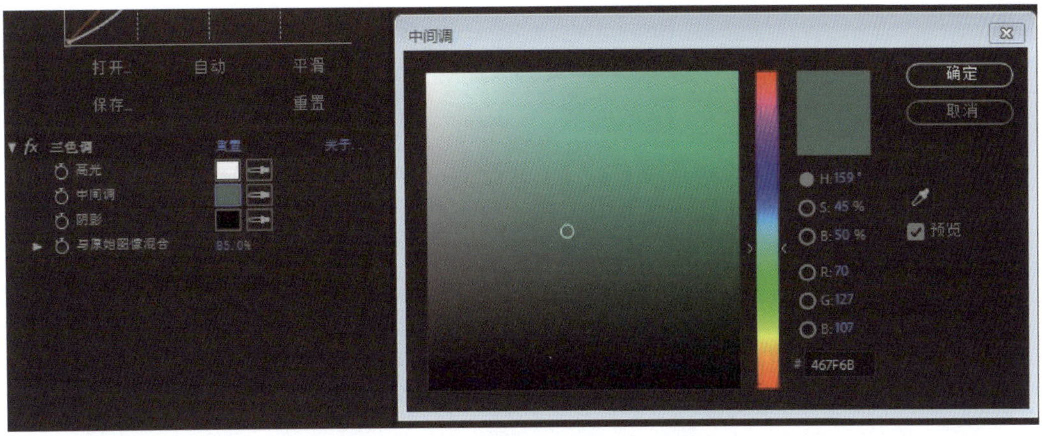

图 6-5

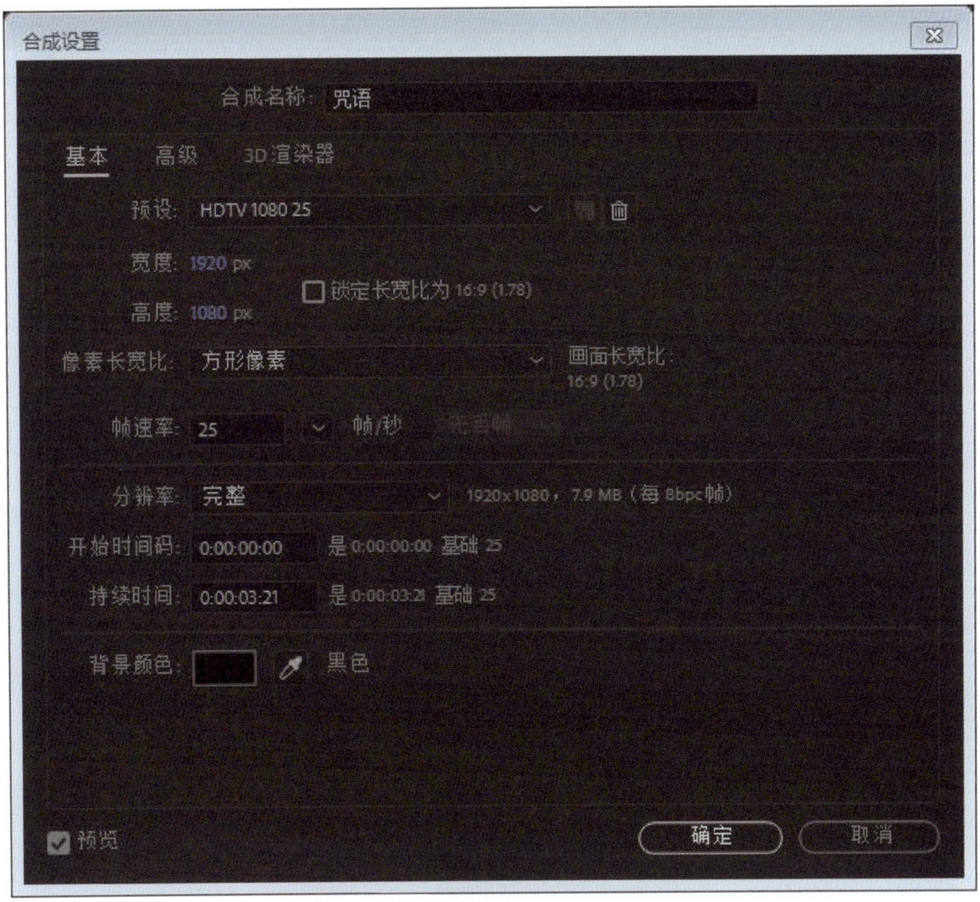

图 6-6

5. 在“咒语”合成中选择【文字工具】T,输入任意英文字母,并调整位置,预览效果位置,如图 6-7 所示。在字符面板中将字体颜色设置为灰色,颜色设置如图 6-8 所示。将英文字体更改为 Indevr 字体。参数设置如图 6-9 所示,效果预览如图 6-10 所示。

hghgfhhfghfghfottyrbnhfjlkhasafggdhfjl' uyuewesnjkgghgdsa

图 6-7

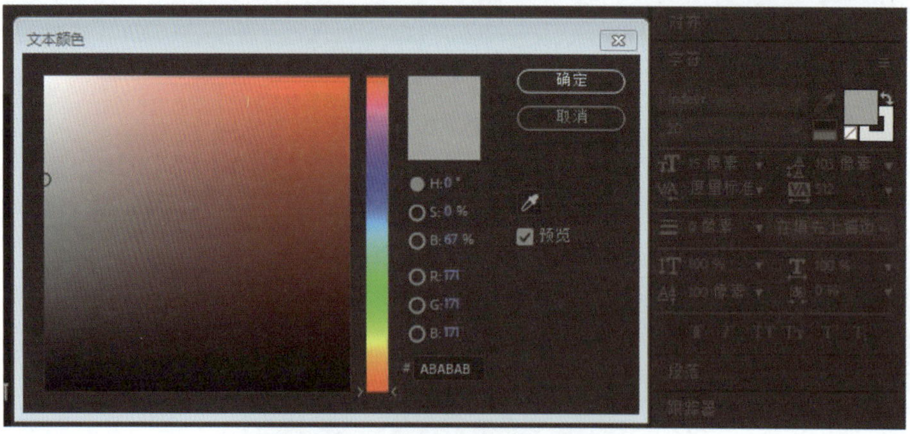
文本颜色
确定
取消
H: 0 °
S: 0 %
B: 67 %
R: 171
G: 171
B: 171
预览
ABABAB

图 6-8

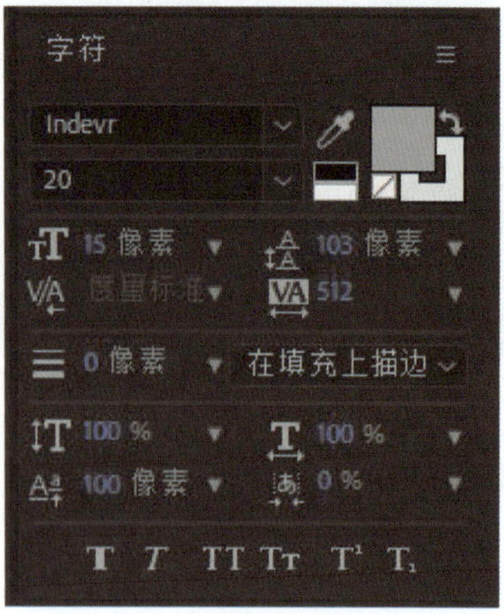
字符
Indevr
20
15 像素
103 像素
度量标准
512
0 像素
在填充上描边
100 %
100 %
100 像素
0 %

图 6-9

图 6-10

6. 选中“咒语”合成时间线面板中的文字图层，执行快捷键【Ctrl＋D】命令 2 次，复制 2 个文字层，如图 6-11 所示。在预览窗口中调整文字层的大小及位置，预览效果如图 6-12 所示。

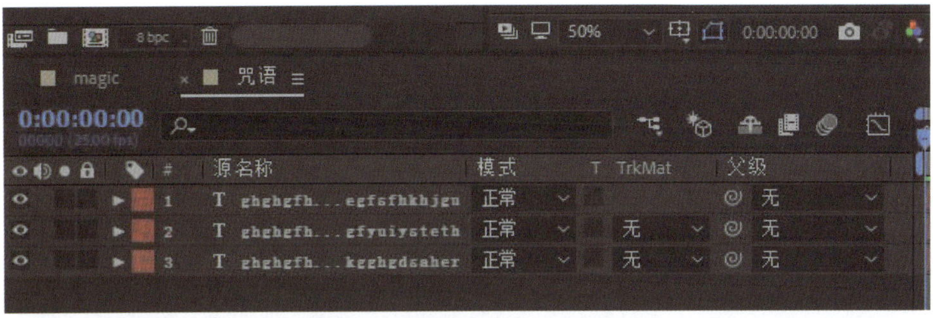

图 6-11

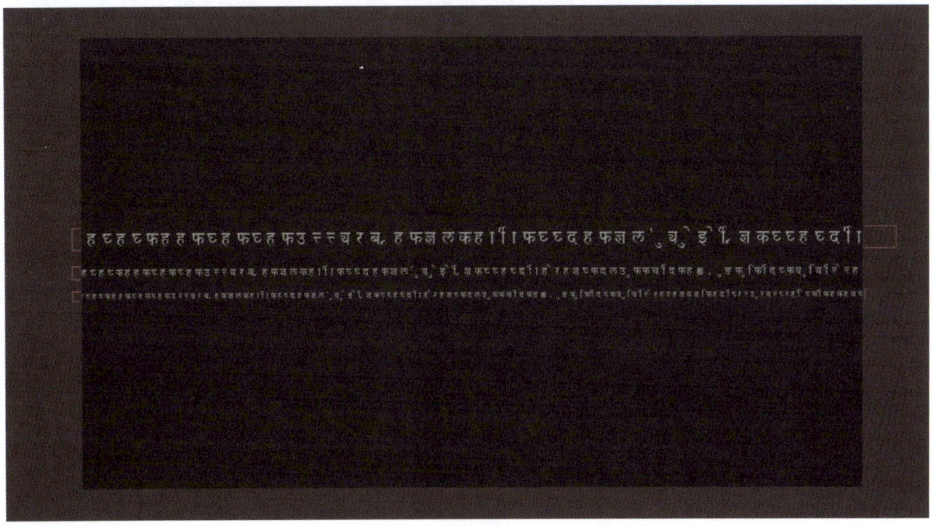

图 6-12

7. 执行菜单【图层>新建>纯色】命令，新建“白色 纯色 1”图层，运用菜单栏下的【选择工具】将“白色 纯色 1”图层调整成横条状，大小及位置如图 6-13 所示。

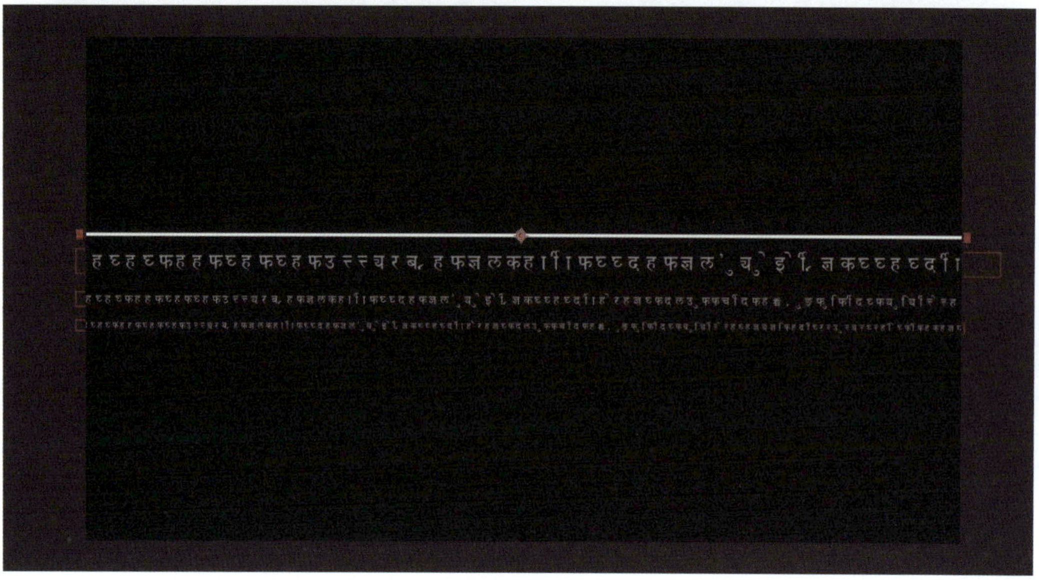

图 6-13

8. 选中“咒语”合成时间线面板中的“白色 纯色 1”图层，按快捷键【Ctrl+D】4 次，复制 4 个“白色 纯色 1”层，如图 6-14 所示。在预览窗口中调整文字层的大小及位置，预览效果如图 6-15 所示。

9. 制作法阵效果。执行菜单【合成>新建合成】命令，新建合成“法阵”，合成设置如图 6-16 所示。

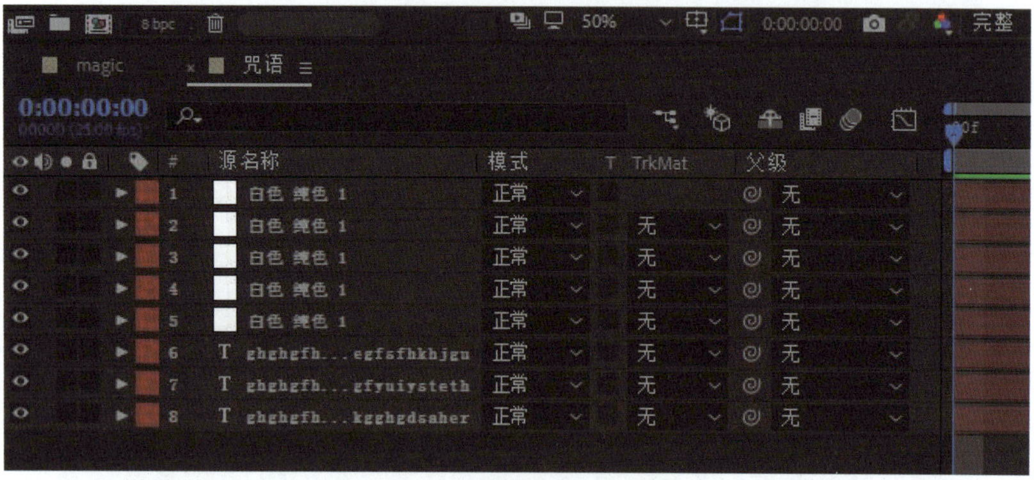

图 6-14

图 6-15

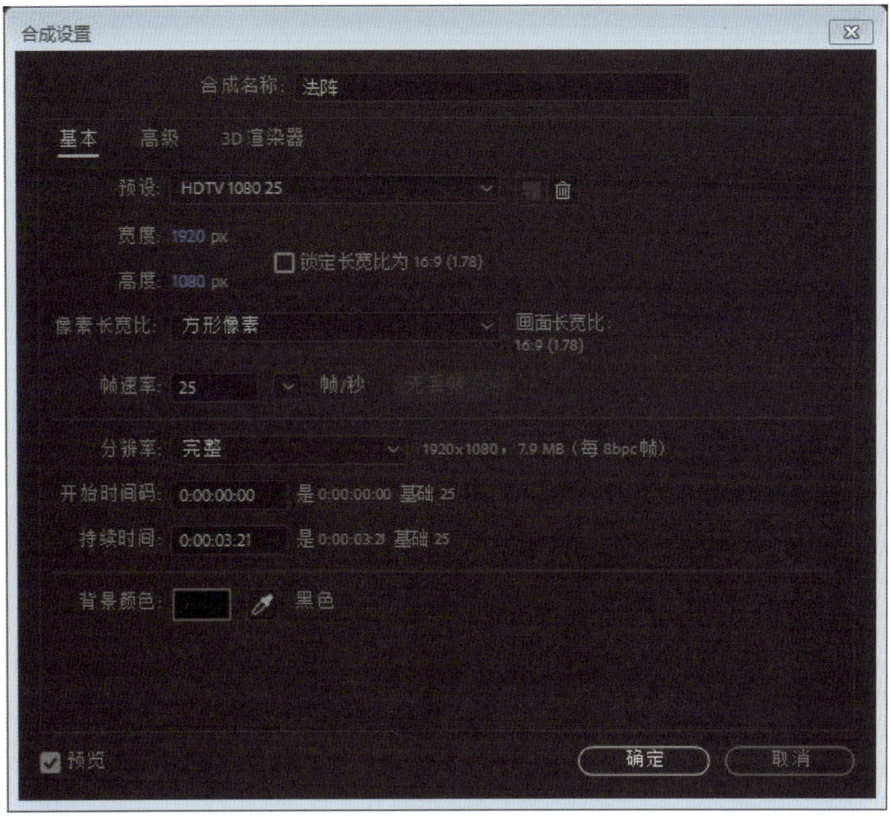

图 6-16

10. 从项目面板中将“咒语”合成拖入“法阵”时间线面板，如图 6-17 所示。

图 6-17

11. 选中“法阵”合成时间线面板中的“咒语”图层，执行【效果＞扭曲＞极坐标】命令，在效果控件项目窗口中将“极坐标”下的“插值”调整为 100%，“转换类型”选择“矩形到极线”，效果如图 6-18 所示。

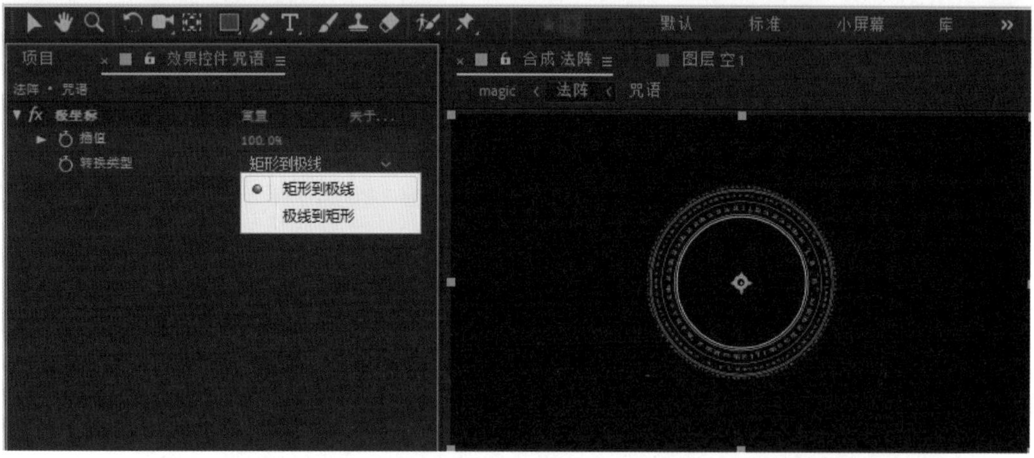

图 6-18

12. 选中“法阵”合成时间线面板中的“咒语”图层，执行【效果＞扭曲＞变换】命令，在 0 秒 0 帧的位置，在效果控件项目窗口中将“变换”下的“旋转”关键帧码表打开制作关键帧动画，移至 3 秒 20 帧位置将旋转角度调整为 0x+35.0°，参数设置如图 6-19 所示。

13. 选中“法阵”合成时间线面板中的“咒语”图层，按快捷键【S】，打开下拉菜单中的“缩放”命令，将时间指针移至 0 帧的位置，点击打开缩放前的关键帧码表，将缩放参数调整为 0.0，0.0%，如图 6-20 所示。在第 4 帧的位置将缩放参数调整为 100.0，100.0%，如图 6-21 所示。在第 2 秒 16 帧的位置将缩放参数调整为 0.0，0.0%，如图 6-22 所示。最后将指针移回至 2 秒 14 帧的位置，将缩放参数调整为 100.0，100.0%，如图 6-23 所示。

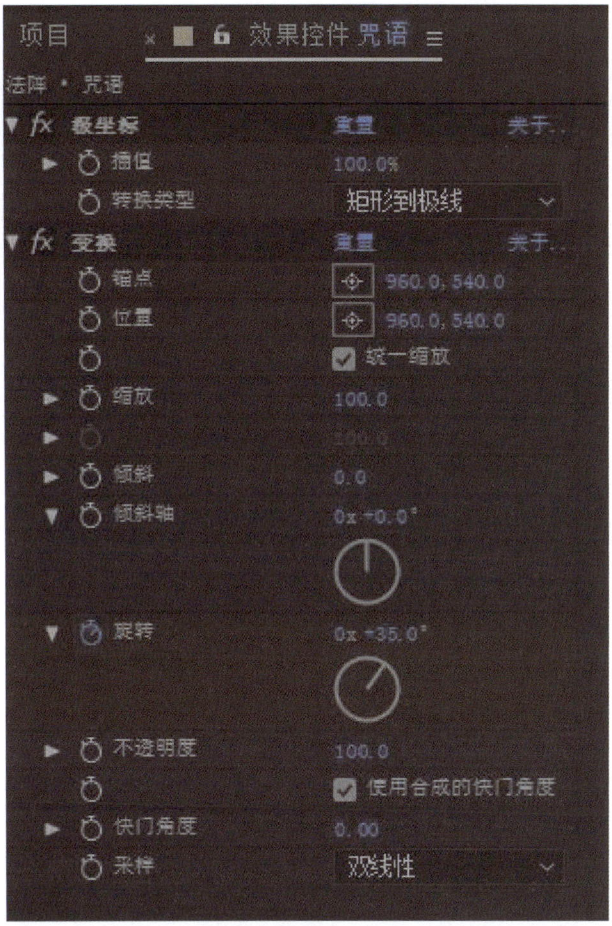

图 6-19

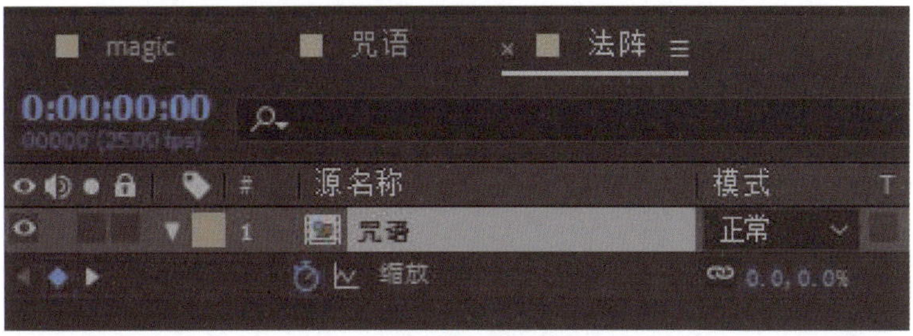

图 6-20

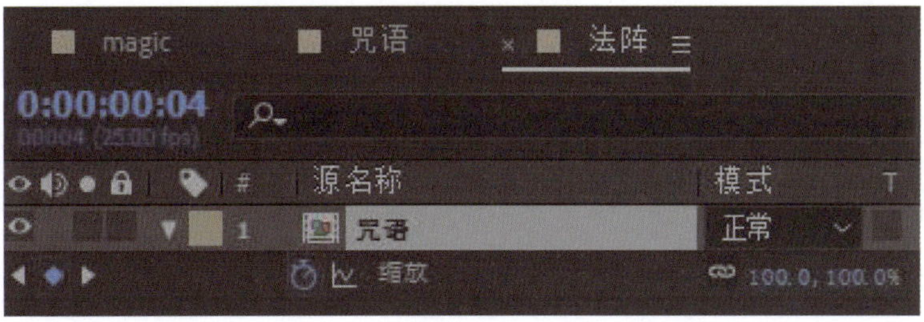

图 6-21

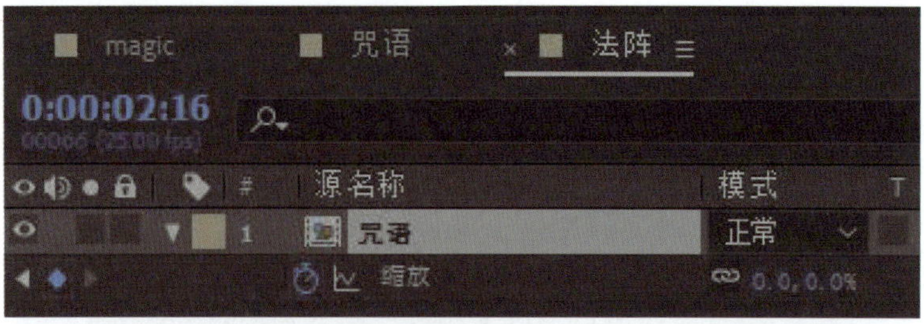

图 6-22

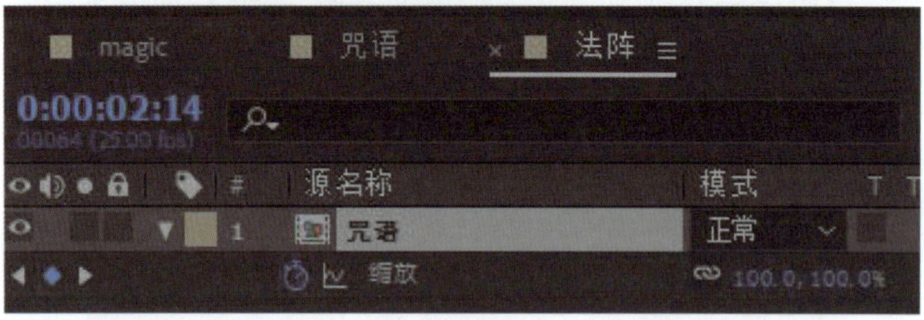

图 6-23

14. 选中时间线面板中缩放效果 0 帧的关键帧节点，如图 6-24 所示，按快捷键【Shift＋Ctrl＋F9】，将该节点设置为“缓出”，如图 6-25 所示；选中时间线面板中缩放效果第 4 帧的关键帧节点，如图 6-26 所示，按快捷键【Shift＋F9】将该节点设置为“缓入”，如图 6-27 所示；选中时间线面板中缩放效果第 2 秒 14 帧的关键帧节点，按快捷键【Shift＋Ctrl＋F9】，将该节点设置为“缓出”，如图 6-28 所示。

图 6-24

图 6-25

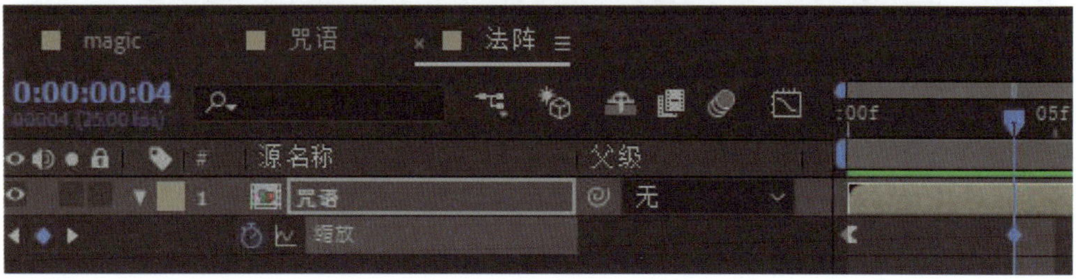

图 6-26

图 6-27

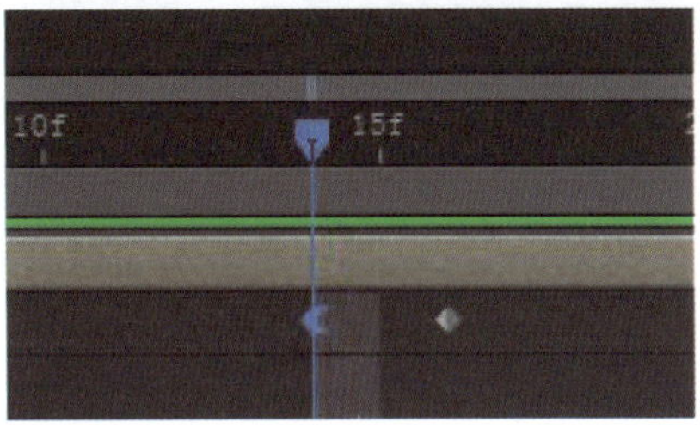

图 6-28

15. 执行【图层>新建>形状图层】命令，新建“形状图层 1”，如图 6-29 所示；打开“形状图层 1”下拉菜单，选择“内容”右边的【添加】按钮，添加“多边星形”，如图 6-30 所示。打开“多边星形路径 1”下拉菜单，参数设置如图 6-31 所示。

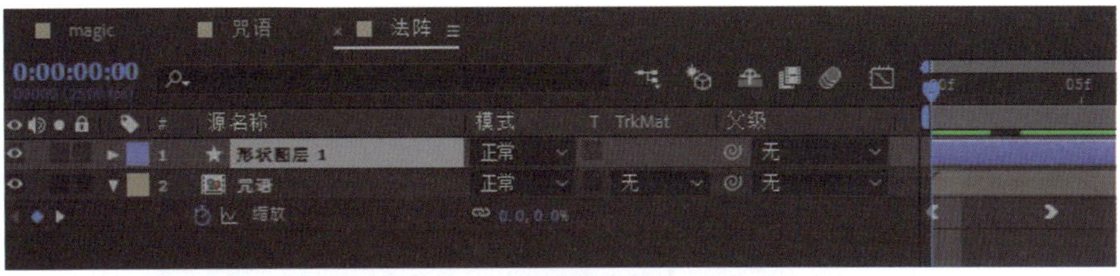

图 6-29

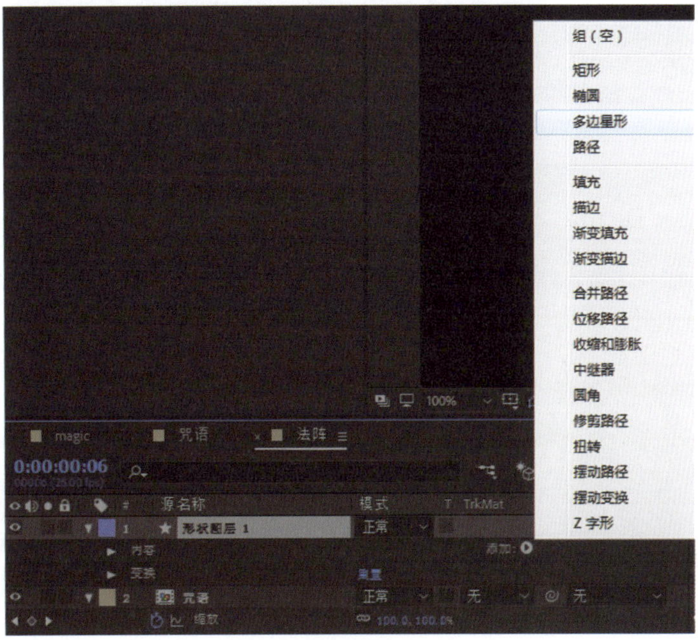

图 6-30

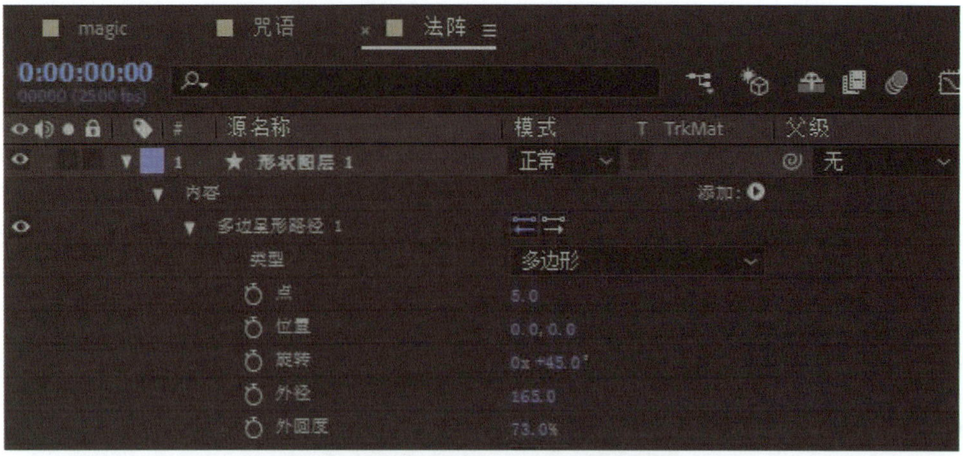

图 6-31

16.将时间指针移至0秒6帧的位置，点击打开“多边星形路径1”下拉菜单下“旋转”“外径”“外圆度”前的关键帧码表，如图6-32所示。将时间指针移至3秒20帧的位置，分别设置“多边星形路径1”下拉菜单下“旋转”“外径”“外圆度”参数，参数设置如图6-33所示，显示效果如图6-34所示。

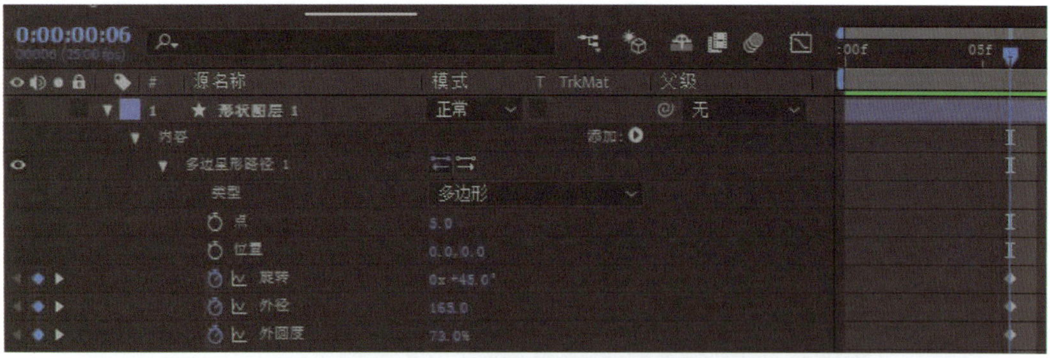

图 6-32

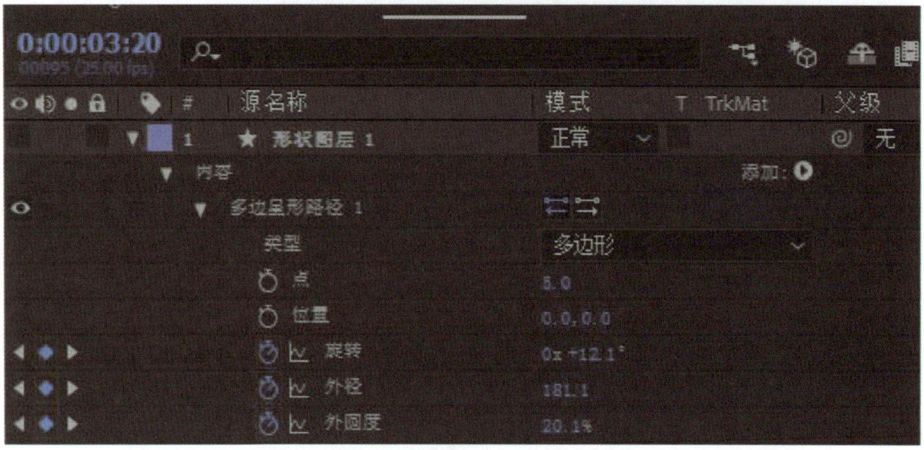

图 6-33

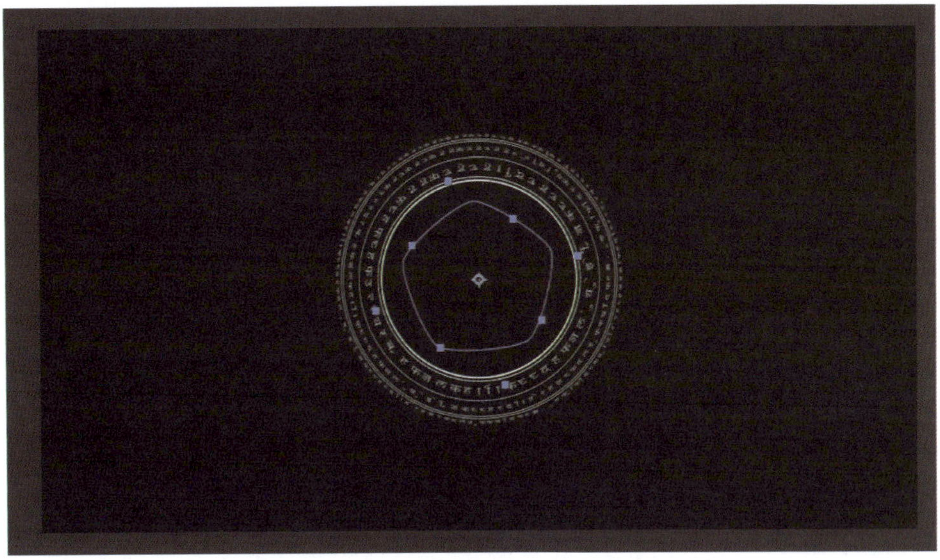

图 6-34

17. 打开“形状图层 1”下拉菜单，选择“内容”右边的【添加】按钮，添加“矩形路径 1”，参数设置如图 6-35 所示，预览效果如图 6-36 所示。

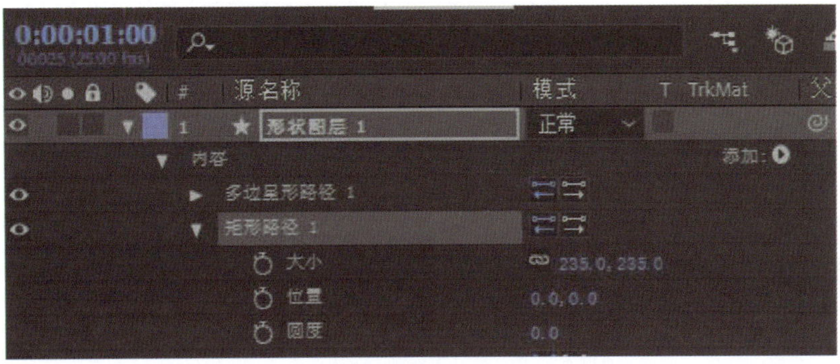

图 6-35

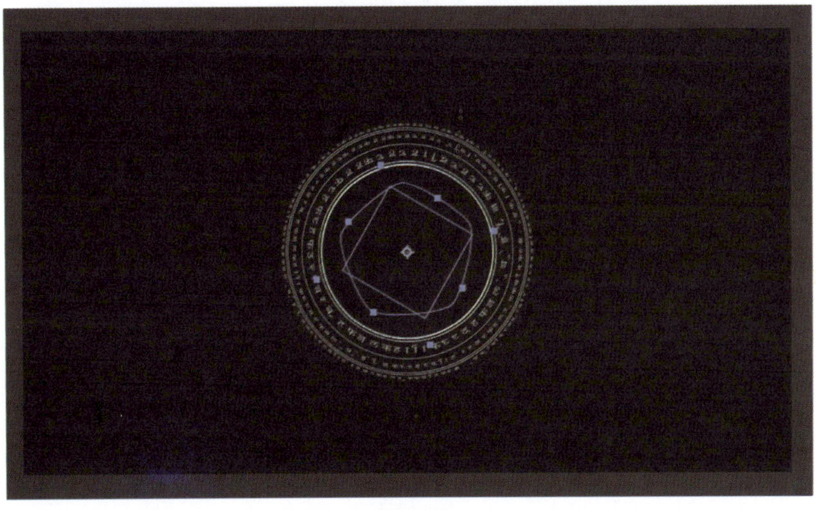

图 6-36

18. 打开"形状图层 1"下拉菜单，选择"内容"右边的【添加】按钮，添加"椭圆路径 1"，参数设置如图 6-37 所示，预览效果如图 6-38 所示。

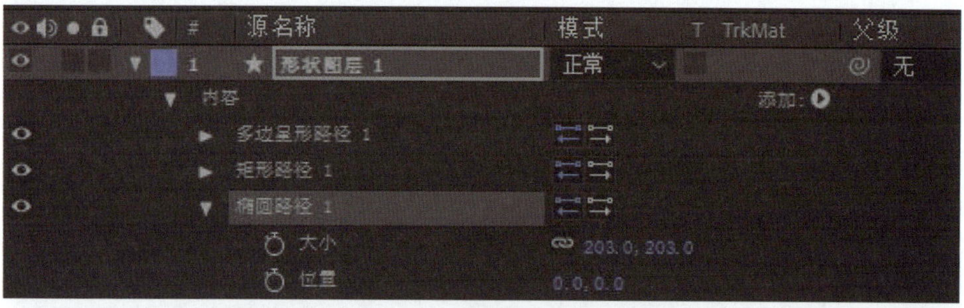

图 6-37

图 6-38

19. 打开"形状图层 1"下拉菜单，选择"内容"右边的【添加】按钮，添加"多边星形"，打开"多边星形路径 2"下拉菜单，参数设置如图 6-39 所示。

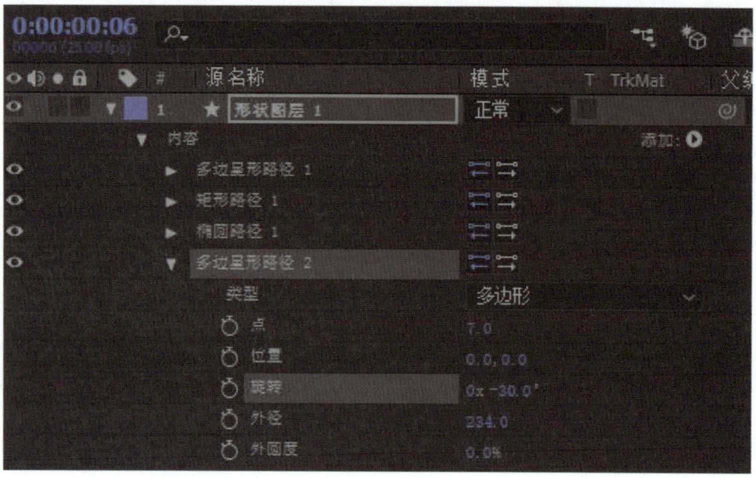

图 6-39

20. 将时间指针移至 0 秒 6 帧的位置，点击打开“多边星形路径 2”下拉菜单下“旋转”前的关键帧码表，如图 6-40 所示。将时间指针移至 3 秒 20 帧的位置，设置“多边星形路径 2”下拉菜单下“旋转”参数为 0x－8.5°，参数设置如图 6-41 所示，显示效果如图 6-42 所示。

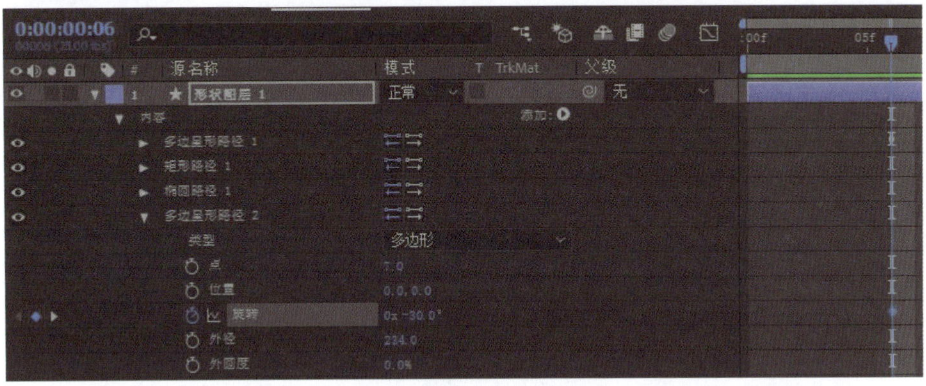

图 6-40

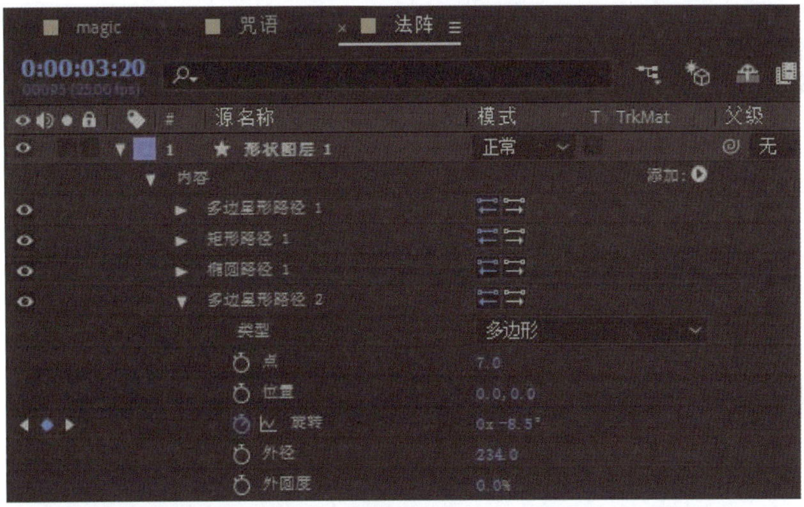

图 6-41

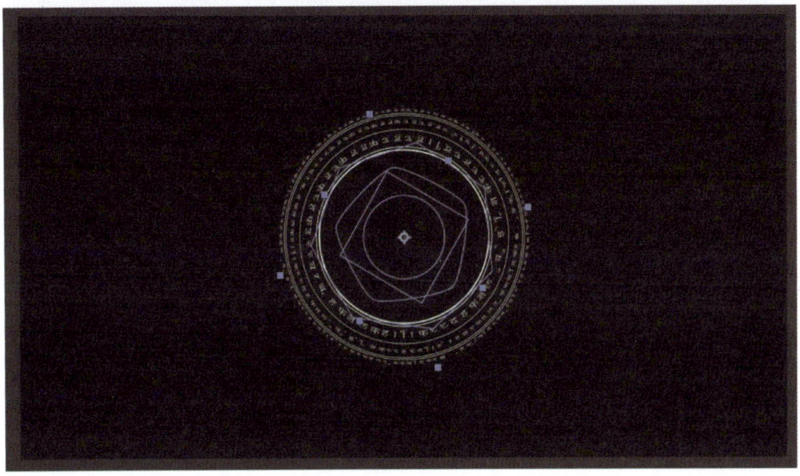

图 6-42

21. 打开“形状图层 1”下拉菜单，选择“内容”右边的【添加】按钮，添加“多边星形”；打开“多边星形路径 3”下拉菜单，参数设置如图 6-43 所示。

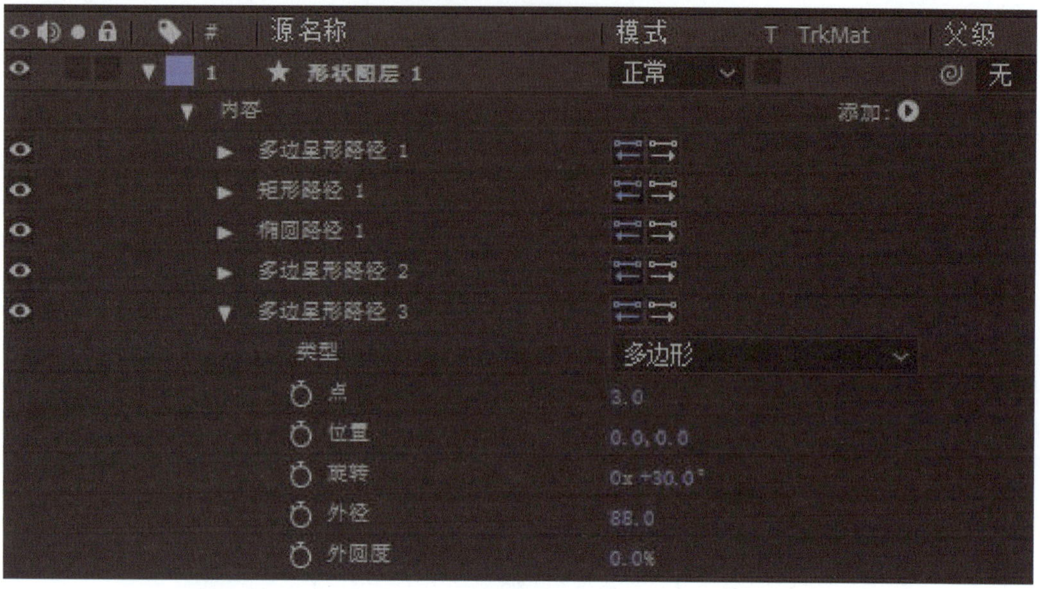

图 6-43

22. 将时间指针移至 0 秒 6 帧的位置，点击打开“多边星形路径 3”下拉菜单下“旋转”“外径”前的关键帧码表，如图 6-44 所示。将时间指针移至 3 秒 20 帧的位置，分别设置“多边星形路径 2”下拉菜单下“旋转”“外径”，参数设置如图 6-45 所示。

23. 打开“形状图层 1”下拉菜单，选择“内容”右边的【添加】按钮，添加“渐变描边”，打开“渐变描边 1”下拉菜单，参数设置如图 6-46 所示，预览效果如图 6-47 所示。

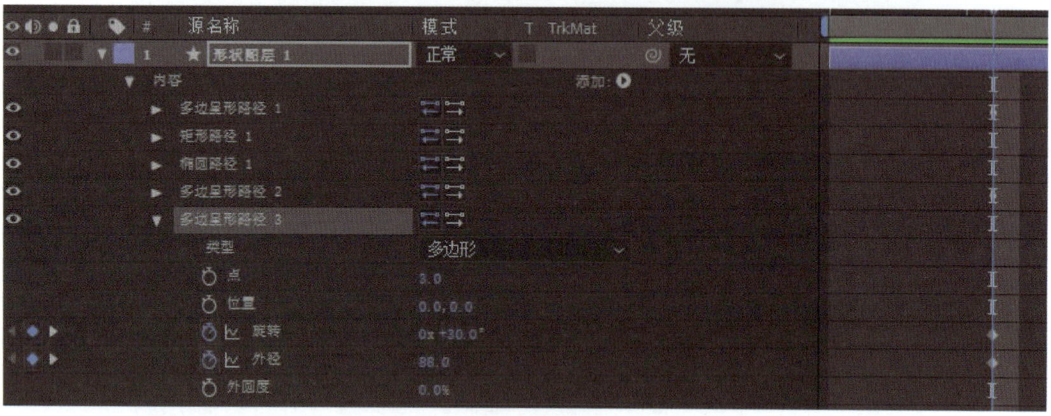

图 6-44

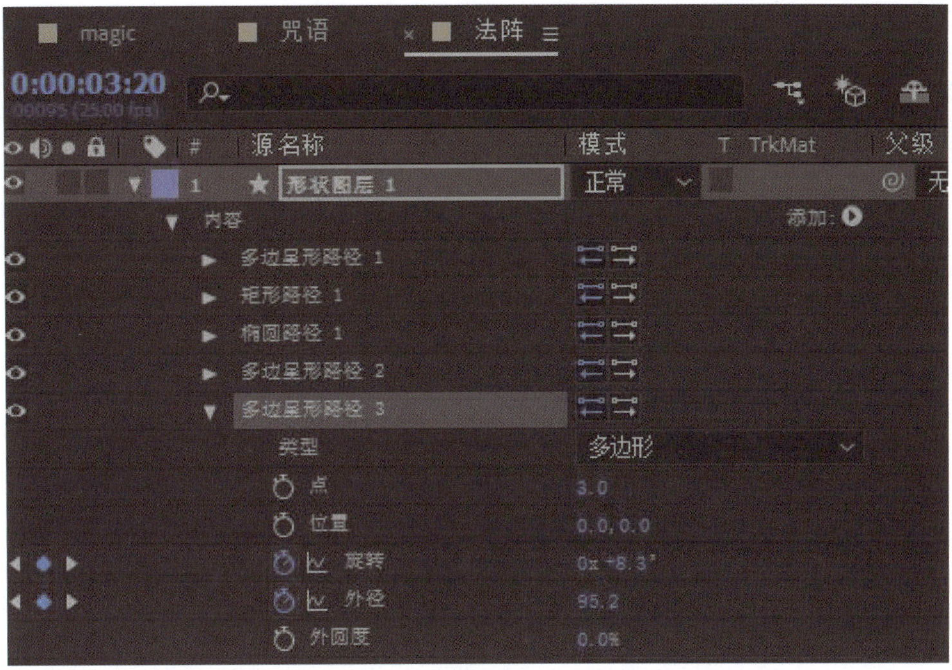
magic
咒语
法阵
0:00:03:20
源名称
模式
T TrkMat
父级
1
形状图层 1
正常
内容
添加:
多边星形路径 1
矩形路径 1
椭圆路径 1
多边星形路径 2
多边星形路径 3
类型
多边形
点
3.0
位置
0.0, 0.0
旋转
0x +8.3°
外径
95.2
外圆度
0.0%

图 6-45

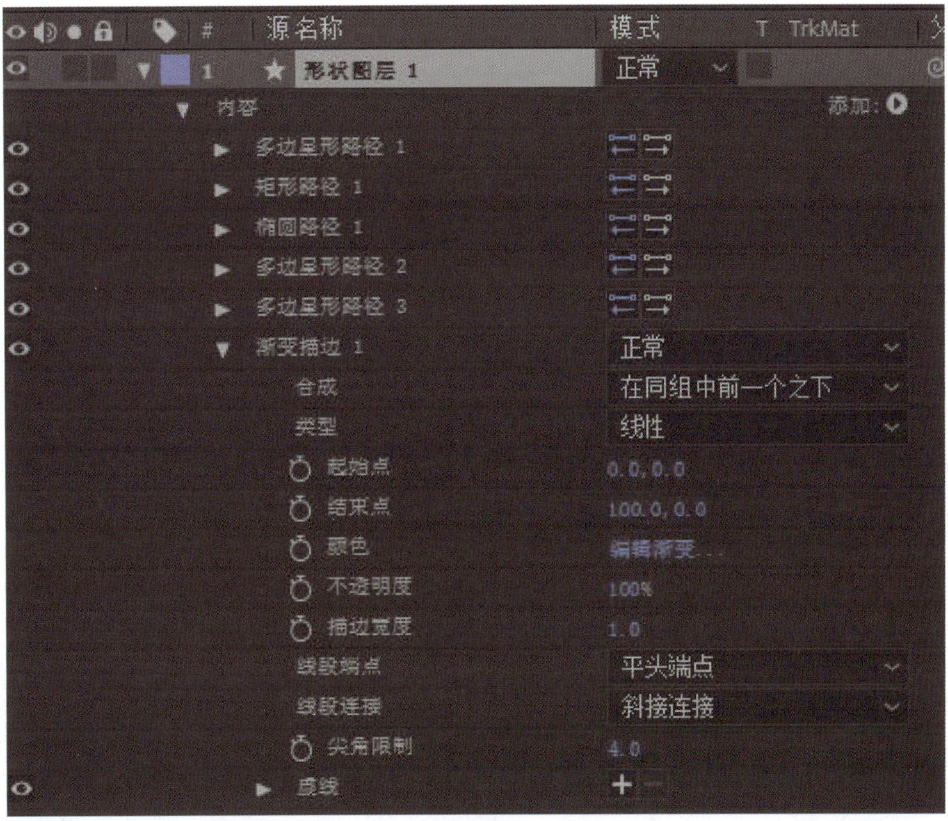
源名称
模式
T TrkMat
1
形状图层 1
正常
内容
添加:
多边星形路径 1
矩形路径 1
椭圆路径 1
多边星形路径 2
多边星形路径 3
渐变描边 1
正常
合成
在同组中前一个之下
类型
线性
起始点
0.0, 0.0
结束点
100.0, 0.0
颜色
编辑渐变...
不透明度
100%
描边宽度
1.0
线段端点
平头端点
线段连接
斜接连接
尖角限制
4.0
虚线

图 6-46

图 6-47

24. 打开“形状图层 1”下拉菜单，选择“内容”右边的【添加】按钮，添加“中继器”，打开“中继器 1”下拉菜单，参数设置如图 6-48 所示，预览效果如图 6-49 所示。

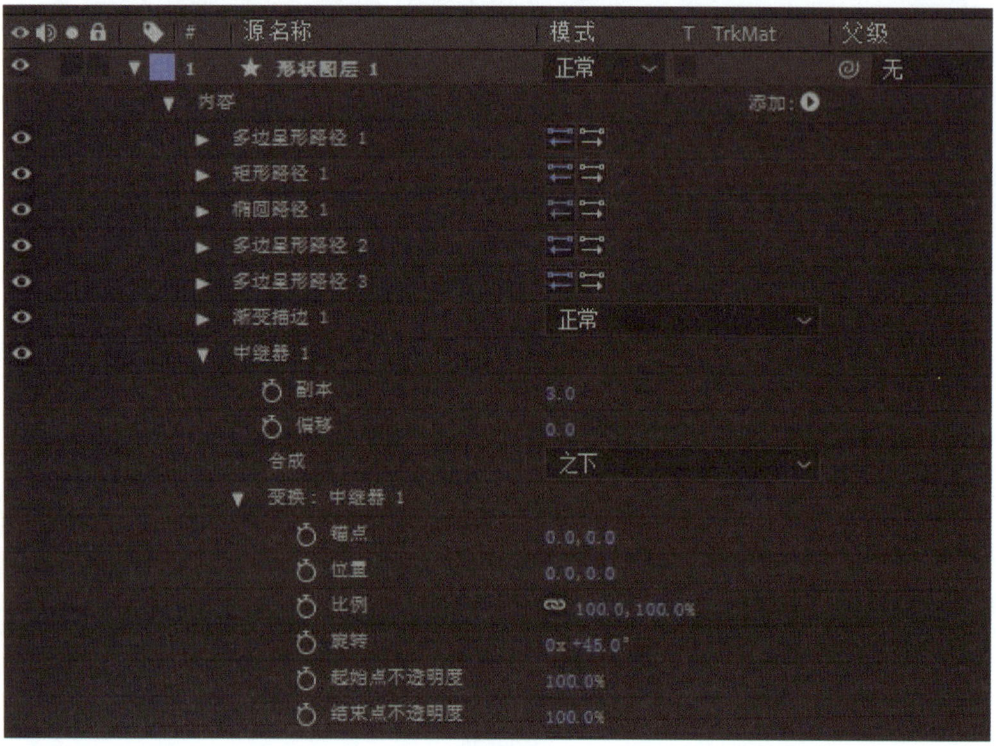

图 6-48

图 6-49

25. 打开"形状图层 1"下拉菜单，选择"内容"右边的【添加】按钮，添加"描边"，打开"描边 1"下拉菜单，参数设置如图 6-50 所示，预览效果如图 6-51 所示。

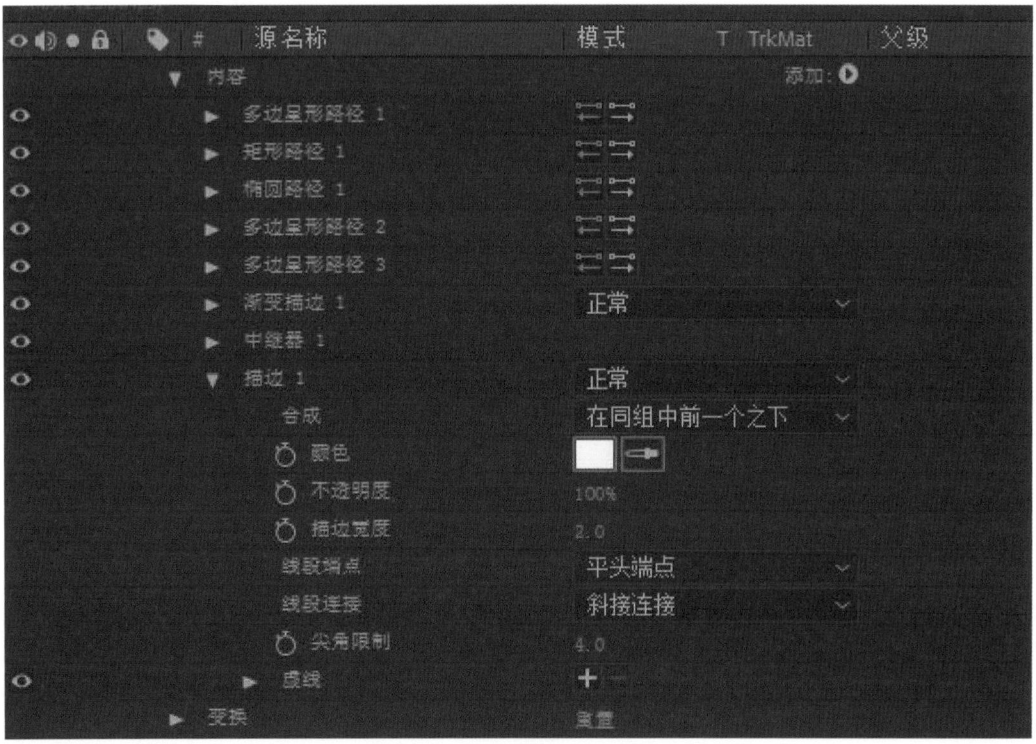

图 6-50

图 6-51

26. 选中“法阵”合成时间线面板中的“咒语”图层，按快捷键【S】，打开下拉菜单中的“缩放”命令，选中 4 个关键帧点，按【Ctrl＋C】复制关键帧，将时间指针移至 0 帧的位置，选中“法阵”合成时间线面板中的“形状图层 1”，按快捷键【S】，打开下拉菜单中的“缩放”命令，按【Ctrl＋V】粘贴关键帧。如图 6-52 所示。

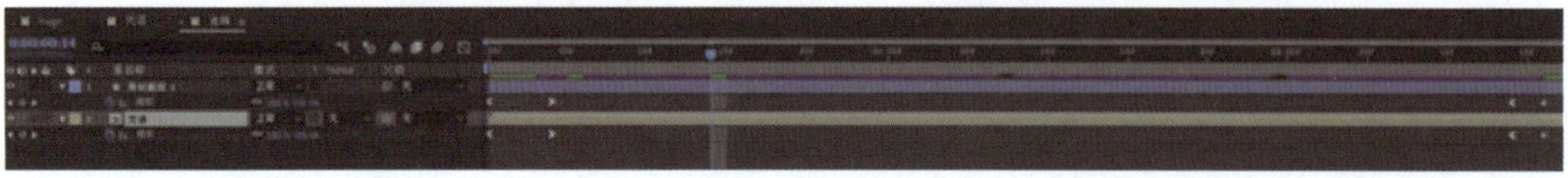

图 6-52

27. 回到“magic”项目合成中，执行【图层＞新建＞空对象】命令，新建空白图层“空 1”，如图 6-53 所示。

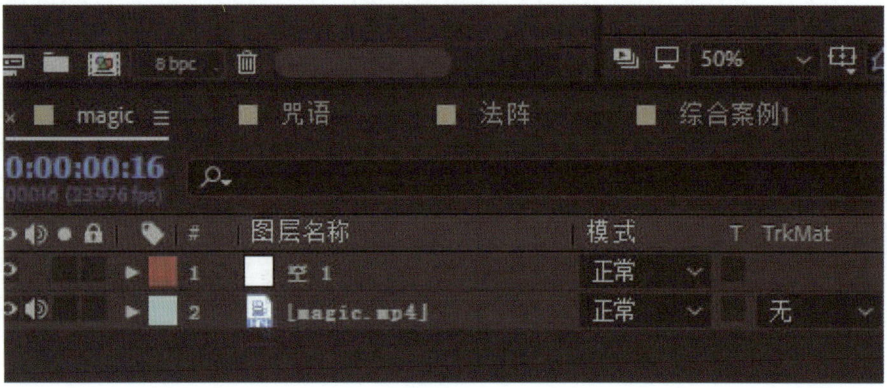

图 6-53

28. 点击选中“magic. mp4”图层，执行【动画＞跟踪运动】命令，打开跟踪器面板，点击“运动源”右边的下拉列表，将“运动源”设置为“magic. mp4”，在面板中单击选择“跟踪运动”命令，结果如图 6-54 所示。

图 6-54

29. 将时间指针移动到 0 秒 17 帧的位置，将“跟踪点 1”设置到人物的中指上，如图 6-55 所示，点击“跟踪器”面板【向前分析】按钮 ▶ 跟踪路径，分析到 3 秒 6 帧停止，预览效果如图 6-56 所示。

图 6-55

图 6-56

30. 在“跟踪器”面板中单击选择“编辑目标”命令，如图 6-57 所示，将运动应用于图层“空 1”，如图 6-58 所示。

31. 在“跟踪器”面板中单击选择【应用】按钮，如图 6-59 所示，将应用维度设置为“X 和 Y”并单击【确定】按钮，如图 6-60 所示。

图 6-57

图 6-58

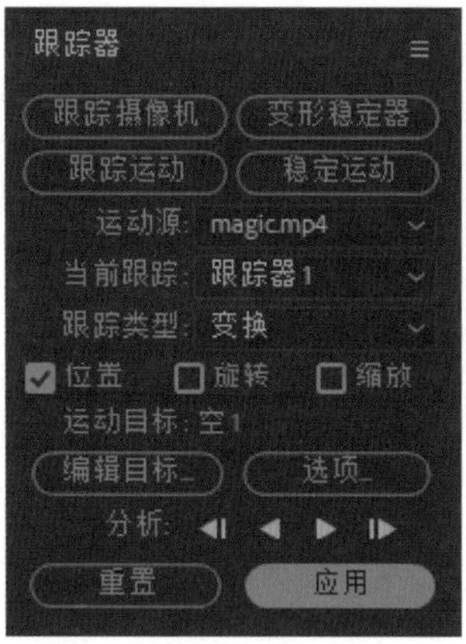

图 6-59

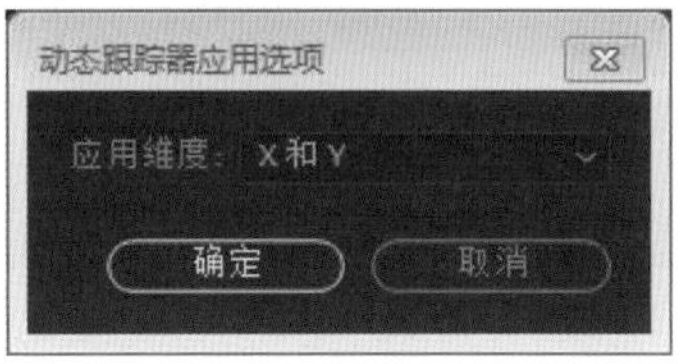

图 6-60

32. 将项目面板中的"法阵"合成拖入"magic"合成的时间线面板中,将"法阵"图层的父级设置为"空 1",如图 6-61 所示。

图 6-61

33. 打开"法阵"图层的"三维开关",并打开"变换"下拉菜单,参数设置如图 6-62 所示,预览效果如图 6-63 所示。

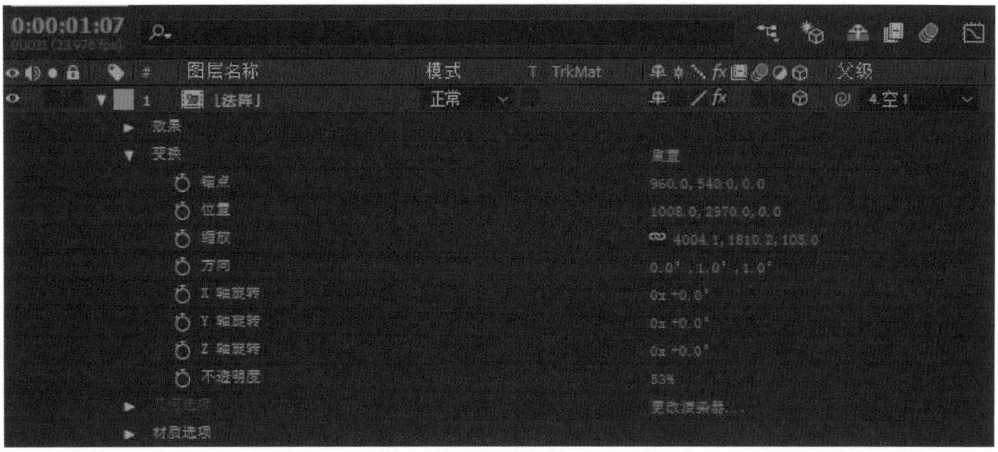

图 6-62

图 6-63

34. 选中“法阵”图层，执行【效果＞杂色和颗粒＞分形杂色】命令，参数设置如图 6-64 所示，预览效果如图 6-65 所示。

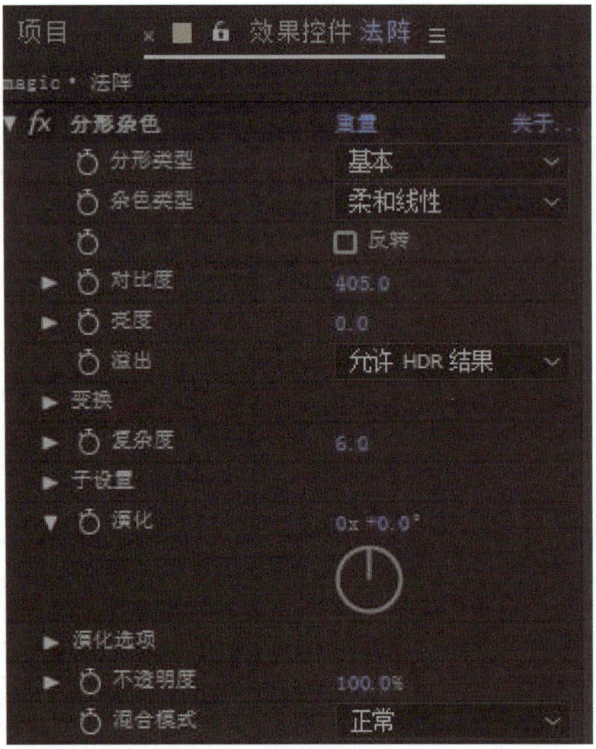

图 6-64

图 6-65

35. 选中“法阵”图层，分别执行【效果＞遮罩＞简单阻塞工具】命令和【效果＞风格化＞发光】命令，参数设置如图 6-66 所示，预览效果如图 6-67 所示。

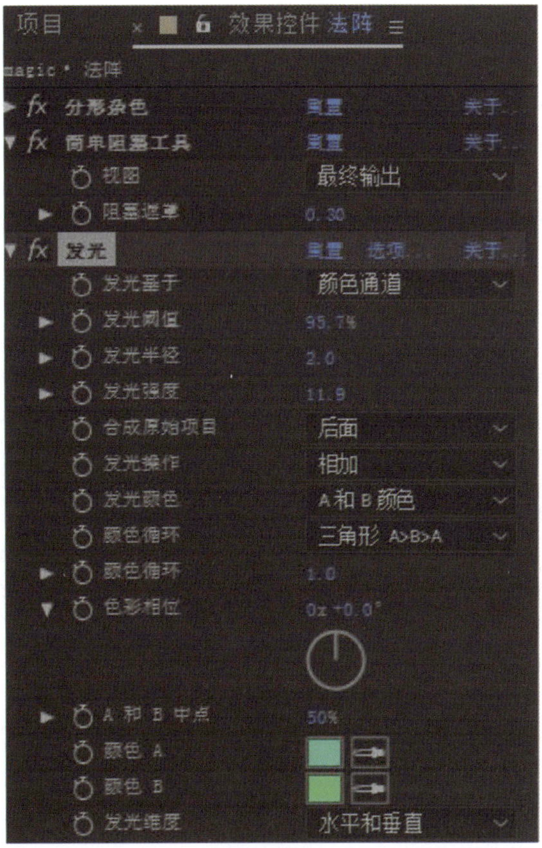

图 6-66

图 6-67

36.选中“法阵”图层，执行【效果＞颜色校正＞色调】命令，参数设置如图 6-68 所示，预览效果如图 6-69 所示。

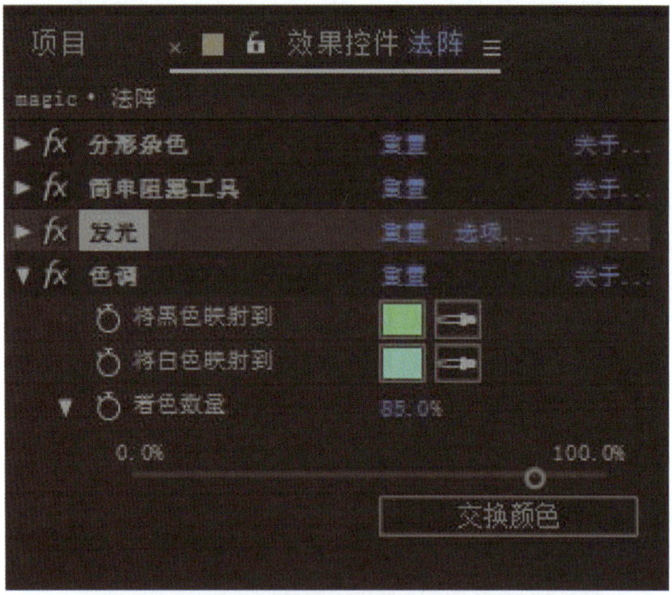

图 6-68

37.选中“法阵”图层，按快捷键【Ctrl＋D】，复制“法阵”图层，如图 6-70 所示。

图 6-69

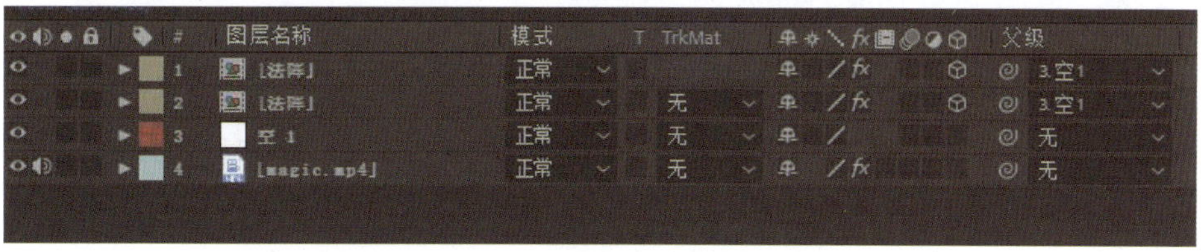

图 6-70

38. 选中第一层“法阵”图层，在效果控件窗口中分别修改“分形杂色”“简单阻塞工具”“发光”“色调”，参数设置如图 6-71、图 6-72 所示。

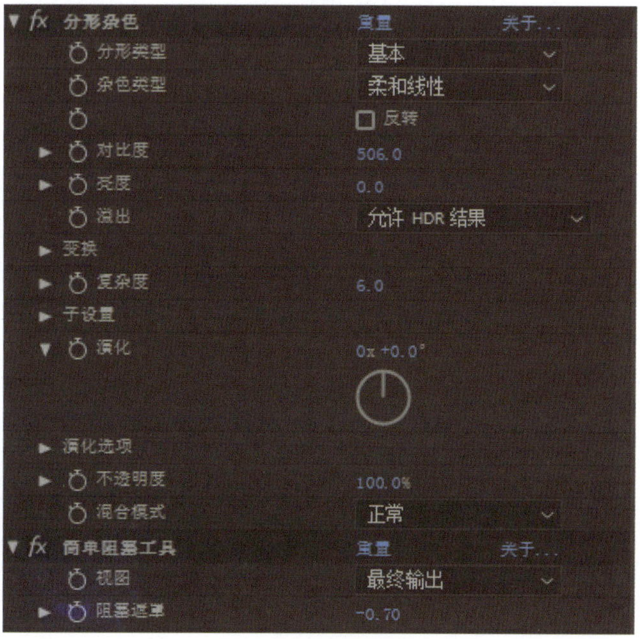

图 6-71

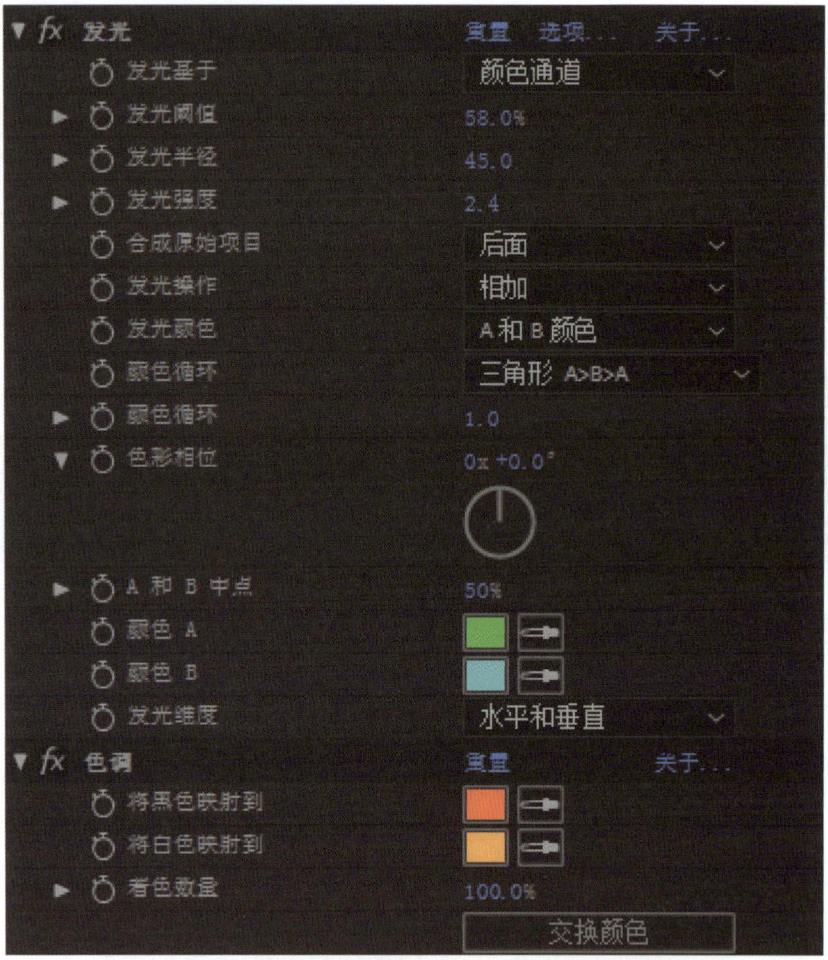

图 6-72

39. 选中第一层"法阵"图层，打开"变换"下拉菜单，参数设置如图 6-73 所示，预览效果如图 6-74 所示。

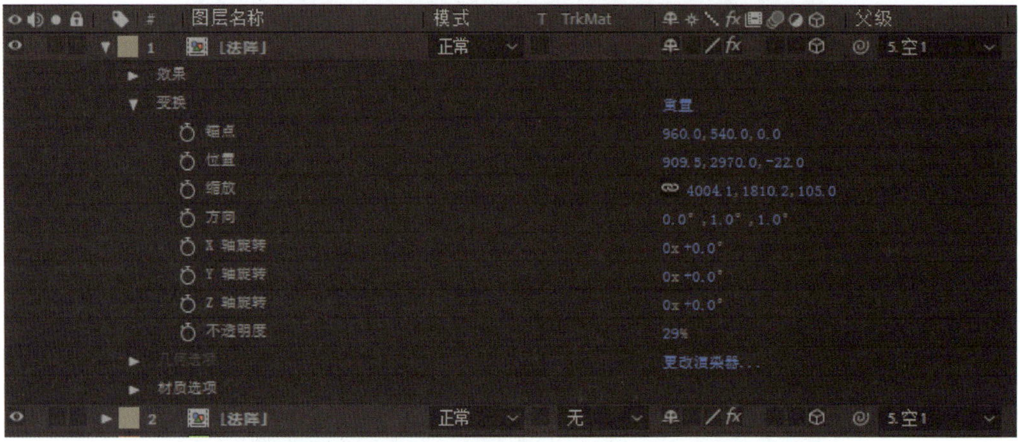

图 6-73

图 6-74

40. 执行【图层＞新建＞纯色】命令，新建“中间色绿色 纯色 1”图层，纯色设置如图 6-75 所示。

图 6-75

41. 为“中间色绿色 纯色 1”图层添加图层“蒙版 1”，参数设置如图 6-76 所示。独奏预览效果如图 6-77 所示，预览效果如图 6-78 所示。

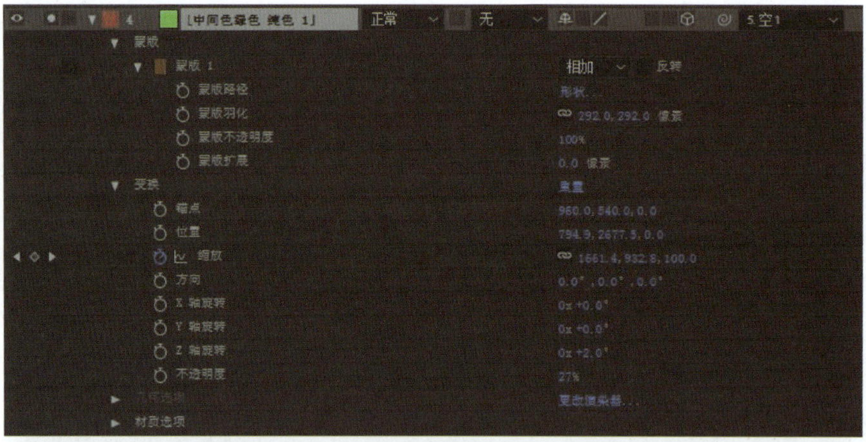

图 6-76

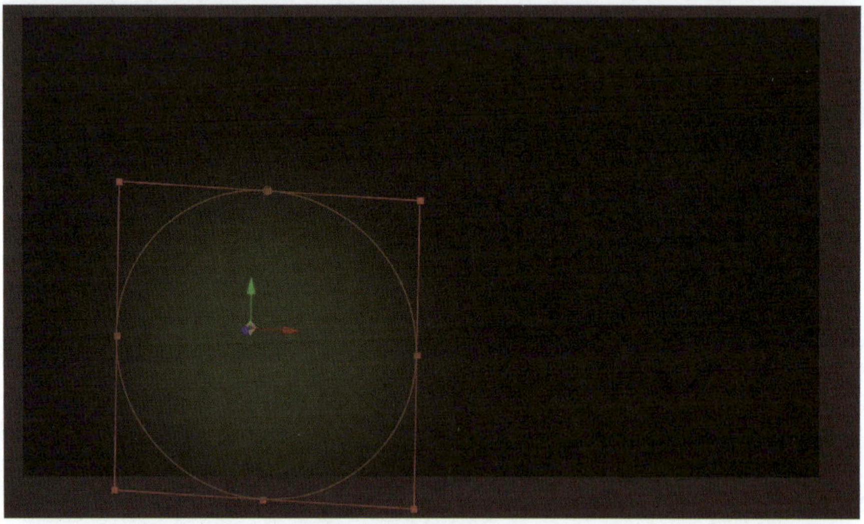

图 6-77

图 6-78

42. 选中“中间色绿色 纯色 1”图层，按快捷键【Ctrl＋D】，复制“中间色绿色 纯色 1”图层，并将 2 个“中间色绿色 纯色 1”图层的父级都设置为“空 1”，如图 6-79 所示。

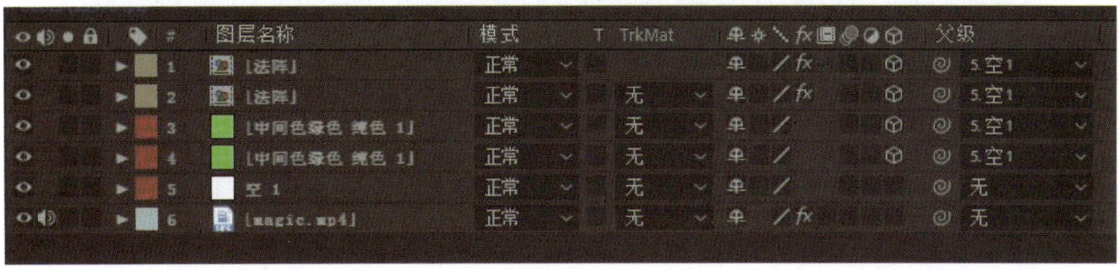

图 6-79

43. 为其中一个“中间色绿色 纯色 1”图层添加图层“蒙版 2”，参数设置如图 6-80 所示，独奏预览效果如图 6-81 所示，预览效果如图 6-82 所示。

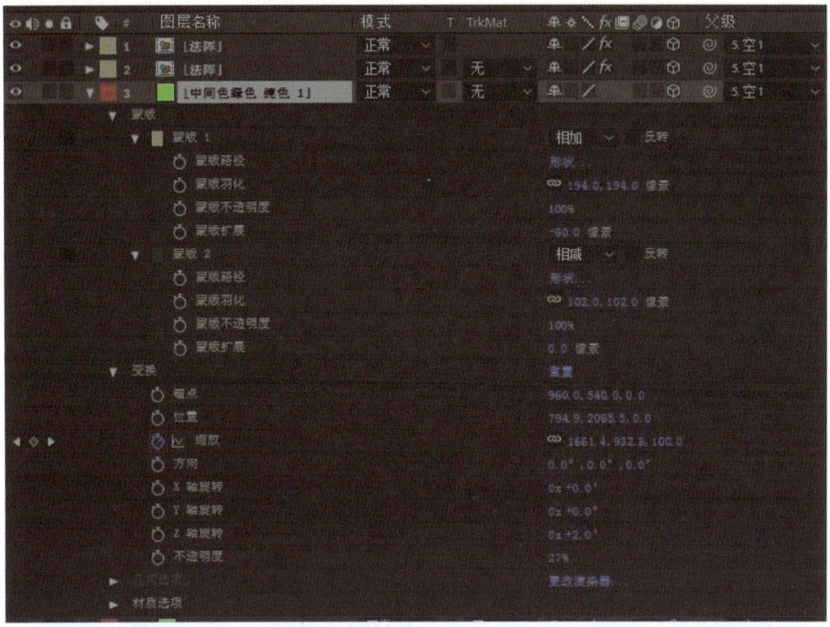

图 6-80

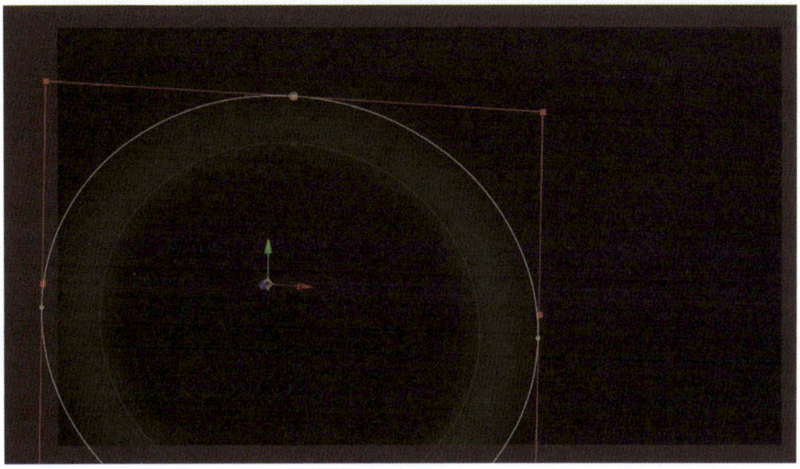

图 6-81

图 6-82

44. 执行【文件>导入>文件】命令，导入素材“示例文件/第六章/Facula. mp4”，将“Facula. mp4”素材拖入“magic”合成的时间线面板最上层，将开头拖至时间线面板的第 11 帧位置，将“模式”改为“屏幕”，如图 6-83 所示。

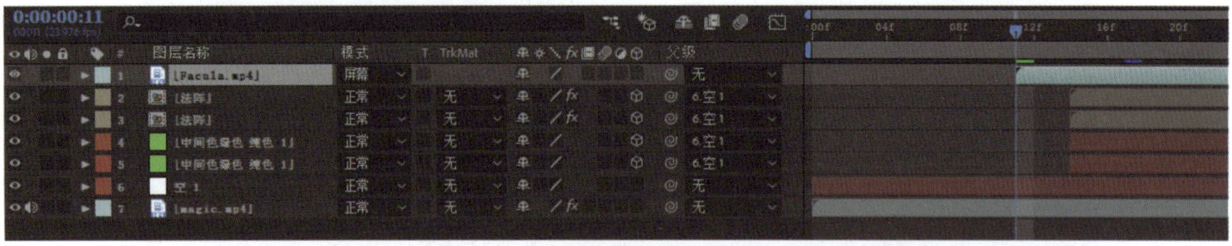

图 6-83

45. 本示例制作完成，按下键盘的数字 0 键进行预览，效果如图 6-84 所示。

图 6-84

附录一　After Effects CC 2018 快捷键命令

(1)应用程序快捷键设置清单：

命令	Win 系统	Mac 系统
选取	V	V
摄像机(向前轮转)	C	C
摄像机(向后轮转)	Shift+C	Shift+C
手形	H	H
缩放	Z	Z
形状/蒙版(向前轮转)	Q	Q
形状/蒙版(向后轮转)	Shift+Q	Shift+Q
绘画(笔刷/克隆/橡皮擦)	Ctrl+B	Command+B
向后平移(锚点)	Y	Y
笔/蒙版羽化(向前轮转)	G	G
笔/蒙版羽化(向后轮转)	Shift+G	Shift+G
人偶(图钉/重叠区域/刚性区域)	Ctrl+P	Command+P
旋转	W	W
Roto 笔刷/优化边缘	Alt+W	Option+W
文本	Ctrl+T	Command+T
新建项目	Ctrl+Alt+N	Command+Option+N
新建文件夹	Ctrl+Alt+Shift+N	Command+Option+Shift+N
打开项目	Ctrl+O	Command+O
打开最近的项目	Ctrl+Alt+Shift+P	Command+Option+Shift+P
在 Bridge 中浏览	Ctrl+Alt+Shift+O	Command+Option+Shift+O
关闭当前面板或查看器内容	Ctrl+W	Command+W
保存项目	Ctrl+S	Command+S
将项目另存为	Ctrl+Shift+S	Command+Shift+S
递增和保存项目	Ctrl+Alt+Shift+S	Command+Option+Shift+S
导入文件	Ctrl+I	Command+I
导入多个文件	Ctrl+Alt+I	Command+Option+I
查找(搜索过滤器)	Ctrl+F	Command+F

续表

命令	Win 系统	Mac 系统
将素材项添加到合成	Ctrl+/	Command+/
基于所选项新建合成	Alt+\	Option+\
最近的脚本文件(dummy)	Ctrl+Alt+Shift+D	Command+Option+Shift+D
为所选素材项设置代理	Ctrl+Alt+P	Command+Option+P
解释素材	Ctrl+Alt+G	Command+Option+G
记住素材项的解释	Ctrl+Alt+C	Command+Option+C
应用记住的素材项解释	Ctrl+Alt+V	Command+Option+V
替换素材	Ctrl+H	Command+H
重新加载所选的素材项	Ctrl+Alt+L	Command+Option+L
项目设置	Ctrl+Alt+Shift+K	Command+Option+Shift+K
推出	Ctrl+Q	Command+Q
还原上一个操作	Ctrl+Z	Command+Z
恢复上一次操作	Ctrl+Shift+Z	Command+Shift+Z
剪切	Ctrl+X	Command+X
复制	Ctrl+C	Command+C
带属性链接复制	Ctrl+Alt+C	Command+Option+C
粘贴	Ctrl+V	Command+V
清除	Backspace(删除)	Backspace(删除)
复制	Ctrl+D	Command+D
在当前时间拆分图层	Ctrl+Shift+X	Command+Shift+X
全选	Ctrl+A	Command+A
取消选择全部图层	F2 或 Ctrl+Shift+A	F2 或 Command+Shift+A
清理所有内存	Ctrl+Alt+/(数字)	Command+Option+/(数字)
编辑原稿	Ctrl+E	Command+E
首选项	Ctrl+Alt+;	Command+Option+;
键盘快捷键	Ctrl+Alt+'	Command+Option+'
新建合成	Ctrl+N	Command+N
合成设置	Ctrl+K	Command+K
将合成修剪至工作区域	Ctrl+Shift+X	Command+Shift+X
将合成添加到 Adobe Media Encoder 队列	Ctrl+Alt+M	Command+Option+M
将合成添加到渲染队列	Ctrl+M Ctrl+Shift+/	Command+M Command+Shift+/
帧另存为	Ctrl+Alt+S	Command+Option+S

续表

命令	Win 系统	Mac 系统
保存当前预览	Ctrl＋0(数字)	Command＋0(数字)
显示合成的流程图	Ctrl＋Shift＋F11	Command＋Shift＋F11
显示/隐藏合成微型流程图	Tab	Tab
图层设置	Ctrl＋Shift＋Y	Command＋Shift＋Y
打开图层源	Alt＋输入(数字)	Option＋输入(数字)
新建蒙版	Ctrl＋Shift＋N	Command＋Shift＋N
蒙版形状(在对话框中编辑)	Ctrl＋Shift＋M	Command＋Shift＋M
蒙版羽化(在对话框中编辑)	Ctrl＋Shift＋F	Command＋Shift＋F
反转蒙版	Ctrl＋Shift＋I	Command＋Shift＋I
蒙版自由变换	Ctrl＋T	Command＋T
将图层质量设为最佳	Ctrl＋U	Command＋U
将图层质量设为草稿	Ctrl＋Shift＋U	Command＋Shift＋U
将图层质量设为线框	Ctrl＋Alt＋Shift＋U	Command＋Option＋Shift＋U
将图层采样质量设为双线性	Alt＋B	Option＋B
将图层采样质量设为双三次	Alt＋Shift＋B	Option＋Shift＋B
隐藏其他图层的视频	Ctrl＋Shift＋V	Command＋Shift＋V
解锁所有图层	Ctrl＋Shift＋L	Command＋Shift＋L
切换所选图层的锁定开关	Ctrl＋L	Command＋L
切换所选图层的视频开关	Ctrl＋Alt＋Shift＋V	Command＋Option＋Shift＋V
位置(在对话框中编辑)	Ctrl＋Shift＋P	Command＋Shift＋P
方向(在对话框中编辑)	Ctrl＋Alt＋Shift＋R	Command＋Option＋Shift＋R
旋转(在对话框中编辑)	Ctrl＋Shift＋R	Command＋Shift＋R
透明度(在对话框中编辑)	Ctrl＋Shift＋O	Command＋Shift＋O
将图层置于视图中心	Ctrl＋开头	Command＋开头
在图层内容中居中放置锚点	Ctrl＋Alt＋开头	Command＋Option＋开头
使图层适合合成	Ctrl＋Alt＋F	Command＋Option＋F
使图层适合合成宽度	Ctrl＋Alt＋Shift＋H	Command＋Option＋Shift＋H
使图层适合合成高度	Ctrl＋Alt＋Shift＋G	Command＋Option＋Shift＋G
自动定向	Ctrl＋Alt＋O	Command＋Option＋O
启用时间重映射	Ctrl＋Alt＋T	Command＋Option＋T
反向图层	Ctrl＋Alt＋R	Command＋Option＋R
增加图层标记	*(数字)	*(数字)
下一图层混合模式	Shift＋＝	Shift＋＝

续表

命令	Win 系统	Mac 系统
上一图层混合模式	Shift+-	Shift+-
组合形状	Ctrl+G	Command+G
取消组合形状	Ctrl+Shift+G	Command+Shift+G
将图层置于顶层	Ctrl+Shift+]或=	Command+Shift+]或=
使图层前移一层	Ctrl+]	Command+]
使图层后移一层	Ctrl+[	Command+[
将图层置于底层	Ctrl+Shift+[或-	Command+Shift+[或-
摄像机预合成	Ctrl+Shift+C	Command+Shift+C
显示/隐藏所选图层的效果控制	F3 或 Ctrl+Shift+T	F3 或 Command+Shift+T
应用上一个效果	Ctrl+Alt+Shift+E	Command+Option+Shift+E
从选定图层中删除所有效果	Ctrl+Shift+E	Command+Shift+E
应用最近使用的动画预设	Ctrl+Alt+Shift+F	Command+Option+Shift+F
切换保持所选关键帧的插值	Ctrl+Alt+H	Command+Option+H
关键帧插值(在对话框中编辑)	Ctrl+Alt+K	Command+Option+K
关键帧速率(在对话框中编辑)	Ctrl+Shift+K	Command+Shift+K
将关键帧设为缓和曲线进入	Shift+F9	Shift+F9
将关键帧设为缓和曲线离开	Ctrl+Shift+F9	Command+Shift+F9
将关键帧设为缓和曲线	F9	F9
切换所选属性的表达式	Alt+Shift+=	Option+Shift+=
显示/隐藏关键帧的属性(双击)	U	U
拆分新查看器并切换锁定	Ctrl+Alt+Shift+N	Command+Option+Shift+N
放大	。或 Ctrl+Alt+=	。或 Command+Option+=
缩小	,或 Ctrl+Alt+-	,或 Command+Option+-
将合成分辨率设为高	Ctrl+J	Command+J
将合成分辨率设为一半	Ctrl+Shift+J	Command+Shift+J
将合成分辨率设为低	Ctrl+Alt+Shift+J	Command+Option+Shift+J
启用/禁用显示色彩管理	Shift+/(数字)	Shift+/(数字)
切换显示标尺	Ctrl+R	Command+R
切换显示参考线	Ctrl+;	Command+;
切换贴靠参考线	Ctrl+Shift+;	Command+Shift+;
切换锁定参考线	Ctrl+Alt+Shift+;	Command+Option+Shift+;
切换显示网格	Ctrl+'	Command+'
切换贴靠网格	Ctrl+Shift+'	Command+Shift+'

续表

命令	Win 系统	Mac 系统
视图选项	Ctrl+Alt+U	Command+Option+U
切换显示图层控制	Ctrl+Shift+H	Command+Shift+H
切换到上一个 3D 视图	Esc	Esc
移动摄像机及其目标位置以查看所选图层	F Ctrl+Alt+Shift+\	F Command+Option+Shift+\
移动摄像机以查看全部图层	Ctrl+Shift+F	Command+Shift+F
转到时间	Alt+Shift+J	Option+Shift+J
显示/隐藏信息面板	Ctrl+2	Command+2
显示/隐藏字符面板	Ctrl+6	Command+6
显示/隐藏工具面板	Ctrl+1	Command+1
显示/隐藏效果和预设面板	Ctrl+5	Command+5
显示/隐藏段落面板	Ctrl+7	Command+7
显示/隐藏画笔面板	Ctrl+9	Command+9
显示/隐藏绘画面板	Ctrl+8	Command+8
显示/隐藏音频面板	Ctrl+4	Command+4
显示/隐藏预览面板	Ctrl+3	Command+3

(2)合成面板快捷键设置清单：

命令	Win 系统	Mac 系统
将快速预览切换为自适应分辨率	Ctrl+Alt+2	Command+Option+2
将快速预览切换为草稿	Ctrl+Alt+3	Command+Option+3
将快速预览切换为快速草稿	Ctrl+Alt+4	Command+Option+4
关闭快速预览(最终质量)	Ctrl+Alt+1	Command+Option+1
将快速预览切换为线框	Ctrl+Alt+5	Command+Option+5
清理快照 1 至 4	Ctrl + Shift + F5 至 F8	Command+Shift+F5 至 F8
显示/隐藏 Alpha 通道(灰度)	Alt+4	Option+4
显示/隐藏 RGB 连续颜色	Alt+Shift+4	Option+Shift+4
切换 Alpha 边界	Alt+5	Option+5
切换 Alpha 叠加	Alt+6	Option+6
显示/隐藏蓝色通道(灰度)	Alt+3	Option+3
显示/隐藏蓝色通道(彩色)	Alt+Shift+3	Option+Shift+3
显示/隐藏绿色通道(灰度)	Alt+2	Option+2
显示/隐藏绿色通道(彩色)	Alt+Shift+2	Option+Shift+2

续表

命令	Win 系统	Mac 系统
显示/隐藏红色通道(灰度)	Alt+1	Option+1
显示/隐藏红色通道(彩色)	Alt+Shift+1	Option+Shift+1
显示快照 1 至 4	F5 至 F8	F5 至 F8
切换优化边缘 X 射线	Alt+X	Option+X
拍快照 1 至 4	Shift+F5 至 F8	Shift+F5 至 F8
显示/隐藏比例网格	Alt+'	Option+'
显示/隐藏标题/操作安全参考线	'	'
显示/隐藏网格	Shift+'	Shift+'
适合	Shift+/	Shift+/
适合大小(最大 100%)	Alt+/	Option+/
选择下一个蒙版	Alt+～	Option+～
选择上一个蒙版	Alt+Shift+～	Option+Shift+～
缩放到 100%	/	/
Zoom In Resize	Ctrl+=或 Alt+。	Command+=或 Option+。
Zoom No Scroll	Ctrl+Alt+/	Command+Option+/
Zoom Out Resize	Ctrl+-或 Alt+,	Command+-或 Option+,
转到合成标记“0”至“9”	0 至 9	0 至 9
创建合成标记“0”至“9”	Shift+0 至 9	Shift+0 至 9
转到合成、图层或素材项的结尾	Ctrl+Alt+向右	Command+Option+向右
转至所选图层的最早入点	I	I
转到下一图层的入点或出点	Ctrl+Alt+Shift+向右	Command+Option+Shift+向右
转至所选图层的最新出点	O	O
转到上一图层的入点或出点	Ctrl+Alt+Shift+向左	Command+Option+Shift+向左
转到工作区域的结尾	Shift+结尾	Shift+结尾
转到工作区域的开头	Shift+开头	Shift+开头
转到合成、图层或素材项的开头	Ctrl+Alt+向左	Command+Option+向左
在当前时间设置图层入点	[	[
在当前时间设置图层出点	]	]
预览(时移)	Shift+空格	Shift+空格
预览	空格	空格
后退 1 个帧	页上移 Ctrl+向左	页上移 Command+向左

续表

命令	Win 系统	Mac 系统
后退 10 个帧	Shift+页上移 Ctrl+Shift+向左	Shift+页上移 Command+Shift+向左
前进 1 个帧	页下移 Ctrl+向右	页下移 Command+向右
前进 10 个帧	Shift+页下移 Ctrl+Shift+向右	Shift+页下移 Command+Shift+向右
将图层入点拉伸到当前时间	Ctrl+Shift+,	Command+Shift+,
将图层出点拉伸到当前时间	Ctrl+Alt+,	Command+Option+,
修剪图层入点至当前时间	Alt+[	Option+[
修剪图层出点至当前时间	Alt+]	Option+]

(3)图层面板快捷键设置清单:

命令	Win 系统	Mac 系统
ClearMask	Alt+删除	Option+删除
切换到合成面板	\	\
将图层向下移动 1 个屏幕像素	向下	向下
将图层向下移动 10 个屏幕像素	Shift+向下	Shift+向下
将图层向左移动 1 个屏幕像素	向左	向左
将图层向左移动 10 个屏幕像素	Shift+向左	Shift+向左
Nudge Opacity Down	Ctrl+Alt+-(数字)	Command+Option+-(数字)
Nudge Opacity Down More	Ctrl+Alt+Shift+-(数字)	Command+Option+Shift+-(数字)
Nudge Opacity Up	Ctrl+Alt++(数字)	Command+Option++(数字)
Nudge Opacity Up More	Ctrl+Alt+Shift++(数字)	Command+Option+Shift++(数字)
将图层向右移动 1 个屏幕像素	向右	向右
将图层向右移动 10 个屏幕像素	Shift+向右	Shift+向右
逆时针旋转图层 1 度	-(数字)	-(数字)
逆时针旋转图层 10 度	Shift+-(数字)	Shift+-(数字)
顺时针旋转图层 1 度	+(数字)	+(数字)
顺时针旋转图层 10 度	Shift++(数字)	Shift++(数字)
将图层放大 1%	Ctrl++(数字) Alt++(数字)	Command++(数字) Option++(数字)
将图层放大 10%	Ctrl+Shift++(数字) Alt+Shift++(数字)	Command+Shift++(数字) Option+Shift++(数字)

续表

命令	Win 系统	Mac 系统
将图层缩小 1%	Ctrl+－(数字) Alt+－(数字)	Command+－(数字) Option+－(数字)
将图层缩小 10%	Ctrl+Shift+－(数字) Alt+Shift+－(数字)	Command+Shift+－(数字) Option+Shift+－(数字)
将图层向上移动 1 个屏幕像素	Shift+向上	Shift+向上
将图层向上移动 10 个屏幕像素	Alt+Shift+向上	Option+Shift+向上
显示/隐藏所有所选图层的属性	Ctrl+～	Command+～
Twirl Preserve Solo	Shift+～	Shift+～
Twirl Preserve Solo Explode	Ctrl+Shift+～	Command+Shift+～

(4)字符与段落面板快捷键设置清单：

命令	Win 系统	Mac 系统
将所选文本居中对齐(水平或垂直)	Ctrl+C Ctrl+Shift+C	Command+C Command+Shift+C
向左对齐所选的文本(水平)	Ctrl+Shift+L	Command+Shift+L
向右对齐所选的文本(水平)	Ctrl+Shift+R	Command+Shift+R
切换所选文本的所有大写形式	Ctrl+Shift+K	Command+Shift+K
所选文本的自动行距	Ctrl+Alt+Shift+A	Command+Option+Shift+A
取消文本的更改	Esc	Esc
确定文本的更改	输入(数字) Ctrl+输入	输入(数字) Command+输入
将插入点移到文本帧末端	Ctrl+结束	Command+结束
将插入点移到文本帧开头	Ctrl+开头	Command+开头
将插入点移到下一行(水平)	向下	向下
将插入点移到上一个字符(水平)	向左	向左
将插入点移到行尾	结束	结束
将插入点移到行首	开头	开头
将插入点移到下一个字符(水平)	向右	向右
将插入点移到上一行(水平)	向上	向上
将插入点移到下一段(水平)	Ctrl+向下	Command+向下
将插入点移到上一个字(水平)	Ctrl+向左	Command+向左
将插入点移到下一个字(水平)	Ctrl+向右	Command+向右
将插入点移到上一段(水平)	Ctrl+向上	Command+向上
将基线偏移缩小 2 个像素	Alt+Shift+向下	Option+Shift+向下

续表

命令	Win 系统	Mac 系统
将基线偏移缩小 10 个像素	Ctrl+Alt+Shift+向下	Command+Option+Shift+向下
将字体大小缩小 2 个像素	Ctrl+Shift+,	Command+Shift+,
将字体大小缩小 10 个像素	Ctrl+Alt+Shift+,	Command+Option+Shift+,
将字行距或字间距缩小 20 个单位	Alt+向左	Option+向左
将字行距或字间距缩小 100 个单位	Ctrl+Alt+向左	Command+Option+向左
将行距缩小 2 个像素	Alt+向上	Option+向上
将行距缩小 10 个像素	Ctrl+Alt+向上	Command+Option+向上
后退一格(上一个字符)	Backspace	Backspace
删除(下一个字符)	删除	删除
将基线偏移增加 2 个像素	Alt+Shift+向上	Option+Shift+向上
将基线偏移增加 10 个像素	Ctrl+Alt+Shift+向上	Command+Option+Shift+向上
将字体大小增加 2 个像素	Ctrl+Shift+。	Command+Shift+。
将字体大小增加 10 个像素	Ctrl+Alt+Shift+。	Command+Option+Shift+。
将字偶距或字间距增加 20 个单位	Alt+向右	Option+向右
将字偶距或字间距增加 100 个单位	Ctrl+Alt+向右	Command+Option+向右
将行距增加 2 个像素	Alt+向下	Option+向下
将行距增加 10 个像素	Ctrl+Alt+向下	Command+Option+向下
对齐段落;强制对齐最后一行	Ctrl+Shift+F	Command+Shift+F
对齐段落;左对齐最后一行	Ctrl+Shift+J	Command+Shift+J
对齐段落;右对齐最后一行	Ctrl+Alt+Shift+J	Command+Option+Shift+J
重置所选文件的水平大小	Ctrl+Shift+X	Command+Shift+X
重置所选文件的字间距	Ctrl+Shift+Q	Command+Shift+Q
重置所选文件的垂直比例	Ctrl+Alt+Shift+X	Command+Option+Shift+X
扩展选区到文本帧的末端	Ctrl+Shift+结束	Command+Shift+结束
扩展选区到文本帧的开头	Ctrl+Shift+开头	Command+Shift+开头
向下扩展选区 1 行(水平)或 1 个字符(垂直)	Shift+向下	Shift+向下
向左扩展选区 1 个字符(水平)或 1 行(垂直)	Shift+向左	Shift+向左
扩展选区到行尾	Shift+结束	Shift+结束
扩展选区到行首	Shift+开头	Shift+开头
向右扩展选区 1 个字符(水平)或 1 行(垂直)	Shift+向右	Shift+向右

续表

命令	Win 系统	Mac 系统
向上扩展选区 1 行(水平)或 1 个字符(垂直)	Shift+向上	Shift+向上
向下扩展 1 个字(垂直)	Ctrl+Shift+向下	Command+Shift+向下
向左扩展 1 个字(水平)	Ctrl+Shift+向左	Command+Shift+向左
向右扩展 1 个字(水平)	Ctrl+Shift+向右	Command+Shift+向右
向上扩展 1 个字(垂直)	Ctrl+Shift+向上	Command+Shift+向上
切换所选文本的小写形式	Ctrl+Alt+Shift+K	Command+Option+Shift+K
切换所有文本的下标	Ctrl+Alt+Shift+=	Command+Option+Shift+=
切换所选文本的下标	Ctrl+Shift+=	Command+Shift+=
切换所选段落的合成器	Ctrl+Alt+Shift+T	Command+Option+Shift+T

(5)应用部分快捷键设置清单：

命令	Win 系统	Mac 系统
取消预览	Esc	Esc
在当前和上次访问的合成之间切换	Shift+Esc	Shift+Esc
音频预览(从当前处开始)	。 ， 删除	。 ， 删除
音频预览(工作区域)	Alt+。 Alt+， Alt+删除	Option+。 Option+， Option+删除
预览(数字小键盘)	0(数字)	0(数字)
Preview Numpado N Frames	Alt+0(数字)	Option+0(数字)
预览(Shift+数字小键盘)	Shift+0(数字)	Shift+0(数字)
显示控制台	Ctrl+F12	Command+F12
在外部监视器显示当前帧	/(数字)	/(数字)
Write Version File	Ctrl+Shift+帮助	Command+Shift+帮助
Write Version File Extra	Ctrl+Alt+Shift+帮助	Command+Option+Shift+帮助
选择帧中的下一个面板	Alt+Shift+。	Option+Shift+。
选择帧中的上一个面板	Alt+Shift+，	Option+Shift+，
最大化面板	~	~
最大化应用窗口	Ctrl+\	Command+\
最大化主要监视器上的应用窗口	Ctrl+Alt+\	Command+Option+\
重命名	输入	输入

续表

命令	Win 系统	Mac 系统
Stop Render Queue	Esc Ctrl+。	Esc Command+。
将所选图层取代为所选素材项	Ctrl+Alt+/	Command+Option+/
Close All	Ctrl+Alt+W	Command+Option+W
关闭当前查看器或相同类型的所有查看器	Ctrl+Shift+W	Command+Shift+W
显示/隐藏关键帧的属性(扩展;双击)	Shift+U	Shift+U
将合成分辨率设为自定义	Ctrl+Alt+J	Command+Option+J
取消选择全部关键帧和属性	Shift+F2 Ctrl+Alt+Shift+A	Shift+F2 Command+Option+Shift+A
帮助	F1	F1
保存 Shift+数字小键盘 0 预览	Ctrl+Shift+0(数字)	Command+Shift+0(数字)
扫描更改的素材	Ctrl+Alt+Shift+Q	Command+Option+Shift+Q
切换到查看器中的下一项	Shift+。	Shift+。
切换到查看器中的上一项	Shift+,	Shift+,
在信息面板中显示帧素材的文件名	Ctrl+Alt+E	Command+Option+E
显示/隐藏项目面板	Ctrl+0(数字)	Command+0(数字)
显示/隐藏渲染队列面板	Ctrl+Alt+0(数字)	Command+Option+0(数字)
显示项目的流程图	Ctrl+F11	Command+F11
切换到 3D 视图 #1 至 #3	F10 至 F12	F10 至 F12
切换到工作区 #1 至 #3	Shift+F10 至 F12	Shift+F10 至 F12
切换投射所选 3D 图层的阴影	Alt+Shift+C	Option+Shift+C
切换开关/模式列	F4	F4

(6)效果控件面板快捷键设置清单:

命令	Win 系统	Mac 系统
选择下一个效果	向下 Ctrl+向下	向下 Command+向下
扩展选区到下一效果	Shift+向下 Ctrl+Shift+向下	Shift+向下 Command+Shift+向下
选择上一个效果	向上 Ctrl+向上	向上 Command+向上
扩展选区到上一效果	Shift+向上 Ctrl+Shift+向上	Shift+向上 Command+Shift+向上

续表

命令	Win 系统	Mac 系统
折叠所选属性组	向左	向左
展开所选属性组	向右	向右

(7)时间轴面板快捷键设置清单：

命令	Win 系统	Mac 系统
使用对话框添加图层标记	Alt+ *(数字)	Option+ *(数字)
在图层面板中打开图层来源	输入(数字)	输入(数字)
在当前时间粘贴图层	Ctrl+Alt+V	Command+Option+V
设置工作区域结尾	N	N
设置工作区域开头	B	B
将工作区域设为所选图层	Ctrl+Alt+B	Command+Option+B
打开合成	\	\
将所选图层滚动到顶端	X	X
滚动到当前时间	D	D
按数字选择图层：1 至 9	1 至 9(数字)	1 至 9(数字)
放大到帧间隔	;	;
放大	=	=
缩小	—	—
切换缩放级别	Shift+;	Shift+;
显示/隐藏效果(双击：表达式)	E	E
显示/隐藏效果(扩展；双击：表达式)	Shift+E	Shift+E
显示/隐藏蒙版羽化(双击)	F	F
显示/隐藏蒙版羽化(扩展；双击)	Shift+F	Shift+F
在当前时间添加/删除蒙版羽化关键帧	Alt+Shift+F	Option+Shift+F
显示/隐藏蒙版形状(双击)	M	M
显示/隐藏蒙版形状(扩展；双击)	Shift+M	Shift+M
在当前时间添加/删除蒙版形状关键帧	Alt+Shift+M	Option+Shift+M
按数字切换图层选择：1 至 9	Shift+1 至 9(数字)	Shift+1 至 9(数字)
显示/隐藏锚点或目标位置	A	A
显示/隐藏锚点或目标位置(扩展)	Shift+A	Shift+A
在当前时间添加/删除锚点或目标关键帧的位置	Alt+Shift+A	Option+Shift+A
显示/隐藏音频级别	L	L
显示/隐藏音频级别(扩展)	Shift+L	Shift+L

续表

命令	Win 系统	Mac 系统
在当前时间添加/删除音频级别关键帧	Alt+Shift+L	Option+Shift+L
显示/隐藏透明度	T	T
显示/隐藏透明度(扩展)	Shift+T	Shift+T
在当前时间添加/删除透明度关键帧	Alt+Shift+T	Option+Shift+T
显示/隐藏位置	P	P
显示/隐藏位置(扩展)	Shift+P	Shift+P
在当前时间添加/删除位置关键帧	Alt+Shift+P	Option+Shift+P
显示/隐藏“旋转”和“方向”属性	R	R
显示/隐藏“旋转”和“方向”属性(扩展)	Shift+R	Shift+R
在当前时间添加/删除“旋转”和“方向”属性关键帧	Alt+Shift+R	Option+Shift+R
显示/隐藏标尺	S	S
显示/隐藏标尺(扩展)	Shift+S	Shift+S
在当前时间添加/删除标尺关键帧	Alt+Shift+S	Option+Shift+S
转到下一关键帧	K	K
将图层提前移动 1 个帧	Alt+页上移	Option+页上移
将图层提前移动 10 个帧	Alt+Shift+页上移	Option+Shift+页上移
将所选关键帧提前移动 1 个帧	Alt+向左	Option+向左
将所选关键帧提前移动 10 个帧	Alt+Shift+向左	Option+Shift+向左
将所选关键帧往后移动 1 个帧	Alt+向右	Option+向右
将所选关键帧往后移动 10 个帧	Alt+Shift+向右	Option+Shift+向右
将图层往后移动 1 个帧	Alt+页下移	Option+页下移
将图层往后移动 10 个帧	Alt+Shift+页下移	Option+Shift+页下移
转到上一关键帧	J	J
选择全部可见的关键帧和显示的属性	Ctrl+Alt+A	Command+Option+A
将所选图层的入点对齐到合成末端	Alt+结束	Option+结束
将所选图层的入点对齐到合成开头	Alt+开头	Option+开头
显示/隐藏图形编辑器	Shift+F3	Shift+F3
显示/隐藏父级列	Shift+F4	Shift+F4

(8)查看器面板快捷键设置清单:

命令	Win 系统	Mac 系统
新建查看器	Alt+Shift+N	Option+Shift+N

(9)流程图面板快捷键设置清单：

命令	Win 系统	Mac 系统
无警告清除	Ctrl+Backspace	Command+Backspace

(10)渲染队列面板快捷键设置清单：

命令	Win 系统	Mac 系统
开始渲染	输入(数字)	输入(数字)

(11)绘画面板快捷键设置清单：

命令	Win 系统	Mac 系统
将前景/背景重置为黑/白	D	D
前景色/背景色互换	X	X
将绘画流量设为 10%	Shift+1(数字)	Shift+1(数字)
将绘画流量设为 100%	Shift+。(数字) Shift+,(数字) Shift+删除(数字)	Shift+。(数字) Shift+,(数字) Shift+删除(数字)
将绘画流量设为 20%	Shift+2(数字)	Shift+2(数字)
将绘画流量设为 30%	Shift+3(数字)	Shift+3(数字)
将绘画流量设为 40%	Shift+4(数字)	Shift+4(数字)
将绘画流量设为 50%	Shift+5(数字)	Shift+5(数字)
将绘画流量设为 60%	Shift+6(数字)	Shift+6(数字)
将绘画流量设为 70%	Shift+7(数字)	Shift+7(数字)
将绘画流量设为 80%	Shift+8(数字)	Shift+8(数字)
将绘画流量设为 90%	Shift+9(数字)	Shift+9(数字)
将绘画透明度设为 10%	1(数字)	1(数字)
将绘画透明度设为 100%	。(数字) ,(数字) 删除(数字)	。(数字) ,(数字) 删除(数字)
将绘画透明度设为 20%	2(数字)	2(数字)
将绘画透明度设为 30%	3(数字)	3(数字)
将绘画透明度设为 40%	4(数字)	4(数字)
将绘画透明度设为 50%	5(数字)	5(数字)
将绘画透明度设为 60%	6(数字)	6(数字)
将绘画透明度设为 70%	7(数字)	7(数字)
将绘画透明度设为 80%	8(数字)	8(数字)
将绘画透明度设为 90%	9(数字)	9(数字)
绘图工具一按照描边持续时间后退	1 Ctrl+页上移	1 Command+页上移

续表

命令	Win 系统	Mac 系统
绘图工具—按照描边持续时间前进	2 Ctrl+页下移	2 Command+页下移
克隆预设 1 至 5	3 至 7	3 至 7

(12)跟踪器面板快捷键设置清单：

命令	Win 系统	Mac 系统
将跟踪点向下移动 1 个屏幕像素	向下	向下
将跟踪点(非连接点)向下移动 1 个屏幕像素	Alt+向下	Option+向下
将跟踪点(非连接点)向下移动 10 个屏幕像素	Alt+Shift+向下	Option+Shift+向下
将跟踪点向下移动 10 个屏幕像素	Shift+向下	Shift+向下
将跟踪点向左移动 1 个屏幕像素	向左	向左
将跟踪点(非连接点)向左移动 1 个屏幕像素	Alt+向左	Option+向左
将跟踪点(非连接点)向左移动 10 个屏幕像素	Alt+Shift+向左	Option+Shift+向左
将跟踪点向左移动 10 个屏幕像素	Shift+向左	Shift+向左
将跟踪点向右移动 1 个屏幕像素	向右	向右
将跟踪点(非连接点)向右移动 1 个屏幕像素	Alt+向右	Option+向右
将跟踪点(非连接点)向右移动 10 个屏幕像素	Alt+Shift+向右	Option+Shift+向右
将跟踪点向右移动 10 个屏幕像素	Shift+向右	Shift+向右
将跟踪点向上移动 1 个屏幕像素	向上	向上
将跟踪点(非连接点)向上移动 1 个屏幕像素	Alt+向上	Option+向上
将跟踪点(非连接点)向上移动 10 个屏幕像素	Alt+Shift+向上	Option+Shift+向上
将跟踪点向上移动 10 个屏幕像素	Shift+向上	Shift+向上
在图层面板中设置“运动跟踪点”栏的出点	Alt+[	Option+[
在图层面板中设置“运动跟踪点”栏的入点	Alt+]	Option+]

附录二　本书工程文件(素材和示例)下载链接

说明:手机扫描二维码下载,再发送到个人电脑;也可扫描后另存为网盘文件,然后用电脑登录网盘下载。若不能下载,请与出版社联系。

AE"第三章"工程文件(素材和示例)

AE"第四章"工程文件(素材和示例)

AE"第五章"工程文件(素材和示例)

AE"第六章"工程文件(素材和示例)